Wechselwirkung von Additiven mit Metalloberflächen

TRIBOLOGIE

SCHMIERUNG, REIBUNG, VERSCHLEIß

Herausgegeben von Dr. Manfred Jungk

Die Tribologie ist ein interdisziplinäres Fachgebiet, mit Schwerpunkten aus den Bereichen Maschinenbau, Chemie, Physik und Werkstoffwissenschaften. Entsprechend vielfältig sind die Forschungsthemen und Anwendungen.

Die Reihe *Tribologie – Schmierung, Reibung, Verschleiß* behandelt sowohl Grundlagen des Themengebietes für Anwender:innen, Wissenschaftler:innen und Studierende als auch moderne Trends wie Nachhaltigkeit, tribologische Aspekte der Industrie 4.0 und Herausforderungen durch die Elektromobilität.

Walter Holweger / Joachim Schulz

Wechselwirkung von Additiven mit Metalloberflächen

2., überarbeitete und erweiterte Auflage

Bibliografische Information der Deutschen Nationalbibliothek
Die Deutsche Nationalbibliothek verzeichnet diese Publikation in der Deutschen Nationalbibliografie; detaillierte bibliografische Daten sind im Internet über http://dnb.dnb.de abrufbar.

DOI: https://doi.org/10.24053/9783816985433

– ein Unternehmen der Narr Francke Attempto Verlag GmbH + Co. KG
Dischingerweg 5 · D-72070 Tübingen

Internet: www.expertverlag.de
eMail: info@verlag.expert

CPI books GmbH, Leck

ISSN 2701-603X
ISBN 978-3-8169-3543-8 (Print)
ISBN 978-3-8169-8543-3 (ePDF)
ISBN 978-3-8169-0123-5 (ePub)

Inhalt

Vorwort 1. Auflage

Alle, die in die Schmierstoffbranche eintreten, gleich ob im Maschinenbau oder chemisch vorgebildet, sind erstaunt, wie schwierig es ist, ein System von Schmierstoffen und geschmierten Elementen zu finden. Der erste Eindruck geht eindeutig in Richtung Empirie. Erschwerend kommt hinzu, dass in der Ausbildung an Hoch- und Fachschulen, zumindest in Deutschland, der Gegenstand der Tribologie, speziell bei der Verwendung von Schmierstoffen, nur am Rande gestreift wird. Chemiker in der Ausbildung kommen mit Schmierstoffen in der Anwendung gar nicht in Berührung. Eine Forschung an einem chemischen Institut in Richtung Tribologie findet zurzeit nur an wenigen Hochschulen – und oft nur mit modellhaften Schmierstoffen – statt.

In der Ausbildung von Maschinenbauern und Fertigungstechnikern wird auf die Schmierstoffe nur so weit eingegangen, wie diese existieren und einen Einfluss auf die Tribosysteme haben. Eine tiefergehende Beschäftigung findet mit Hinweis auf die komplexen chemischen Zusammenhänge nicht statt.

Was macht nun der frisch ausgebildete Chemiker oder Ingenieur bei Berührung mit der Tribologie? Er versucht sich in der Literatur über bisher vorhandene Ergebnisse kundig zu machen. Diese Literatur ist zwar in Buchform nur zweimal vorhanden „Schmierstoffe in der Metallbearbeitung“ (1983) und „Lubricants and Lubrication“ (1999), erscheint aber dem tribologischen „Anfänger“ als Rettung, ähnlich wie einem Ertrinkenden das rettende Floß. Bei näherer Beschäftigung mit diesen Werken und den dort zitierten Aufsätzen werden dann früher oder später Diskrepanzen mit den Erscheinungen in der Praxis festgestellt: Die Phänomene in der Praxis stimmen nur sehr begrenzt mit der Literaturlage überein. Auch die Beschäftigung mit einzelnen Ansätzen führt nur zu begrenzten Erfolgen, da in den meisten Fällen von einer bestehenden Theorie ausgegangen, und dann versucht wird, die Messergebnisse in diese Theorie einzupassen.

Ganz besonders prekär wird die Lage, wenn versucht wird, die Erkenntnisse der Literatur in Simulationsmodelle, wie sie derzeitig oft verwendet werden, mit einzubeziehen. Mit einfachen Reibungskoeffizienten, ermittelt auf einer tribologischen Testmaschine, führte bisher keine Simulation zu brauchbaren Ergebnissen.

Die Diskussion mit vielen Fachkollegen und Hochschullehrern über die Wechselwirkung von Additiven mit Metalloberflächen führte zu der Erkenntnis, dass der Zeitpunkt gekommen ist, mit überkommenen Vorstellungen aufzuräumen.

Fortschritte sind nicht durch ständiges Wiederholen von scheinbar Bekanntem zu erzielen, sondern nur durch kritisches Infragestellen und diskutieren. Das gilt auch für diese Monografie.

Das vorliegende Buch soll nun dazu dienen, Licht in die „dunkle“ Seite der Tribologie zu bringen und die Funktion des „Zwischenstoffs“ zu erklären. Dazu wird die bestehende Literatur kritisch ausgewertet. Überschneidungen mit bereits existierenden Werken, die sich mit ähnlichen Themen beschäftigen, sind daher nicht ganz zu vermeiden gewesen. In Ergänzung werden neue Modelle vorgestellt und diese anhand der vorhandenen Literatur und neuerer Experimente mit den alten Modellvorstellungen verglichen.

Letztlich soll das Buch eine Grundlage darstellen, die zu weiteren Arbeiten und Diskussionen anregt.

Die Wirkung von Schmierstoffen und deren Additiven auf Metalloberflächen ist nicht durch einfache Gleichungen (physikalisch, chemisch oder physiko-chemisch) zu beschreiben, im Gegenteil: Die Wirkungsweise ist sehr komplex. Um die einzelnen Effekte, die in der Realität nicht nebeneinander existieren, sondern miteinander verwoben sind, besser erklären zu können, wurden zum Teil starke Vereinfachungen gewählt und eine „Einzelbehandlung" durchgeführt. Das könnte beim Leser den Eindruck einer gewissen Heterogenität entstehen lassen. Das ist zwar nicht beabsichtigt, aber aus Gründen des allgemeinen Verständnisses nicht ganz zu vermeiden.

Die ersten Kapitel befassen sich mit grundlegenden Problemen der Tribologie. In Kapitel 7, 8 und 9 werden dann Effekte und Modelle vorgestellt, die zur Erklärung von Additivwirkungen beitragen können, diese aber (jeder Effekt für sich allein betrachtet) nicht vollständig beschreiben. Kapitel 10 bis 14 widmet sich dann einzelnen Additivklassen. Zum Schluss werden Fragen diskutiert, die auch in dieser Monografie nicht abschließend geklärt werden können.

Auch wenn viele Tribometerversuche vorgestellt werden, die scheinbar oder tatsächlich mit Beobachtungen aus der Praxis korrelieren, heißt das noch lange nicht, dass ein Tribometer in der Lage ist, die Praxis wirklich wiederzugeben. Die Bruggermaschine (als Beispiel) kann wie jedes Tribometer nur sich selbst wiedergeben. Sie ist wie jedes Tribometer den Nachweis schuldig geblieben, ob man mit ihr überhaupt die Metallbearbeitung widerspiegeln kann.

Korrelationen wie in manchen Kapiteln vorgestellt suggerieren Kausalität. Korrelation ist aber nicht Kausalität.

Die vorgestellten Theorien erscheinen sicher oft faszinierend einfach und in vielen Fällen einleuchtender als bestehende. Das soll den Leser aber nicht darüber hinwegtäuschen, dass auch diese „neuen Theorien" nur vereinfachende Modelle darstellen und auch nichts anderes („Besseres") sein wollen.

Uns ist vollkommen klar, dass es gerade auf dem Gebiet der Tribologie noch sehr viel zu leisten gibt, um die Zusammenhänge im Schmierspalt bzw. der Kontaktzone wirklich beschreiben zu können.

Wir hoffen, dass wir mit dieser Monografie Tribologen und Ingenieuren in den Metallverarbeitenden Unternehmen, Konstrukteuren von Maschinenelementen, Hoch- und Fachschullehrern (Fachrichtung Maschinenbau, Fertigungstechnik), Studierenden des Maschinenbaus und der Fertigungstechnik sowie Herstellern von Schmierstoffen, deren Anwendern und Wärmebehandlern ein Buch in die Hand geben können, das ihnen zumindest hilft, die Probleme ihres Arbeitsalltags besser zu verstehen und gleichzeitig Anregung und Aufmunterung ist, nicht alles als „schon erfunden und publiziert" hinzunehmen.

Dr. Joachim Schulz und Dr. Walter Holweger

Hamburg, Epfendorf im April 2009

Vorwort zur 2. Auflage

Seit der 1. Auflage sind nun 13 Jahre ins Land gegangen. Die neuen Erkenntnisse haben inzwischen den Zugang in die Lehre gefunden. Im tribologischen Verständnis hat sich einiges getan, speziell im molekularen Verständnis zu vielen Vorgängen.

Auch sind einige Arbeiten erschienen, die das in der 1. Auflage vorgestellte neue Modell zu den Wechselwirkungen von Additiven mit Metalloberflächen weiter untermauern konnten. Die Hinweise auf die Gültigkeit des neuen Modells werden immer stärker.

Dennoch erscheinen immer noch zahlreiche Veröffentlichungen, bei denen hypothetische Reaktionsschichtmodelle postuliert werden. Wirkliche Beweise für das Modell werden aber nicht erbracht, sondern auf nicht weiter hinterfragtes „gesichertes“ Wissen verwiesen. Was Max Planck zu der Äußerung veranlasst hat, dass „*die Vertreter der alten Theorie aussterben müssen, um dem Neuen Platz zu machen. Irgendwann leben und lehren dann nur noch die Begründer der neuen Konzepte.*“

In zahllosen Gesprächen mit Fachkollegen und Anwendern konnte das neue Modell diskutiert werden. Gerade aus der Praxis erfuhren wir viel Zustimmung. Natürlich gab es auch kritische Stimmen. Das Interesse an den angeschnittenen Themen ist ungebrochen. Das war für uns Anlass die nun vorliegende 2. Auflage zu erstellen.

Die neue Auflage wurde stark überarbeitet. Ältere Ergebnisse aus Laboruntersuchungen konnten durch neue ersetzt bzw. ergänzt werden. Platzgründe zwangen allerdings dazu, einiges zu streichen. Bei Interesse an den gestrichenen Informationen können die Autoren diese gerne zugänglich machen.

Wir hoffen, dass auch die 2. Auflage auf ein reges Interesse stößt.

Prof. Dr. Joachim Schulz und Prof. Dr. Walter Holweger

Hamburg, Epfendorf im August 2022

1 Einleitung

Walter Holweger / Joachim Schulz

1.1 Vorbemerkungen

Ein wesentlicher Aspekt der Tribologie und Schmierungstechnik ist die Frage nach den Zusammenhängen und der Vorhersagbarkeit von Phänomenen im Bereich der Maschinenelemente. Dazu reduziert man sie auf die Kontaktgebiete, in denen der tatsächliche Leistungsumsatz erfolgt. Ein Kontakt ist daher zunächst nur ein abstraktes Modell für die Stellen in Maschinenelementen, in denen sowohl die gegeneinander bewegten Körper als auch der Schmierstoff Leistung umsetzen.

Die Anforderungen an erhöhte Lebensdauer dürfen jedoch nicht nur auf den Zeitpunkt der Leistungsübertragung reduziert werden. Die Lebensdauer eines Maschinenelements kann auch von Stillstandsperioden abhängen, in denen keine Bewegung erfolgt, da auch hier lebensdauerbestimmende Prozesse, wie zum Beispiel Korrosionsvorgänge, stattfinden können.

Ein weiterer wichtiger Aspekt ist die Vorgeschichte der Komponenten, die vor ihrem Einsatz einen Fertigungsprozess (Wärmebehandlung, Umformung, Endbearbeitung) durchlaufen.

Die Beeinflussung der zukünftigen Eigenschaften eines Bauteils als Folge der Vorbehandlung ist heute von zentraler Bedeutung für die Lebensdauer.

Ziel dieser Einleitung ist der Versuch einige Begriffe, die innerhalb der tribologischen Wissenschaft verwendet werden, dem Themengebiet des vorliegenden Buches zuzuführen. Dabei wird erkennbar, dass viele Bereiche eine einheitliche Sichtweise erlauben, aber andere Gebiete noch einen großen Einsatz in Forschung und Technologie voraussetzen.

Speziell in der Metallbearbeitung ist es sehr schwierig, den eigentlichen Prozess, d. h., den Augenblick in welchem die Bearbeitung auf bzw. an der Metalloberfläche stattfindet, zu erfassen. Das liegt zum einen daran, dass es kaum möglich ist, Sensoren im Ziehspalt bei der Umformung oder am Schneidkeil bei der Zerspanung zu platzieren. Zum anderen laufen die meisten Prozesse in Bruchteilen von Sekunden ab. Dabei werden mehr oder weniger große hochreaktive Oberflächen erzeugt. Auch entstehen Versetzungen und Mikrorisse, in und an denen die Schmiermittel bzw. die darin enthaltenen Additive wirken (Kapitel zum Rehbinder-Effekt). Erschwerend kommt hinzu, dass in den meisten Fällen in der Praxis die Schmierstoffe über den eigentlichen Prozess der Metallbearbeitung mit den Metalloberflächen in Kontakt stehen und dort agieren bzw. reagieren können. Auch sind einige Additive durchaus in der Lage, sehr fest haftende Adsorptionsschichten zu bilden, die bei nicht hinreichender Teilereinigung für Reaktionsschichten gehalten werden. So wurden und werden bei der analytischen Untersuchung oft Resultate vorgetäuscht, die mit dem eigentlichen Prozess nichts zu tun haben. Als Beispiel sei hier nur die Chlorkorrosion erwähnt, die nicht im Prozess, sondern in der Zeit danach auftritt. Zwar sind auch die

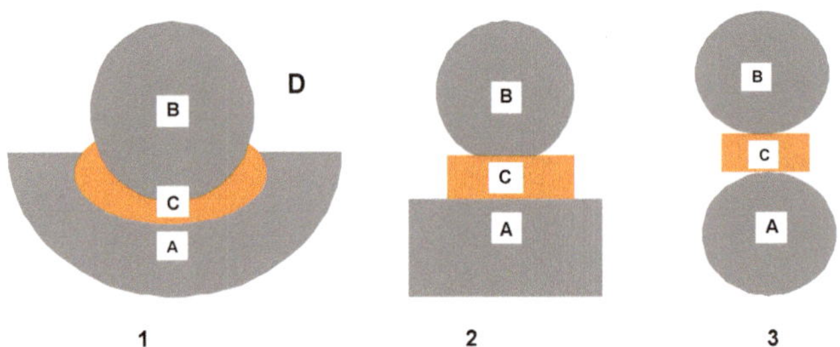

Bild 1-1: Schematische Darstellung von Kontakten. Körper **[A]** und Gegenkörper **[B]** stehen über einen Zwischenstoff **[C]** im Kontakt

Autoren nicht in der Lage in den Metallbearbeitungsprozess selbst hineinzuschauen, doch soll in diesem Buch versucht werden, möglichst sauber zwischen Kurz- und Langzeitreaktionen von Schmierstoffadditiven zu unterscheiden. Das kann natürlich nur durch kritische Interpretation von bekannten Ergebnissen passieren.

Darüber hinaus werden die Metalloberfläche und ihre „Reaktionsmöglichkeiten" selbst mit in die Überlegungen einbezogen. In der publizierten Literatur werden Metalloberflächen, in den meisten Fällen, als etwas Homogenes, „Starres" betrachtet, mit dem dann die Additive der Schmierstoffe reagieren sollen. Es wird gezeigt, dass das Verhalten der Additive von den Metalloberflächen beeinflusst wird.

In den Kapiteln werden Modelle vorgestellt und diskutiert, die sicher nicht die letzte Wahrheit darstellen, dem tribologisch interessierten Leser aber durchaus ermöglichen, sich in die Phänomene der Wechselwirkung von Additiven mit Metalloberflächen hineinzudenken. Eine Vertiefung bzw. Modifizierung dieses Modells erfolgt dann in den anderen Kapiteln für die Umlaufschmierung bzw. bei Diskussion der Wirkungsweise der einzelnen Additivklassen.

Dem Leser wird dringend empfohlen die angerissenen Fachgebiete aus der authentischen Literatur vertieft zu studieren, da hier nur in Umrissen und auch mit der eingeschränkten Sichtweise der Autoren gearbeitet werden kann.

1.2 Maschinenelemente - tribologischer Kontakt - Ansätze zur Beschreibung

Maschinen setzen über Maschinenelemente Leistung um. Ort des Umsatzes ist der Kontakt (**Bild 1-1**). Kontakte können schematisch als ein System von Körper **[A]** – Gegenkörper **[B]** – Zwischenstoff **[C]** (in aller Regel der Schmierstoff, aber möglicherweise auch eine Beschichtung oder eine Reaktionsschicht) – Umgebung **[D]** und den relativen Bewegungen aufgefasst werden. **Bild 1-1** zeigt die Sonderfälle Kugel – Platte (1), Kugel – Ring (2) oder – Buchse (3).

Die Prozesse, die im Kontakt ablaufen, werden durch unterschiedliche Wissensgebiete beschrieben (**Bild 1-2**).

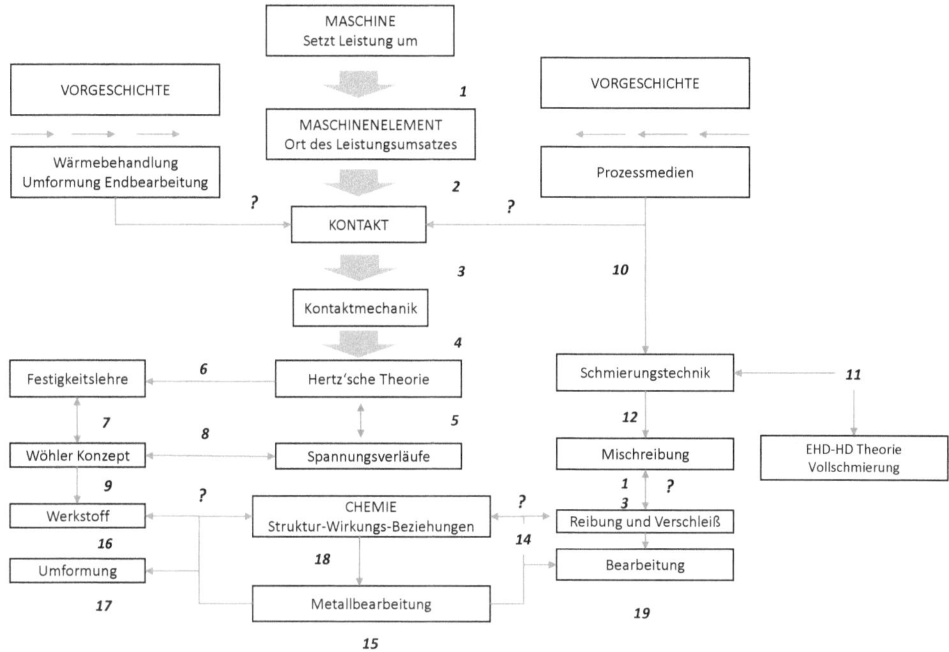

Bild 1-2: Wissenskreisläufe in der Tribologie: Für ungeschmierte (trockene) Kontakte kann die Kontaktmechanik in Verbindung mit der Festigkeitslehre Lebensdauerprognosen für Maschinenelemente herleiten *(3 → 9)*

Die ***Kontaktmechanik*** (*3 → 4 → 5*) beschreibt die Spannungsverläufe, die sich durch Berührung von Körper (**A**) und Gegenkörper (***B***) ohne Zwischenstoff (**C**) ausbilden. In der Kombination mit der Festigkeitslehre und der Werkstoffkunde (*6 → 7 → 8 → 9*) bildet sie die wesentliche Grundlage für die Abschätzung und Berechnung der Lebensdauer von Maschinen in Auslegungs- und Konstruktionsrichtlinien.

Die ***Hydrodynamik (HD)*** und die ***Elastohydrodynamik (EHD)*** (*3 → **10** → **11***) berechnen den Spalthöhen- und Druckverlauf, der sich beim Durchströmen von einem viskosen Medium im Kontakt einstellt.

Für die physikalischen Grundlagen der **Wirkungsmechanismen von Schmierstoffen** fehlen bislang geschlossene Modelle. Schmierstoffe werden in der Kontaktmechanik gar nicht und in der HD-EHD nur als strömende, viskose Medien behandelt. Über Struktur-Wirkungsmechanismen von Schmierstoffen wird jedoch in einer Vielzahl von empirischen Grundlagenversuchen berichtet.

Mischreibungszustände unter Beteiligung von Werkstoffen und Schmierstoffen können nur annähernd mit den bekannten Modellen der Kontaktdynamik und HD-EHD beschrieben werden.

Die HD- und EHD-Theorie liefern gute Vorhersagen für das Transportverhalten des Zwischenstoffs in Kontakten *(4 → **10** → **11**)*. Die Wissenskette zeigt hingegen große Lücken in den Bereichen der Struktur-Wirkungsbeziehungen zwischen Chemie in den Prozessen der Mischreibung, Reibung und Verschleiß sowie in der Vorbehandlung (speziell

Prozessmedien) *(12 → 13 → 14)*. Die Metallbearbeitung (***15***) lässt sich im Bereich Umformung (***17***) den Werkstoffwissenschaften (***16***) zuordnen, im Bereich Bearbeitung (***19***) dem Themenkomplex Reibung und Schmierstoffe (***18***).

Metallbearbeitung lässt sich in diesem Schema in *Umform-* und *Bearbeitungsvorgänge* unterteilen. Für ***Umformprozesse*** sind die Vorgänge *im Werkstoff* maßgeblich. Sie können daher mit den Grundlagen der Werkstoffphysik und Werkstofftechnik zusammengeführt werden.

Für ***Bearbeitungsprozesse*** gelten in hohem Maß die Gesetze der *Mischreibung*. Daher muss für deren Verständnis die Physik und Chemie der *Oberfläche* und der *Schmierstoffe* gemeinsam betrachtet werden. Das Fehlen von einem theoretischen Modell führt dazu, dass es noch kein geschlossenes Wissen gibt und zahlreiche Zusammenhänge empirisch erforscht werden müssen. Dennoch können aus den bekannten Ergebnissen der Tribologie auch für die Bearbeitungsprozesse einige Gesetzmäßigkeiten abgeleitet werden.

Nachfolgend sollen in Kürze einige Zusammenhänge in den geschlossenen Wissenskreisläufen beschrieben werden, wobei nochmals dringend empfohlen wird, die Fachliteratur vertieft zu studieren.

2 Kontaktmechanik

Walter Holweger

2.1 Grundlagen

Im nachfolgenden Kapitel wird über die kurze inhaltliche Betrachtung ein Zusammenhang zwischen den Bereichen Kontaktmechanik – Festigkeitslehre und Werkstoffeigenschaften zum Bereich der Umformprozesse hergestellt. Dabei wird der in **Bild 2-1** skizzierte Weg eingeschlagen. Im Anschluss werden Arbeiten aus dem Bereich der Metallbearbeitung vorgestellt, die sich in diese Anschauungen einordnen lassen.

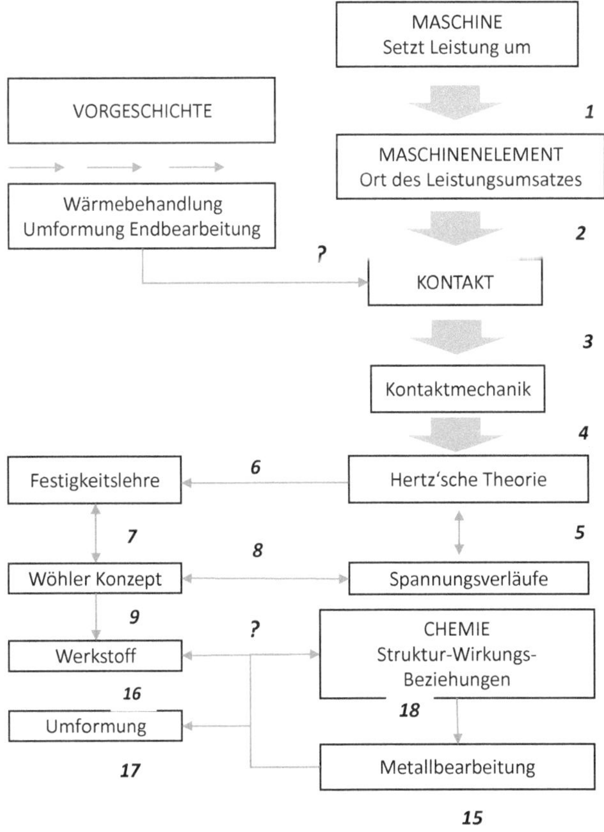

Bild 2-1: Kontaktmechanik. Ausgehend vom Kontakt (*3*) lässt sich über die Hertzsche Theorie (*4* → *5*) eine Verbindung zur Festigkeitslehre und den Werkstoffeigenschaften herstellen (*6* → *7* → *8* ↔ *9*)

2.1.1 Kontaktmechanik - Spannungszustände

Grundlage der Kontaktmechanik ist eine Anschauung, die davon ausgeht, dass sich gekrümmte Oberflächen an der gemeinsamen Ebene unter Abplattung berühren.

Die Kontaktflächengeometrie und die Kontaktspannungen für diese Situation sind Gegenstand der Hertz'schen Theorie [Her 1881]. Diese Betrachtung bildet bis heute die Grundlage der Kontaktmechanik. Sie setzt homogene, in alle Raumrichtungen gleichartig zusammengesetzte Körper voraus, die keine inneren Spannungen besitzen und sich reibungsfrei berühren.

Diese Situation führt an der Berührfläche zur Ausprägung einer Kontaktellipse (**Bild 2-2**).

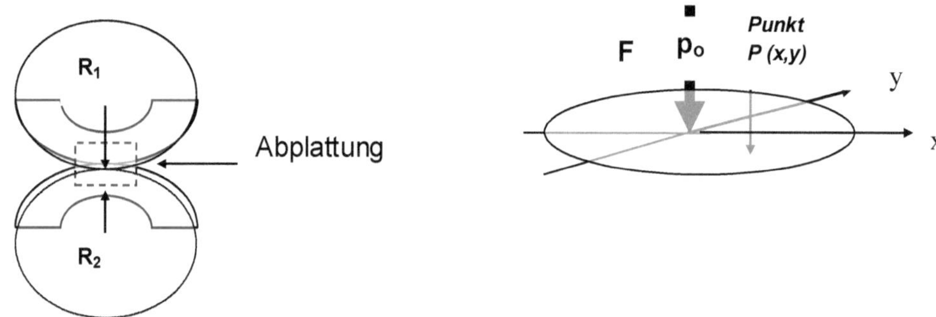

Bild 2-2: Schematische Darstellung der Situation im trockenen Kontakt. Die Berührung von elastischen Körpern (z. B. Kugeln mit den Radien R_1 und R_2) führt zur Abplattung im Kontakt. Die Pressungsverteilung an einem Punkt P (x, y) kann berechnet werden

Die belastende **Kraft F** führt nach Hertz zu einer Pressungsverteilung p (x, y) an einem beliebigen Punkt $\boldsymbol{P}_{(x,y)}$ im Kontakt

$$p_{(x,y)} = p_o \, [1 - (x/b)^2 - (y/a)^2 \,]^{1/2}$$

mit der maximalen Pressungsverteilung in der Mitte der Kontaktellipse (x = 0 und y = 0)

$$p_o = [3/(2\pi ab)] \, \boldsymbol{F},$$

wobei a und b die Halbachsen der Kontaktellipse sind.

Die Größe der Halbachsen a und b der Kontaktellipse hängen von der Kontaktgeometrie, dem **Elastizitätsmodul E** und der **Querkontraktionszahl υ** ab.

$$a = n \, [\, [3^*(1- \upsilon^2)] \,/\, (\mathbf{E\rho})]^* \, \mathbf{F}]]^{1/3}$$

$$b = (m/n)^*a$$

$$\rho = (1/R) = (1/R_1) + (1/R_2) + (1/R_3) + (1/R_4)$$

Die Radien (R_1, R_2) sind die Hauptkrümmungsradien des oberen (R_1) und des unteren Körpers (R_2) (ρ). *m* und *n* sind Konstanten, die von der jeweiligen Kontaktgeometrie abhängen.

Die Hertz'sche Theorie ist für statische Berührung zweier (unendlich langer) zylindrischer Körper und für Kugeln mit beliebigen Radien erweiterbar (**Bild 2-3**) [Fö 36].

In der Mitte des Kontakts herrscht (analog zur Hertz'schen Theorie) der Druck:

$p_o = 2\boldsymbol{F}^* \ / \ (\pi a)$

F* ist die Kraft bezogen auf die Längeneinheit. Die halbe Druckbreite ist durch

$a = [8^*(1- \upsilon^2)] \ [\mathbf{RF}^*]/(\pi \mathbf{E}) \ ]^{1/2}$

gegeben.

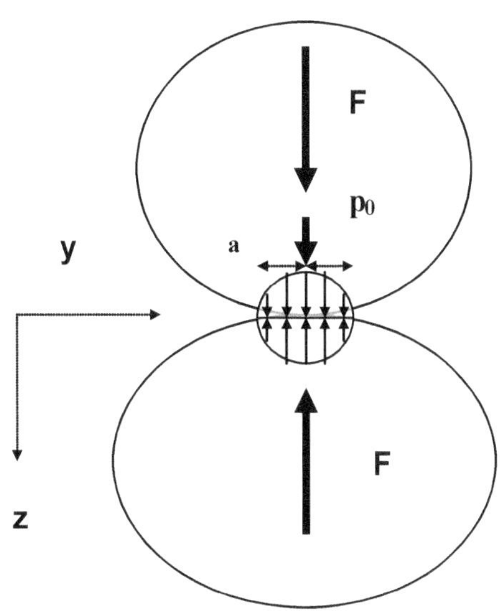

Bild 2-3: Grundmodell der statischen Berührung von abrollenden Körpern

Unter der Annahme eines ebenen Dehnungszustandes lassen sich die Hauptnormalspannungen $\sigma_{x,}$ $\sigma_{y,}$ σ_z im Kontakt berechnen. Dabei ergibt sich, dass alle Spannungszustände proportional zum **Druck $\mathbf{p_0}$** sind und mit **z/a** abnehmen, allerdings in unterschiedlicher Weise.

Denkt man sich würfelförmige Volumenelemente direkt unter der Kontaktmittel-Linie (y = 0) so liegen sie genau auf dem Hauptkoordinatensystem. Die maximale Hauptschubspannung liegt in 45° Richtung, als Folge der unterschiedlich abnehmenden Spannungszustände $\sigma_{x,}$ $\sigma_{y,}$ σ_z und besitzt in einer Tiefe von z = 0.78a einen Wert von

$\tau_{45°,\,max} = 0.3p_o$

Für Volumenelemente links und rechts der Kontaktmittellinie ($y \neq 0$) existieren Schubspannungskomponenten, die senkrecht zur Hauptspannung liegen. Für diese Schubspannungen wird der Maximalwert in einer Tiefe z = 0.5*a (also der halben Kontaktbreite) erreicht (**Bild 2-4**): Die Annahmen zur Ableitung von Spannungszuständen elastischer Körper lassen sich in der Praxis auch auf periodische Abwälzvorgänge übertragen.

p_o ist dann eine periodische Funktion die sinusförmig von 0 über $\pi/2$ (Maximalwert) nach π (Wert: null) an- und abschwillt. Die Überrollung ist eine fortgesetzte Wiederholung dieses Vorgangs.

2.1.2 Vergleichsspannung und Von-Mises-Kriterium

Wirkt auf ein Volumenelement ein mehrachsiger Spannungszustand, dann kann man sie nach der *Vergleichsspannungshypothese* zu *einer* Spannung (Vergleichsspannung) zusammenfassen.

Die Vergleichsspannung hat dieselbe Wirkung wie die auf das Volumenelement wirkenden mehrachsigen Spannungszustände (**Bild 2-5**).

Die Vergleichsspannung ermöglicht es, die in alle Raumrichtungen wirkenden Normal- und Tangenzialspannungen zusammenzufassen und mit den Ergebnissen von Materialtests der Zugfestigkeit und Streckversuchen zu vergleichen.

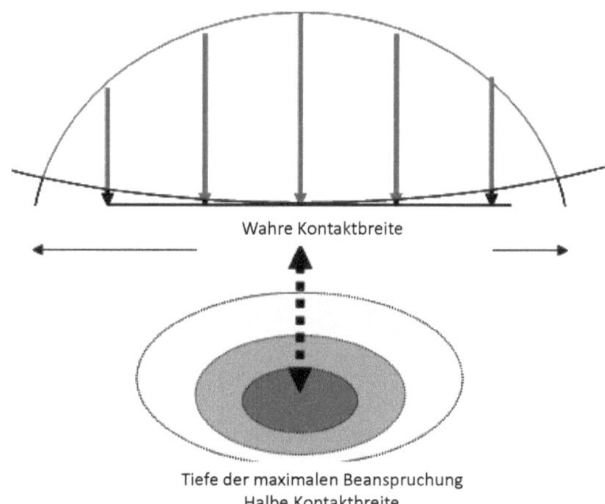

Bild 2-4: Schematische Darstellung des Spannungsmaximums im Kontakt (Quelle: FVA Bericht 35)

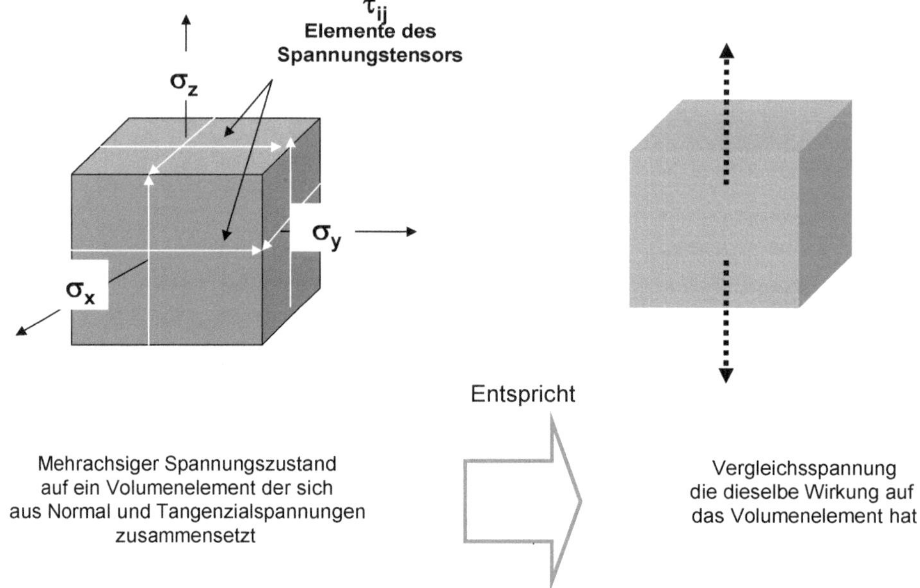

Bild 2-5: Vergleichsspannung: Die Vergleichsspannung hat auf ein Volumenelement dieselbe Wirkung wie die Normal- und Tangenzialspannungen

Das Versagen eines Bauteils tritt dann ein, wenn die *Gestaltsänderungsenergie* infolge der Vergleichsspannung einen Grenzwert überschreitet (*von Mises-Spannung*).

Im Spannungs-Dehnungs-Diagramm (**Bild 2-6**) zeigt sich, dass die Spannung eines Festkörpers infolge einer Dehnung zunächst dem Hook'schen Gesetz *(A)* folgt, bei dem die Dehnung proportional zur äußeren Spannung ist, jedoch bei Überschreiten der Dehnungsgrenze ein abweichendes – nicht mehr lineares – Verhalten (*B*) zeigt und beim plastischen Fließen in ein Abfallen der Kurve übergeht (*C*), wobei der Bereich (*C*) nicht mehr von der äußeren Spannung σ abhängig ist.

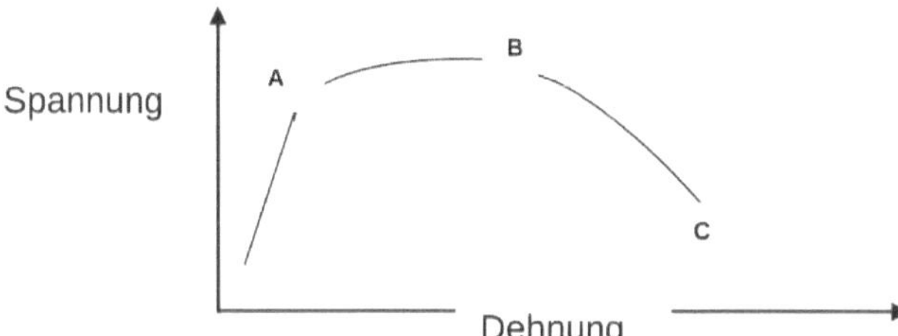

Bild 2-6: Spannungs-Dehnungsdiagramm

Unter dem Einfluss einer Zugspannung σ folgt die relative Längenänderung zunächst dem Hook'schen Gesetz (*A*) und geht mit Beginn der plastischen Verformung (*B*) in Fließen (*C*) über. Die Verformung wirkt unabhängig von der äußeren Spannung.

3 Werkstoffe und deren Oberflächen

Walter Holweger / Joachim Schulz

3.1 Einleitung

Metalle sind nur auf den ersten Blick (makroskopisch) homogen. Bei genauerer Betrachtung, mit entsprechenden Mikroskopen, fällt sowohl für Eisen- als auch Nichteisenmetalle der kristalline Aufbau ins Auge. Ein kristalliner Aufbau setzt eine feste Anordnung der Atome, aus denen der Kristall besteht, voraus. Je nach Metall sind diese Kristalle mehr oder weniger gleich zusammengesetzt. Die überwiegende Mehrheit der Metalle ist gemäß dem kubischen bzw. hexagonalen Kristallsystem aufgebaut. Wobei beim kubischen System zwischen raum- und flächenzentrierten Aufbau zu unterscheiden ist. Auch wenn in einem Metall nur ein Kristallsystem vorliegt, können die konkreten Formen stark voneinander abweichen, wie aus **Bild 3-1** leicht zu erkennen ist.

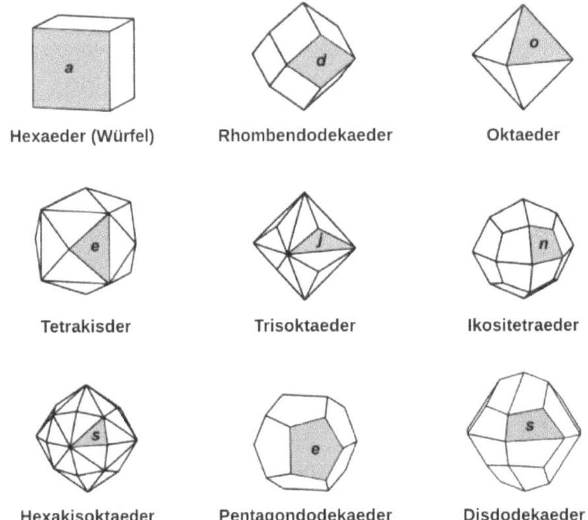

Bild 3-1: mögliche Formen (idealisiert) im kubischen Kristallsystem (Quelle: Seilnacht)

Im realen Metall werden sich immer Mischformen zwischen diesen Typen bilden, so dass kaum ein ideales System vorliegt. Eine reale Metallstruktur ist in **Bild 3-2 und Bild 3-3** zu sehen.

Nachfolgend stehen einige Beispiele für Kristallsysteme in Metallen: Kubisch flächenzentriert (kfz) sind austenitische Stähle, Kupfer, Nickel, Aluminium, Silber, Gold, Blei; kubisch raumzentriert (krz) sind ferritische Stähle, Chrom, Wolfram, Molybdän, Vanadium; hexagonal (hdP) sind Magnesium und Zink (s.a. **Bild 3-9**).

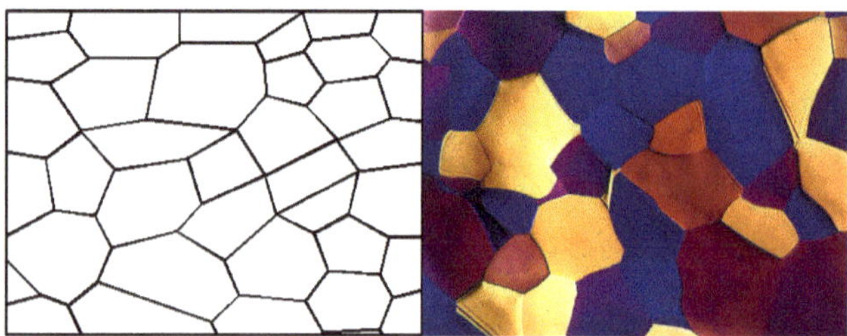

Bild 3-2: Gefügebild, links: schematisch; rechts Aufnahme (Quelle: WZL Aachen)

Bild 3-3: 1.4301 (Zustand: lösungsgeglüht, Aufnahmevergrößerung: 100: 1; Ätzmittel: Königswasser (V2A-Beize); Querschliff / ASTM E 112; Befund: Korngröße: 4-6; Quelle: www.metallograf.de)

Auch wenn sich Form, Größe und Anordnung der Kristallite in **BILD 3-2 UND BILD 3-3** unterscheiden, ist deren innere Struktur gleich, nicht aber die Ausrichtung dieser Struktur. Die kleinste geometrisch zusammenhängende Einheit eines Kristalls ist die Elementarzelle (**Bild 3-4**).

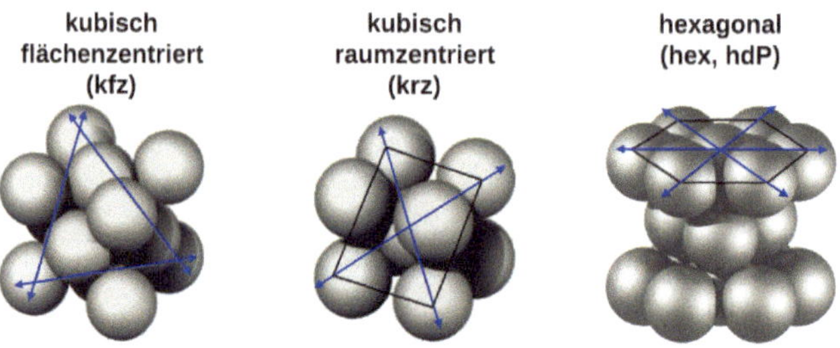

Bild 3-4: Elementarzellen (Quelle: WZL Aachen)

In Elementarzellen sind die Atomabstände zueinander in den verschiedenen Raumrichtungen unterschiedlich. Wenn die Abstände richtungsabhängig sind, so sind folglich auch die Eigenschaften einer Elementarzelle richtungsabhängig. Sind Elementarzellen in unterschiedlichen Richtungen orientiert, und das ist bei einer unterschiedlichen Ausrichtung von Kristallen im Metall der Fall, so sind die Eigenschaften des Metalls richtungsabhängig. Die Richtungsabhängigkeit der Elementarzellen im Metall hat Auswirkungen bis zur Oberfläche des Metalls hin. Umwandlungen (Umklappen) von einer Kristallform in eine andere sind durch Temperatureinfluss, aber auch durch während der Metallbearbeitung induzierte Spannungen möglich. Ein schönes Beispiel für die Temperaturabhängigkeit ist das Eisen-Kohlenstoff-Diagramm (**Bild 3-5**).

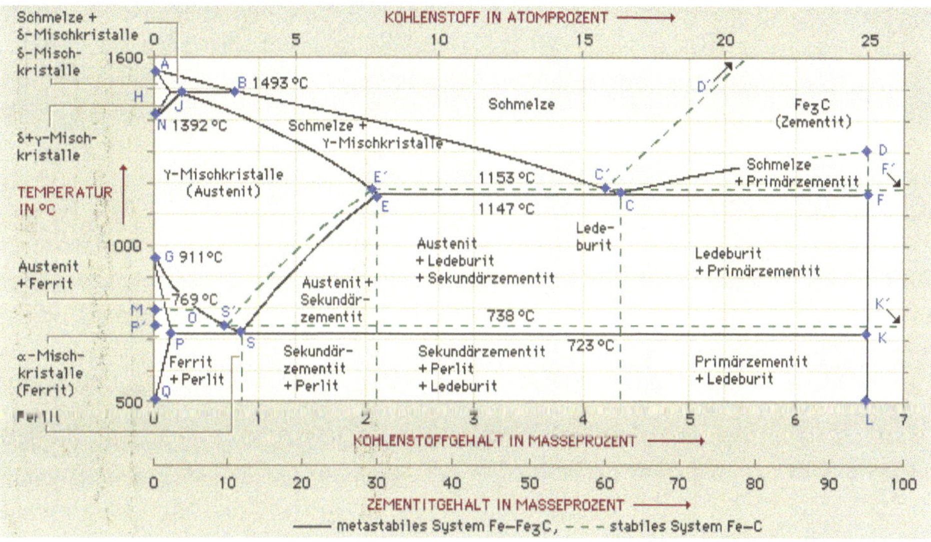

Bild 3-5: Eisen-Kohlenstoff-Diagramm (Quelle: de.encarta.msn.com)

Durch die Art und Weise des Abkühlens einer Stahlschmelze kann die Art der sich bildenden Kristalle bestimmt werden. Auch die schon angesprochene Ausrichtung der Kristalle ist durch das Abkühlen beeinflussbar.

Elastische Dehnung und plastische Deformation in Werkstoffen leiten sich von den Vorstellungen über Festkörper ab [Läp 06] und sollen hier kurz skizziert werden.

3.2 Idealer Festkörper

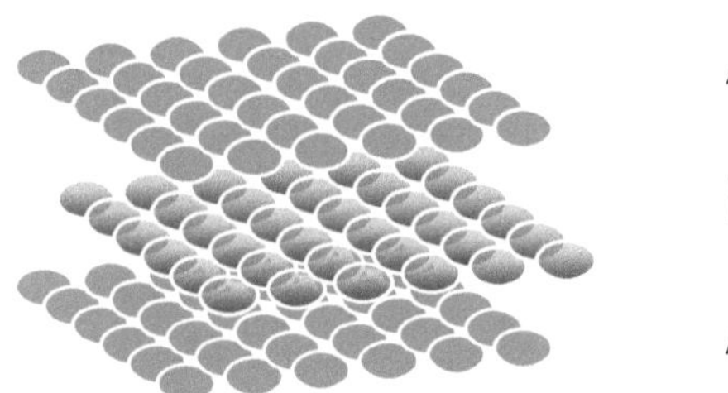

Bild 3-6: Hexagonal dichteste Kugelpackung hcp; Stapelfolge [A-B-A. Untere Ebene (A), darüber versetzt liegende Ebene (B), darüber Ebene (A)

Ideale Anordnungen von Atomen kann man sich als Packungen von Kugeln vorstellen, die eine möglichst hohe Dichte (dichteste Packung), eine möglichst hohe Symmetrie und eine möglichst hohe Vernetzung (Koordination) anstreben. Dichteste Kugelpackungen in Festkörpern besitzen eine Raumerfüllung von maximal 74 %. Packungen von Atomen lassen sich durch Stapeln von Ebenen übereinander herstellen. Liegt eine Stapelfolge von A (untere Ebene) und B (darüber liegende Ebene) in den Lücken der Ebene A gefolgt von der originalen Stapelebene A vor, so spricht man von hexagonal dichtesten Kugelpackungen (englisch: hcp; hexagonal closed packed) (**Bild 3-6**).

Liegt eine Stapelfolge von A (untere Ebene) – B (darüber liegende versetzte Ebene) – C (zur B-Ebene versetzte Ebene) vor, bei der die vierte Lage der Atome wieder den Positionen der Atome in A entspricht, liegt eine kubisch dichteste Kugelpackung (ccp: cubic closed packed) vor (**Bild 3-7**).

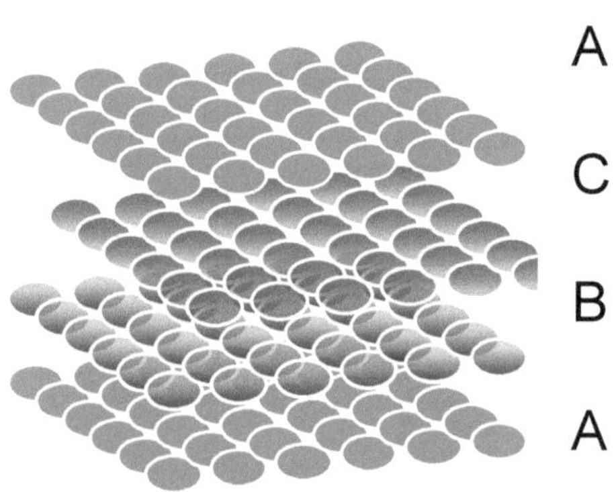

Bild 3-7: Kubisch dichteste Kugelpackung, Stapelfolge [A-B-C-A]. Untere Ebene (A), darüber versetzt liegende Ebene (B) darüber Ebene (C)

Besser als die Stapelung von Gitterebenen kann man sich die Architektur des gesamten Gitters als eine Aneinanderreihung von Elementarzellen in allen Raumrichtungen vorstellen. Die Elementarzelle ist die kleinste Einheit des gesamten Gitters aus, dem sich – durch Verschiebung in alle Raumrichtungen – die Positionen der Atome im Gesamtkristall gewinnen lassen. Dadurch werden die Beschreibung der Lage der Gitteratome und ihre Symmetrie in einfacher Weise aus wenigen Atomen möglich (**Bild 3-8**).

Für technische Stähle, die sich über die Elemente Eisen, Chrom, Kohlenstoff definieren, sind die kubisch flächenzentrierten (fcc: englisch face-cubic-centred) und die kubisch innenzentrierten Elementarzellen (bcc: englisch body-cubic-centred) von entscheidender Bedeutung. Die kubisch flächenzentrierte Struktur (γ-Eisen) ist bei Stählen die Basis für Austenit. Sie zeichnet sich durch eine relativ hohe Löslichkeit für Kohlenstoff aus und ist oberhalb von 800 °C die dominierende Modifikation von Eisen. α-Eisen ist die

Raumtemperaturmodifikation und die Elementarzelle von Ferrit mit einer sehr geringen Kohlenstofflöslichkeit (**Bild 3-9**).

Die Hochtemperaturmodifikation zwischen 800 °C und 1200 °C von Eisen ist kubisch flächenzentriert und hat eine hohe Kohlenstofflöslichkeit, die kubisch innenzentrierte Form hat eine geringe Kohlenstofflöslichkeit und entspricht der Raumtemperaturmodifikation.

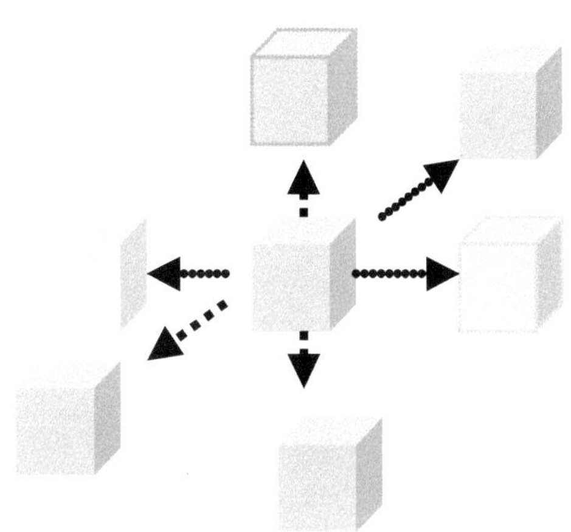

Bild 3-8: Verschiebung von Elementarzellen in drei Raumrichtungen konstruiert den Gesamtkristall

Die Wärmebehandlung von Stählen pendelt im Prinzip zwischen beiden Modifikationen, wobei aus dem austenitischen (fcc) Zustand auf die bcc-Raumtemperaturmodifikation abgeschreckt wird.

Die Umwandlung der Elementarzelle bewirkt, dass Kohlenstoff ausgeschieden wird und sich in Form von Carbiden an Zwischengitterplätzen sowie an Gitterfehlstellen anlagert. Die Abschreckung aus dem Austenit-Gebiet führt – durch eine diffusionslose Umwandlung – zu einem kubisch innenzentrierten – stark tetragonal verspannten – Gitter (tetragonaler Martensit), das durch Anlassen entspannt werden kann (kubischer Martensit) [Läp 06] (**Bild 3-10**). Tetragonal verspanntes kubisch innenzentriertes Gitter (A) entsteht durch diffusionslose Umwandlung von γ-Eisen in α-Eisen. Kühlt man Austenit (γ – Eisen mit gelöstem Kohlenstoff) ab, so bildet sich der tetragonal verspannte Martensit (A) mit hoher Härte und Sprödigkeit. Durch nachfolgendes Anlassen kann die Sprödigkeit abgebaut werden (Bildung von kubischem Martensit und Sondercarbiden) (B).

(A) Kubisch-flächenzentrierte Elementarzelle n (fcc) : γ-Eisen

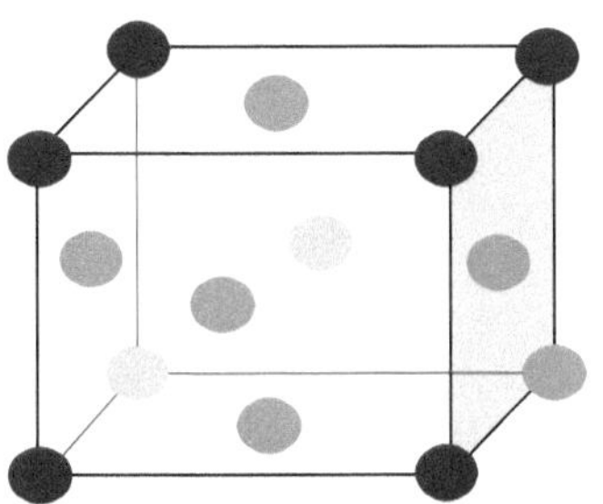

Austenit : γ-Eisen plus Kohlenstoff

(B) Kubisch-innenzentrierte Elementarzelle (bcc) : α-Eisen

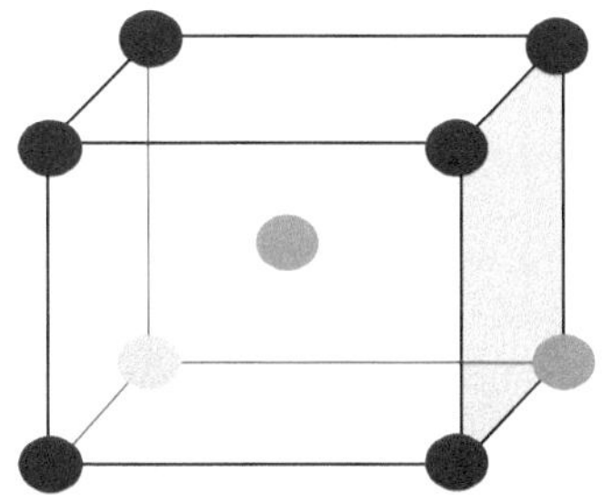

Ferrit : α-Eisen

Bild 3-9: Kubisch flächenzentrierte Elementarzelle (fcc) (A) und kubisch innenzentrierte Elementarzelle (bcc) (B) der kubisch dichtesten Kugelpackung

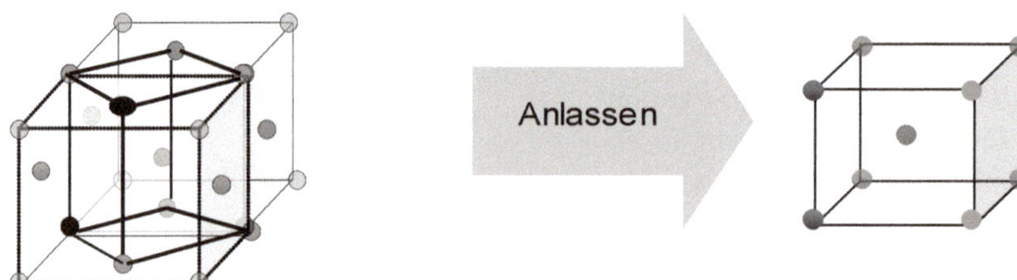

Bild 3-10: Anlassen von Stahl

Das Anlassen der Stähle beseitigt durch Diffusionsvorgänge des Kohlenstoffs die Sprödigkeit des abgeschreckten Stahls. Die Abnahme der Sprödigkeit kann auch mit einer Abnahme der Härte gekoppelt sein.

Für die Endbearbeitung (Schleifen, Honen) ist es daher sehr wichtig, neben dem Gittertyp (Austenit, Ferrit) die Anlass-Stufen des Werkstoffs dem Werkzeugeinsatz (Anpressdruck, Vorschub-Geschwindigkeit) anzupassen, da hoch angelassene Stähle weichere Randschichten aufweisen können als niedrig angelassene Stähle und das Ergebnis der Endbearbeitung sehr stark vom Anpressdruck des Werkzeugs abhängt [Läp 06].

3.3 Gitterfehler und Versetzungen

In der Realität sind Gitter nicht ideal, sondern weisen Fehler auf. Gitterfehler sind maßgeblich an der Verformbarkeit der technischen Werkstoffe (allgemein Festkörper) und ihrer Ermüdung beteiligt und sollen daher näher betrachtet werden.

3.3.1 Nulldimensionale Defekte

Nulldimensionale Gitterfehler sind Orte, an denen Atome fehlen (Leerstellen), Atome auf Zwischengitterplätzen sitzen (Interstitielle Fehlstellen) oder Fremdatome Positionen des Wirt-Gitters besetzen (Substitution) (**Bild 3-11**).

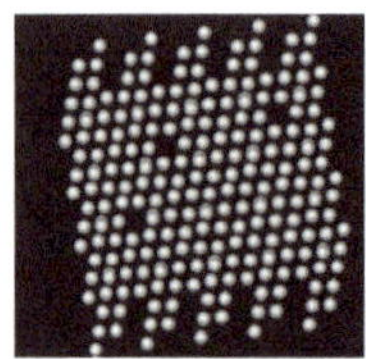

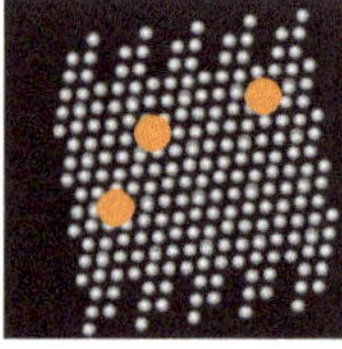

Bild 3-11: Nulldimensionale Fehlstellen (Leerstellen (A) – Substitutionsatome (B))

Schottky-Defekte sind Paare von eindimensionalen Gitterfehlern in Ionenkristallen: an einer Stelle des Gitters fehlt ein Anion (negativ geladenes Teilchen), an einer anderen Stelle fehlt ein Kation (positiv geladenes Teilchen).

Frenkel-Defekte entstehen durch Wanderung eines Atoms von seinem regulären Platz auf einen Zwischengitterpunkt. Zwischen beiden nulldimensionalen Punkten (Loch – Zwischengitteratom) entsteht eine Anziehung.

Die Bedeutung von nulldimensionalen Gitterfehlern für die Tribologie ist noch wenig erforscht [Kra 77].

3.3.2 Eindimensionale Defekte: Versetzungen

Aus der theoretischen Berechnung der Festigkeit von Metallen als Funktion der Schubspannung ergibt sich ein viel zu hoher Wert. Der Widerspruch zur Praxis kann dadurch aufgehoben werden, dass man innerhalb der Gitterstruktur Versetzungen (Gitterfehler) annimmt, die sich bereits bei sehr viel kleineren Spannungen bewegen und für die Plastizität der Metalle verantwortlich sind.

Versetzungen sind Gitterfehler,proportional zur Energie der Versetzung die durch Einschieben oder Verdrehen von Ebenen in einem Kristall aufgrund von Wachstumsprozessen aus der Schmelze oder durch Spannungen entstehen (**Bild 3-12 A und B**). Stufenversetzungen entstehen durch eingeschobene Ebenen in Kristallgittern, Schraubenversetzungen durch gegeneinander verdrehte Ebenen. Die größte Verzerrung des Gitters entsteht am Versetzungskern oder an der Versetzungslinie.

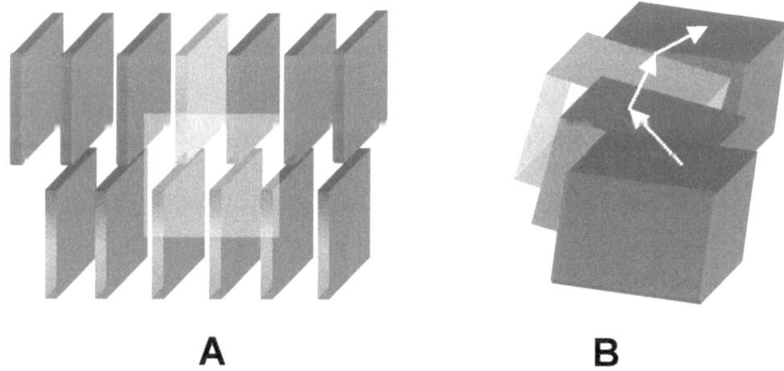

Bild 3-12: Schema einer Stufenversetzung [A] durch Einschieben einer Zwischenebene (getönt) mit Versetzungskern (Rechteck) und einer Schraubenversetzung [B] durch Verdrehen von Ebenen gegeneinander (skizziert als „Wendeltreppe“)

Als Maß für die Verzerrung dient der Burgersvektor (**b**). Der Burgersvektor einer Stufenversetzung steht senkrecht zur Versetzungslinie (Versetzungszentrum), der einer Stufenversetzung steht parallel zur Versetzungslinie. Das Quadrat des Burgersvektor ($\mathbf{b}^2$) ist proportional zur Energie der Versetzung

$$E = (1/2)\, G\, (\mathbf{b}^2),$$

wobei G das Schubmodul des Materials ist.

Der Burgersvektor mit der *niedrigsten Energie* liegt in der Ebene mit der größten Atomdichte. Für eine kubisch raumzentrierte Packung (z. B. α-Eisen (Raumtemperaturmodifikation) ist dies die <111> Ebene, in einem kubisch flächenzentrierten Gitter (Beispiel: γ-Eisen (Typ: Austenit)) die <110> Ebene (siehe Stereoprojektion **Bild 3-13**).

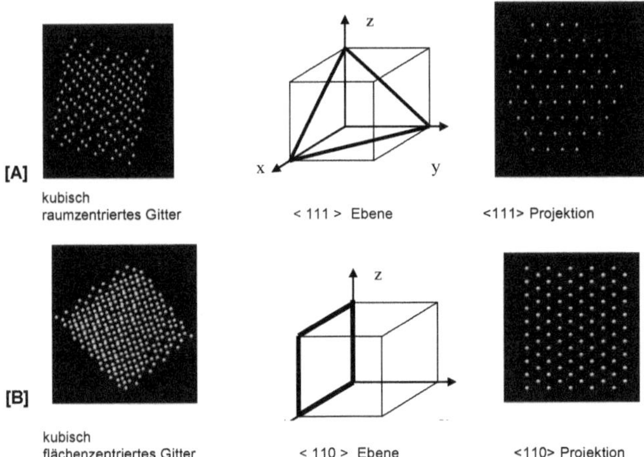

Bild 3-13: Stereoprojektion für die Ebenen von dichtest gepackten Atomen für die kubisch raumzentrierte [A] und kubisch flächenzentrierte Gitterstruktur [B], in denen der Burgersvektor die geringste Energie besitzt (Quelle: xxxxxxxx)

Versetzungen sind reaktive Zentren in realen Kristallen und können daher untereinander „reagieren". Reaktionen können zur gegenseitigen Auslöschung (Annilihation) oder Versetzungsdomänen und neuen Korngrenzen führen. Versetzungen, die an zwei Zentren festgebunden (gepinnt) sind, lassen „unter Ausbauchung" innerhalb eines Kristallits unbewegliche Versetzungslinien entstehen, die am Ende des Prozesses als Kleinwinkelkorngrenzen eine Kornfeinung herbeiführen (Frank-Read-Quellen) (**Bild 3-14**):

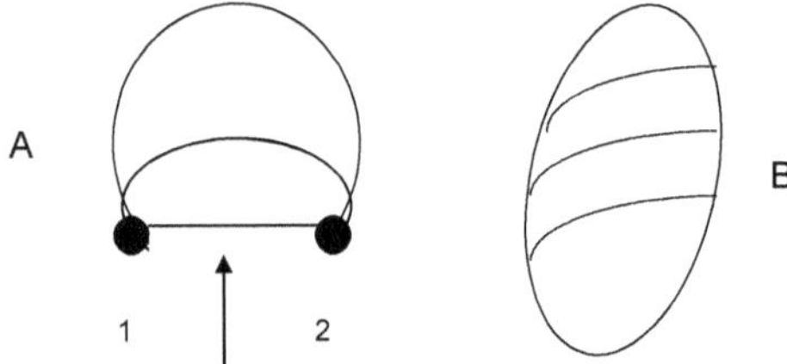

Bild 3-14: Schematische Darstellung einer Frank-Read-Quelle

Die Versetzung wird an zwei Endpunkten (1, 2) [A] festgehalten. Durch die fortgesetzte Spannung (Pfeil) tritt eine Ausbauchung ein, die am Ende zu permanenten Versetzungslinien führt, die als Kleinwinkelkorngrenzen eine Kornfeinung (Subkörner) bilden. [B]: die äußere Umrandung ist das Ausgangskorn, die Subkörner sind die permanent liegen gebliebenen Versetzungsringe.

Für die Metallbearbeitung sind die Fehler im Gitter von größter Wichtigkeit. An den Fehlerstellen können sich Mikrorisse bilden, in die die grenzflächenaktiven (polaren)

Additive der Metallbearbeitungsflüssigkeiten eindringen können. Eingehend beschrieben sind die Auswirkungen der Korngrenzen für interkristalline Korrosionsvorgänge und Lochfraßkorrosion [Kae 90]. Im letzteren Fall greift natürlich kein Additiv, sondern Wasser an den Korngrenzen an. An den Versetzungen bilden sich die Gleitebenen aus, die für die Verformung wichtig sind. Rehbinder [Reh 64] spricht von so genannten „Gleitpaketen". Klocke [Klocke 06] stellt das sehr anschauliche Modell eines Kartenstapels vor, der aus den Gitterschichten und den dazwischen liegenden Gleitebenen besteht (**Bild 3-15**).

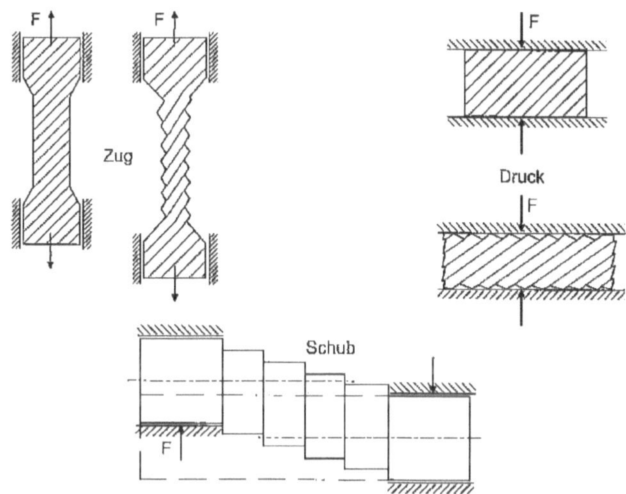

Bild 3-15: Gleitvorgänge am Einkristall (Quelle: [Klocke 06])

Vorstehende Modellvorstellungen sind natürlich auch für polykristalline Werkstoffe gültig, nur dass die Darstellung dann nicht mehr so einfach ist. Auch ist das Modell in **Bild 3-15** nicht nur für die Umformung, sondern auch für die Zerspanung gültig. Letztlich handelt es sich bei der Zerspanung ebenfalls um einen Umformvorgang, bei dem der Span am Schneidkeil so lange umgeformt wird, bis er abreißt (siehe weiter unten in diesem Kapitel).

Die Entstehung neuer Grenzflächen innerhalb eines Korns ist ein wesentlicher Prozess bei der Umformung von Werkstoffen und im Hinblick auf die Erzeugung nanoskaliger Randschicht besonders erwähnenswert.

Die Gefüge-Veränderungen mit der Bildung neuer Grenzflächen, die unter dem Einfluss von Versetzungen bei der Überrollung auftreten, zeigen sich im Transmissionselektronenmikroskop (TEM).

Im **Bild 3-16** (a1, vergrößert a3) sieht man die Gefügetextur eines martensitisch wärmebehandelten Materials in der Tiefe der maximalen Vergleichsspannung mit deutlichen Latten- und Lanzettenformationen. Die Elektronenbeugung (a2) zeigt verhältnismäßig scharfe Reflexe, was auf eine polykristalline Struktur hinweist.

Bild (b1) zeigt dasselbe Material nach 10^7 Lastwechseln bei $\mathbf{p}_0$ von 3300 N/mm². Die Lattenformationen sind jetzt zerbrochen (b1, vergrößert b3) Die verbreiterten Beugungsreflexe (b2) zeigen an, dass das Material neben der Fragmentierung auch amorphen Charakter angenommen hat (Kornfeinung).

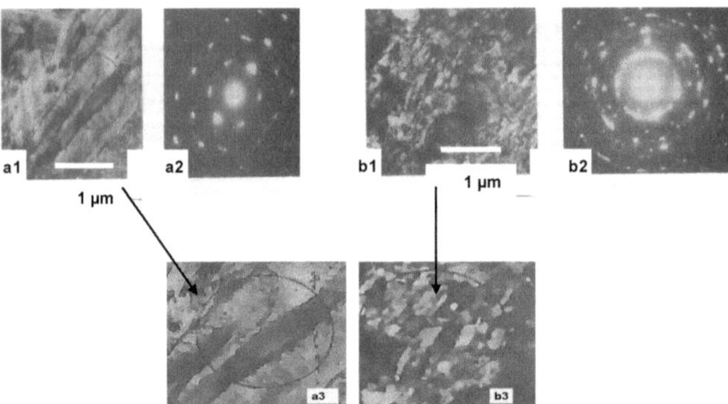

Bild 3-16: Transmissionselektronenmikroskopie und Elektronenbeugung an martensitischen Stählen in der Tiefe der maximalen Vergleichsspannung vor (a) und nach 10^7 Lastwechseln (b). Die Latten- und Lanzettenstruktur von (a3) ist in Segmente zerbrochen (b3). Die Beugungsreflexe (a2, b2) zeigen, dass zusätzlich amorphes Material entstanden sein muss (Quelle [FVA 81])

Die Entwicklung der Werkstoffermüdung wird in der Wöhlerlinie abgebildet. Dabei wird die Anzahl der Lastwechsel untersucht, die zum Bruch des Werkstoffs durch Schwingspiele führen. Untersucht man das Werkstoffversagen bei niederen Lastspielzahlen (Low-Cycle Fatique, LCF) dann erkennt man, dass das Bauteilversagen hauptsächlich von Verunreinigungen (nicht-metallischen Einschlüssen (z. B. Oxiden oder Sulfiden)) bestimmt wird, die eine Kerbwirkung im Inneren des Werkstoffs auslösen.

Die traditionelle Wöhlerlinie sagt voraus, dass Bauteile unterhalb einer bestimmten Nennspannung dauerfest sind und damit eine unendliche Lebensdauer besitzen sollten. Ergebnisse in der Praxis zeigen, dass auch im dauerfesten Bereich Ermüdungsprozesse ablaufen können (Very High-Cycle Fatigue, VHCF), die unter anderem von Zusatzbeanspruchungen (Schwingungen), aber auch von der Emission von Gitterfehlern (Versetzungen) abhängig sind (**Bild 3-17**):

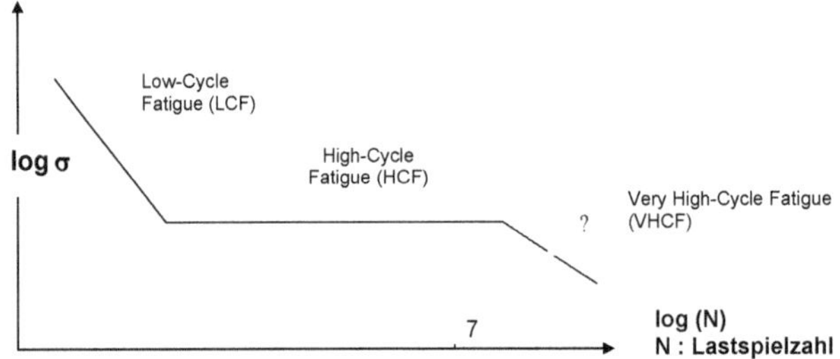

Bild 3-17: Wöhlerlinie mit Low-Cycle Fatigue (LCF) im Bereich hoher Spannungsamplituden σ, HCF (High-Cycle Fatigue) und dem „angenommenen" Very High-Cycle Fatigue (VHCF) Bereich.

Nach der Theorie von Peierls und Nabarro [Pei 40, Nab 47] hängt die „Emissionsfreudigkeit“ von Gitterfehlern auch von der Mikrostruktur des Werkstoffs ab und kann teilweise schon bei sehr niedriger Hertz‘scher Pressung erfolgen.

Für Wälzlager, die nahezu immer im Bereich hoher Lastspielzahlen und im dauerfesten Bereich ausgelegt sind, wird die Frage nach den Ermüdungsvorgängen im Bereich VHCF (niederes Lastniveau) wichtig.

Die im Bereich hoher Lastspiele ablaufenden Vorgänge im Werkstoffinneren werden sichtbar, wenn man Schliffbilder von Werkstoffen untersucht, die einer langfristigen zyklischen Beanspruchung durch Überrollung ausgesetzt sind. Durch die fortgesetzte Wirkung der Tangenzialspannungen treten im Bereich des Spannungsmaximums als Folge von Versetzungsbewegungen Gefügeveränderungen auf, die sich im Querschliff nach Anätzen mit alkoholischer Salpetersäure weiß abbilden. Diese Bänder liegen anfangs in einem Winkel von 30–45° zur Rollrichtung und werden daher als Low-Angle Bands (LAB) bezeichnet (**Bild 3-18**). Aufgrund ihres Anätzverhaltens werden sie mit der Bezeichnung White Etching belegt. Die Ausgangskorngröße der Werkstoff-Kristallite und -Phasen hat sich hier unter der Wirkung von Versetzungen von wenigen µm auf die Größe von nm großen Körnern verfeinert.

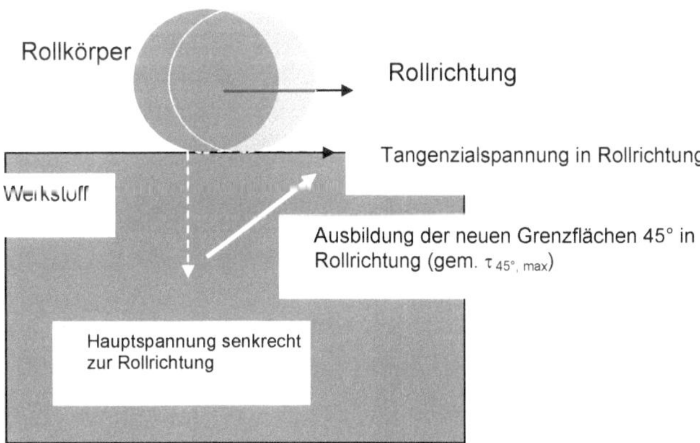

Bild 3-18: Ausbildung von „neuen“ Grenzflächen durch Überrollung, 45° zur Rollrichtung als Folge der Tangenzialspannung

Neben dem Auftreten der Low-Angle Bands können zusätzlich weiß anätzende Bänder auftreten, die mit einem Winkel von 80° zur Rollrichtung eher der Hauptspannung folgen und als High-Angle Bands bezeichnet werden (**Bild 3-19**):

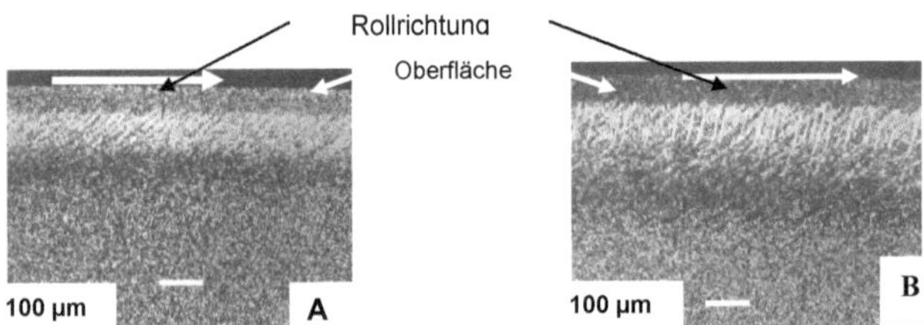

Bild 3-19: Die Entwicklung von Low- (A) und High- (B) Angle bzw. White-Etching-Bändern bei Überrollung (Rollrichtung, Pfeile) in der Tiefe der maximalen Vergleichsspannung (Quelle: [FVA 81])

Der Entwicklungsprozess der unter Versetzungsemission ablaufenden Werkstoffveränderungen lässt sich neuerdings mit Hilfe des neu entwickelten Verfahrens auf der Basis des Barkhausen-Effekts und der Laser-Speckle-Photometrie verfolgen [Schrei 07].

3.4 Umformung

3.4.1 Ziehen, Walzen und Rollen

Umgeformte und hoch verformte Materialien können überragende mechanische Eigenschaften aufweisen, die diejenigen der Ausgangswerkstoffe bei weitem übertreffen. Daher besteht ein erhebliches Interesse diese Prozesse gezielt zu steuern [Schol 02].

Bei Umformprozessen, wie sie in der Metallbearbeitung stattfinden, werden Werkstoffe gezielt mechanisch beansprucht und sind stark mit der Aktivität von Versetzungen gekoppelt.

Forschungen zeigen, dass die Prozesse der Kornfeinung bei der Umformung den Prozessen bei der Werkstoffermüdung ähnlich sind. Der Verformungsprozess erzeugt Subkorngrenzen, die auf der Emission von Versetzungen beruhen [Xu 02]. Im folgenden Abschnitt sollen diese Prozesse kurz dargestellt werden.

Bei Zugbeanspruchung treten ähnlich wie bei der Überrollung neue Grenzflächen in 45° zur Zugrichtung auf. **Bild 3-20** zeigt eine transmissionselektronenmikroskopische Aufnahme einer durch Rollen (Rollrichtung mit Pfeil) zugbeanspruchten Probe von Aluminium mit Ausbildung von Texturen in 45° zur Rollrichtung in der < 111 >-Ebene [Bay 89, Will 96, Ak 97, Liu 95]. Die Von-Mises-Vergleichsspannung beträgt 0.12 (**Bild 3-20**).

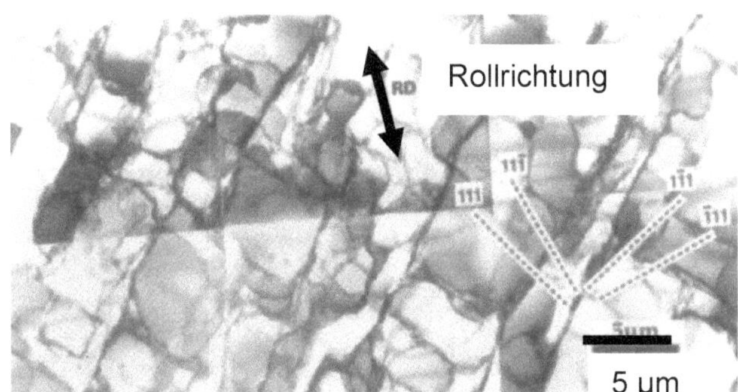

Bild 3-20: Transmissionselektronenmikroskopische Aufnahme einer durch Rollen zugbeanspruchten Probe (Aluminium, Rollrichtung durch Pfeil angegeben) in der <111>-Ebene (Quelle: [Liu 95])

Die Orientierung der Körner zwischen den Grenzflächen, die durch Beanspruchung entstanden sind, ist ohne Vorzugsrichtung.

Eine torsionsbeanspruchte Probe von Nickel unter hohem Druck zeigt bei einer Mises-Spannung von 0.4 und einem Druck von 4 GPa im Transmissionselektronenmikroskop (TEM) die Ausbildung von Zellstrukturen [Win 01] (**Bild 3-21**):

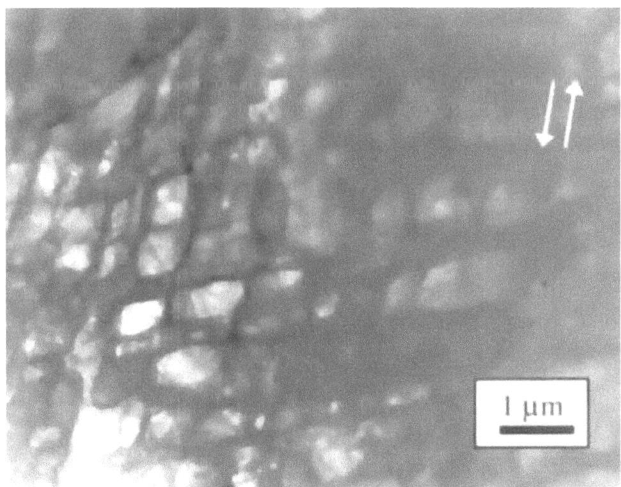

Bild 3-21: Transmissionselektronenmikroskopische Aufnahme einer Torsionsbeanspruchten Probe von Nickel bei einer Mises-Spannung von 0.4 und einem Druck von 4 GPa. Die Torsionsachse steht senkrecht zur Bildebene. Die Doppelpfeile markieren die Scherebene

Bei mechanisch beanspruchten Proben zeigen sich zwei Arten von Versetzungen:

I.) Versetzungen, die sich an Gleitebenen orientieren. Der Winkel zwischen den neuen Grenzflächen, die durch die Versetzungen gebildet werden, und der Gleitebene (bzw. dem Gleitsystem) ist gering und liegt unterhalb 10° (Typ 1).

II.) Versetzungen, die sich weit entfernt von Gleitebenen bilden und sich nicht an ihnen orientieren. Hier ist der Winkel zwischen den Gleitebenen und der Grenzflächen, die sich durch Versetzungen neu bilden, deutlich größer (Typ 2) [Win 03]. Die Fehlorientierung der Versetzungsgrenzlinien als Funktion der Von-Mises-Vergleichsspannung unterscheidet sich bei zug- (A) und roll- beanspruchten Proben (B). **Bild 3-22** zeigt die Entwicklung von Fehlorientierungen für beide Versetzungsarten als Funktion der Mises-Spannung.

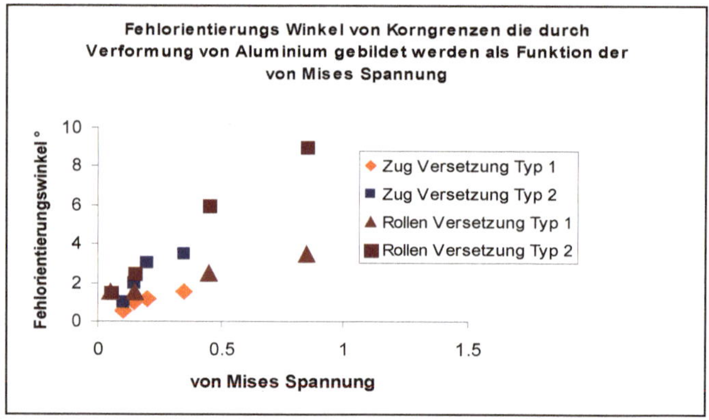

Bild 3-22: Fehlorientierungswinkel, die durch mechanische Verformung von Aluminium entstehen: Versetzungen bilden Korngrenzen mit einer geringen Winkelabweichung zu Gleitebenen und Korngrenzen mit hoher Abweichung zu Gleitebenen (abgeleitet aus [Win 03])

Der Abstand zwischen den neuen Korngrenzen sinkt mit zunehmender *Mises-* Spannung kontinuierlich, sowohl für die Versetzungslinien, die sich an einer Gleitebene orientieren, als auch für Versetzungen fernab von Gleitebenen (**Bild 3-23**).

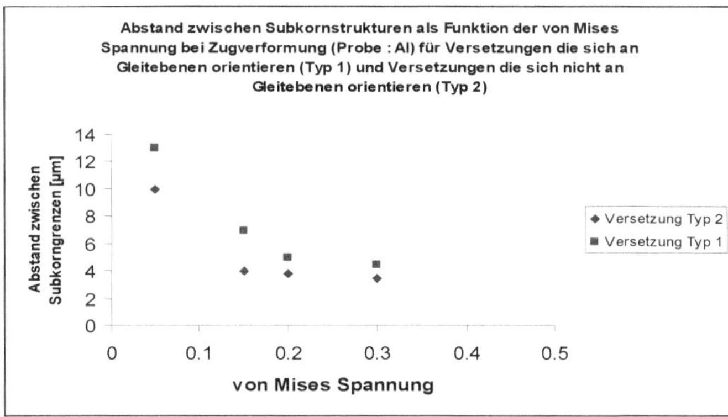

Bild 3-23: Abstand zwischen Subkornstrukturen als Funktion der Mises-Spannung bei Zugverformung (Probe Al) für Versetzungen, die sich an Gleitebenen orientieren (Typ 1), und Versetzungen, die sich nicht an Gleitebenen orientieren (Typ 2) [Win 03]

3.4.2 Spanabhebende Bearbeitung

Das Schema zeigt die prinzipiellen Abläufe, wie sie bei der spanenden Bearbeitung auftreten. Das Werkzeug dringt unter einem Freiwinkel (α) in den Werkstoff ein. Der Werkzeugkeil, der mit einer Geschwindigkeit v in den Werkstoff eintritt, führt entlang der Schnittebene zur Verformung (**Bild 3-24**).

Bild 3-24: Schematische Darstellung der spanabhebenden Bearbeitung

Bild 3-25 zeigt eine Detailaufnahme bei der Spanbildung im Werkstoff C45E bei einer Schnittgeschwindigkeit von 300 m/s. Der Span ist stark unterteilt. Zwischen den einzelnen Abschnitten treten korngefeinte Bereiche in Erscheinung.

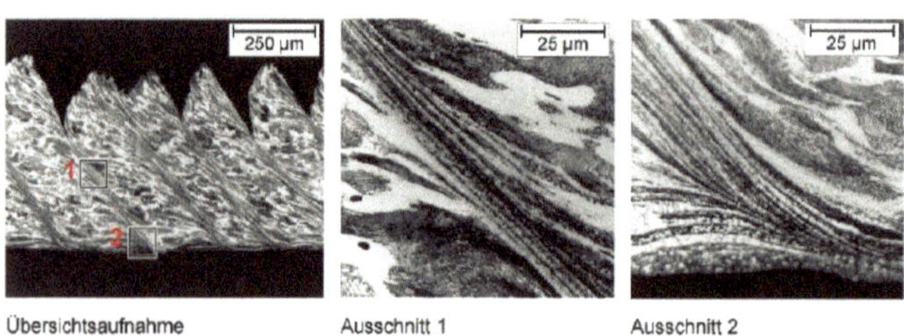

Bild 3-25: Segment Span im Werkstoff C45E (Zitat aus [Haa 03]). Übersichtsaufnahme, Ausschnitte aus der Verformungszone

Das Werkzeug verursacht an der unmittelbaren Eintrittsstelle in den Werkstoff Spannungsfelder, die durch Positronen-Annihilations-Messungen (PAS) sichtbar gemacht werden können [Haa 03]. Diese Messung macht sich den Effekt zunutze, dass Versetzungen bei der Umformung durch Sprungprozesse Fehlstellen (Kinks und Jogs) hinterlassen. Die Bestrahlung mit Positronen führt dazu, dass die Elementarteilchen an Fehlstellen eingefangen und die Einfangrate eine Funktion der Fehlstellendichte wird. Diese Funktion lässt sich als S-Parameter (Schädigungsparameter) darstellen.

Wird ein Span durch einen Werkzeugvorschub aus dem Werkstoff abgehoben, lässt sich eine Verformungsvorlaufzone tangential zum Geschwindigkeitsvektor (v_c) erkennen. Ausgehend von der primären Scherzone bauen sich im abhebenden Span starke Gefügezerstörungen auf.

Der durch PAS ermittelte Schädigungsparameter S korreliert dabei mit dem Verlauf der Vickershärte (**Bild 3-26**). Bereiche mit hoher Härte entstehen offenbar durch Verfestigungsprozesse, wie sie im Verlauf von Versetzungsreaktionen bei der plastischen Deformation auftreten. Diese Prozesse sind daher hauptsächlich verformungsbedingt.

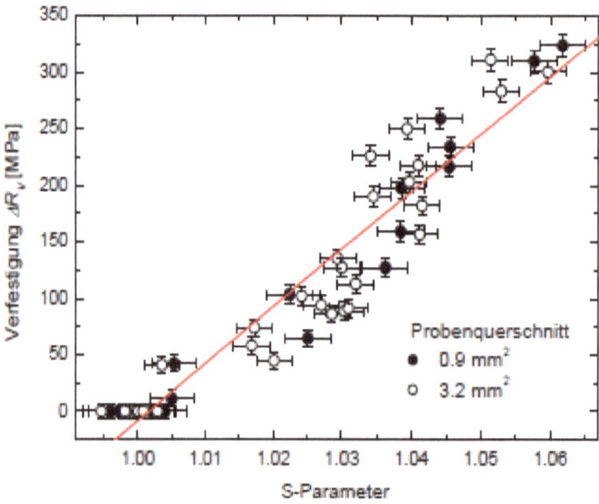

Bild 3-26: Schädigungsparameter S aus PAS-Messungen im Vergleich mit der Vickershärte

Bereiche mit geringer Härte entsprechen Entfestigungsvorgängen, die hauptsächlich durch hohe Temperaturen ausgelöst werden.

Die Werte für den unverformten Werkstoff liegen dabei in der Größenordnung von 185 HV. Die stärksten Verformungsbereiche treten an der Spanoberseite auf. Unterhalb dieser Verformungen entstehen Entfestigungszonen. Abhängig vom Vorschub und der Zerspanungstiefe können sich auch Spannungsfelder in verschiedene Richtungen entwickeln [Haa 03].

Die mikroplastischen Verformungen korrelieren dann mit Härtemessungen (z. B. Vickershärte), wenn keine Oxidationsprozesse ablaufen (**Bild 3-27**). Bei parallel ablaufenden Oxidationsvorgängen kann es zu Entfestigungen im Werkstoff kommen [Haa 03].

Für die spanabhebende Bearbeitung ist dabei die Eindringtiefe des Werkzeugs in den Werkstoff entscheidend. Eine große Eindringtiefe führt sowohl an der Verformungsvorlaufzone als auch in der Tiefe zum Aufbau von Gefügeschäden. Eine hohe Vorschubgeschwindigkeit spielt bei gleicher Eindringtiefe eine geringere Rolle.

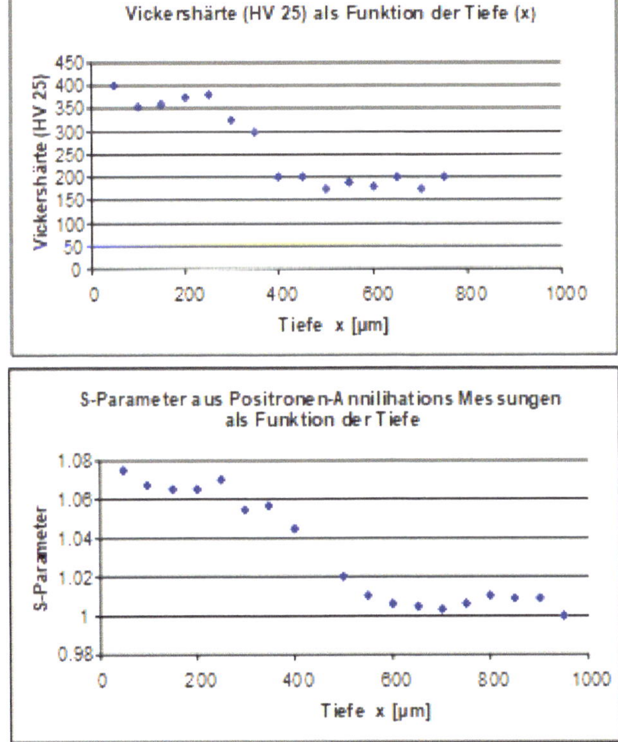

Bild 3-27: Mikrohärteverlauf zwischen Randschicht und Kern bei spanabhebender Bearbeitung

3.4.3 Schneiden von Teilchen durch Versetzungen

Versetzungen können Matrixteilchen (beispielsweise Carbide) durchtrennen. Die Durchtrennung führt dazu, dass neben neuen Phasen durch Zerfall der Teilchen auch neue Werkstoffeigenschaften entstehen können. Die Zersetzung von Carbiden spielt sowohl bei der Umformung als auch bei Bearbeitungsvorgängen eine wesentliche Rolle in der Metallbearbeitung und soll hier kurz diskutiert werden.

Versetzungen können Teilchen „schneiden“, in dem sie sich im Spannungsfeld eines Teilchens über eine Gleitebene in die Kristallstruktur einschieben können. Voraussetzung dafür ist, dass das Teilchen kohärent an die umgebende Matrix angebunden ist. Das bedeutet, dass zwischen der Matrix, innerhalb derer sich die Versetzung „bewegt“, und dem Fremdteilchen eine ähnliche Gitterstruktur und optimale Winkel vorliegen müssen, damit ein Übertritt möglich wird. Durch das Eintreten der Versetzung in das Fremdteilchen (**Bild 3-28 (A)**) kann innerhalb der Phase oder des Teilchens eine Verschiebung der Atome in einer Gleitebene stattfinden, so dass es zunächst zur Bildung einer Antiphasengrenze innerhalb des Teilchens kommt. In der Antiphase stehen sich entlang der Gleitebene Atome direkt gegenüber, wodurch die Energie stark ansteigt. Die Antiphasengrenze wird durch eine zweite Versetzung, die in die Gleitebene eintritt, wieder beseitigt (schematisch in **Bild 3-28 (B)** – in situ TEM (**Bild 3-29**)). Bei Carbiden, wie sie durch den Weichglühprozess in Stählen auftreten, führt dies dazu, dass ihre globuläre Struktur „langgezogen“ und im Rasterelektronenmikroskop sichtbar wird. In der Literatur spricht man auch von „Lenticular Carbides“. Die Abweichung der ansonsten rundlichen oder elliptischen Carbide aus dem Weichglühprozess der Werkstoffe stellt damit einen Indikator für die Versetzungsaktivität und die Richtung der Versetzungsbewegung dar. Bei kohärenten Teilchen können Versetzungen in eingeformte Phasen und Fremdteilchen eintreten. Inkohärente Phasen und Teilchen (Teilchen, deren Gitterstruktur stark vom Grundwerkstoff unterschieden ist) können von Versetzungen nicht durchtrennt werden.

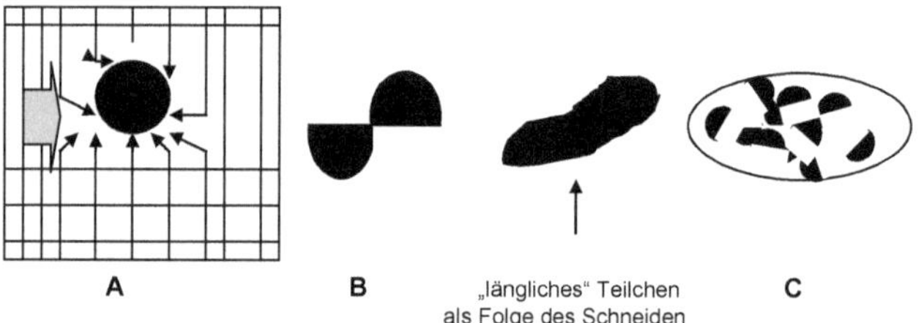

Bild 3-28: Ein kohärent (teilkohärentes) Teilchen [A] erzeugt in einer Matrix (schematisch durch Gitternetz dargestellt) ein Spannungsfeld, das eine Versetzung (Pfeil) einfängt. Die Versetzung durchschneidet das Teilchen [B]. In der Fortsetzung bilden sich aus dem großen Teilchen [A] kleine Teilchen [C]

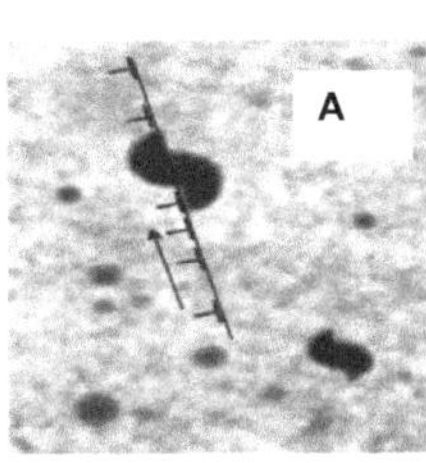

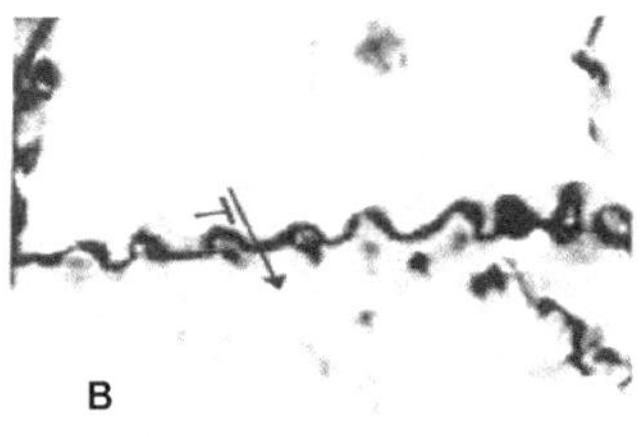

Bild 3-29: Schneiden von kohärenten Teilchen durch Versetzungen unter Bildung von Antiphasen – Phasengrenzen (A). Einformen eines Versetzungsrings an einem inkohärenten Teilchen (B) (Quelle: [Fes])

Carbide (wie beispielsweise Eisen-Chrom-Mischkristalle in Stählen) stellen Teilchen dar, die durch Versetzungen über Versetzungsdoppelpaare so lange geschnitten werden, bis die Kornfeinung über Versetzungslinien zu einer neuen, thermodynamisch stabileren Phase führt. Diese Umwandlung der Carbide führt zu neuen, teilweise sehr harten Phasen mit einer sehr geringen Korngröße (wenige Nanometer), die im Gefügeschliff weiß anätzen (White Etching).

Sowohl bei der Werkstoffumformung aber auch bei Bearbeitungsvorgängen zeigen sich Vorgänge, die mit einer Auflösung der Carbide gekoppelt sind. In **Bild 3-30** (Focused-Ion-Beam (FIB) in Kombination mit Rasterelektronenmikroskopie (FIB-REM)) wird gezeigt, dass im Bereich der Oberfläche die als rundliche, dunkle Einlagerung erkennbaren Eisen-Chrom-Mischkristalle als Folge des Bearbeitungsvorgangs (Schleifen) aufgelöst oder geschnitten werden (A, B, C).

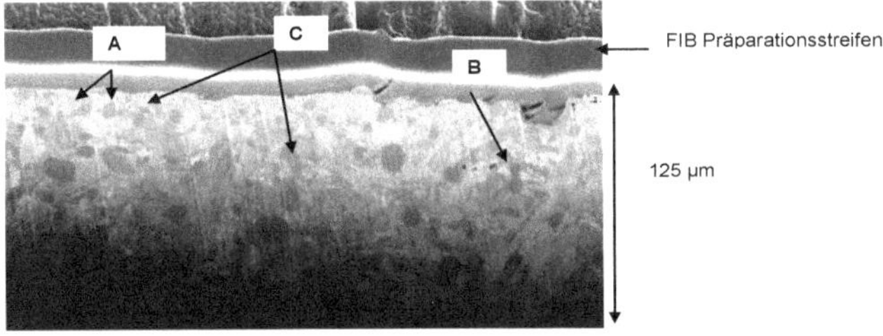

Bild 3-30: Rundliche Carbide [A] als Folge der Endbearbeitung im Focused-Ion-Beam Rasterelektronenmikroskop (1000-fache Vergrößerung). Die Carbide (Eisen-Chrom-Mischkristalle) sind als rundliche [A] oder länglich gezogene Körper sichtbar [B]. Deutliche Verzerrungen durch Versetzungsschneiden sind an der Oberfläche erkennbar (markiert [C])

Die Folge der Teilchenauflösung sind die typischen randnah ausgeprägten Schichten (Tribomutation [May 05, Ra 07, Schol 02]), die nach neueren Forschungsergebnissen einen erheblichen Einfluss auf die Bauteil-Lebensdauer besitzen können, so dass erhebliche Anstrengungen unternommen werden, um diese randnahen, kornverfeinerten Schichten durch Bearbeitungsprozesse gezielt zu erzeugen (nanoskalige Randschichten).

Aus neueren Forschungsergebnissen wird ersichtlich, dass diese Randschichten auch als Prozess beim Einlaufen von Maschinenelementen entstehen können [May 05].

3.5 Ergänzende Vorstellungen zur Metalloberfläche

Eines der ersten Modelle zu Metalloberflächen stammt aus dem Jahre 1936 [Schm 36] (**Bild 3-31**). Dieses wurde bereits im frühen 20. Jahrhundert von Evans [Evans 37] infrage gestellt, indem er für seine Theorie zur Korrosion von Metallen annahm, dass „im neutralen und alkalischem Bereich das Eisen mit einer mikroskopisch dünnen Eisenhydroxidschicht bedeckt ist".

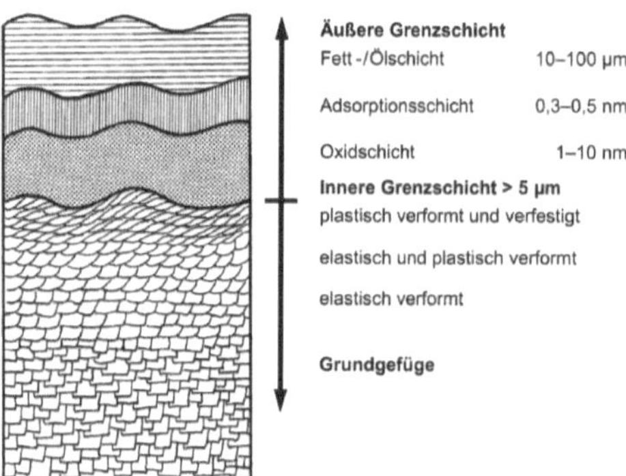

Bild 3-31: Alte Theorie des Schichtaufbaus metallischer Oberflächen nach Schmaltz (aus [Klo08] nach [Schm 36])

Umso erstaunlicher ist es, dass das Modell in **Bild 3-31** auch in modernen Dissertationsschriften als aktueller Stand der Technik erwähnt wird.

Wirkliche Einblicke auf und in den atomaren Aufbau sind erst mit SIMS (Sekundärionen-Massenspektroskopie) und SNMS (Sekundärneutralteilchenmassenspektroskopie) möglich. Moderne Untersuchungen konnten die Annahme von Evans bestätigen. Hantsche et al. untersuchten die Oberfläche von einem boriertem Chromstahl und wiesen Eisenoxide und Eixenhydroxid nach [Han82]. Mithilfe der Sekundärionen-Massenspektrometrie (SIMS) ließ sich die Annahme von Evans bestätigen, indem auf Oberflächen aus Gold und Silber Hydroxidgruppen festgestellt wurden. Auf Kupfer konnte neben Hydroxidgruppen auch Kupferoxid nachgewiesen werden [Bue81]. Rostfreie Stähle, welche passiviert sind, dagegen sind ausschließlich mit Oxiden überzogen ([Faj10], [Com01]).

So wird die Oberfläche eines unbehandelten Zahnrads in [FVA 00] mittels SNMS beschrieben. Dabei wird die Existenz von Hydroxy-Gruppen (-OH) nachgewiesen. Diese OH-Gruppen sind an Eisen gebunden. Stahl (kein rostfreier Stahl) überzieht sich ab einer Luftfeuchtigkeit von 40 % mit einer Schicht aus Hydroxiden und Oxiden. Stratmann [Stra 91] gibt die Zusammensetzung einer Eisenoberfläche mit etwa 25 % γ-FeOOH, 70 % α-FeOOH und sehr geringen Mengen an Oxid an. In einer jüngeren Arbeit [Bhar 07] wird auf einer Eisenoberfläche Eisenoxid (Fe_3O_4) und Eisenhydroxid ($Fe(OH)_2$) nachgewiesen.

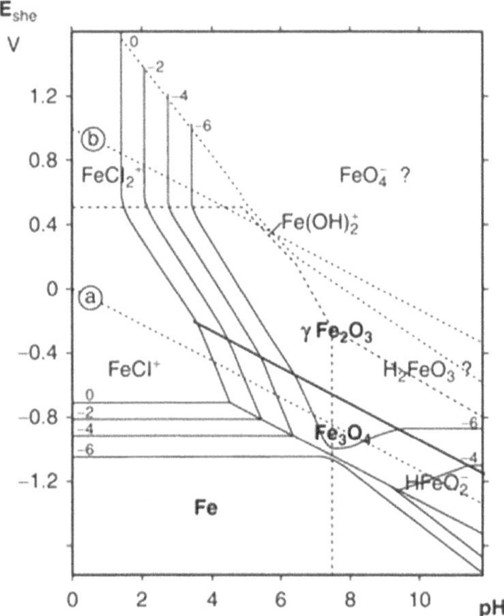

Bild 3-32: Pourbaix-Diagramm für das System Eisen-Wasser (Quelle: www.geocities.com/neveyaakov/electro_science/pourbaix.html)

Bhargava et al. stellen eine gute Übereinstimmung mit dem Pourbaix Diagramm für das System Eisen-Wasser (**Bild 3-32**) fest.

Eisenoxid, Eisen(II)- und Eisen(III)-Ionen (mit Hydroxid-Gruppen besetzt) existieren also im neutralen pH-Bereich nebeneinander. Solche Pourbaix-Diagramme gibt es nicht nur für Eisen, sondern auch für sehr viele andere Metalle [Kae 90]. Aus Ihnen kann relativ einfach erklärt werden, wie eine Metalloberfläche bei einem bestimmten pH-Wert im atomaren Bereich beschaffen ist. Erstaunlicherweise wurde bisher davon bei der Entwicklung von Metallbearbeitungsflüssigkeiten kaum Notiz genommen. Allgemein bekannt ist, dass rostfreie Stähle von einer Chrom- und Nickeloxidschicht, je nach Legierung in wechselnden Verhältnissen, bedeckt sind. Auch von Aluminium ist bekannt, dass es von einer fest haftenden Oxidhaut überzogen ist. Bei normalen Stahlqualitäten wird angenommen, dass Oxide auf der Metalloberfläche vorhanden sind, die (je nach Literaturquelle) mal flächendeckend und mal inselförmig angenommen werden. Wird über mögliche Reaktionen von Schmierstoff-Additiven berichtet, sind in den Abbildungen durchweg reine Eisenoberflächen dargestellt. Öfter ist auch über so genannte „(re)aktive Zentren", um die die Additive bei der Adsorption konkurrieren, berichtet worden. Diese „reaktiven Zentren" sollen „beweglich" sein, d. h., sie sind auf einer bestimmten Eisenoberfläche nicht ortsfest. Leider ist die Literaturlage zum letzten Punkt sehr nebulös. Hotten schreibt in der Diskussion zum Forbes-Aufsatz [Forb 73]: „Iron is a chameleon – it changes its skin with the surroundings."

Es gibt Metalle (Legierungen), die von mehr oder weniger festen Oxiden bedeckt sind, z. B. rostfreie Stähle [Henk 03] (**Bild 3-33**) und Aluminium, und es gibt Metalle (Legierungen), die an ihrer Oberfläche neben Oxiden verschiedene Spezies von Ionen tragen, die mit

Hydroxid-Gruppen besetzt sind, z. B. Eisen und Kupfer (**Bild 3-34 bis 37** zeigen beispielhaft Eisen-Verbindungen).

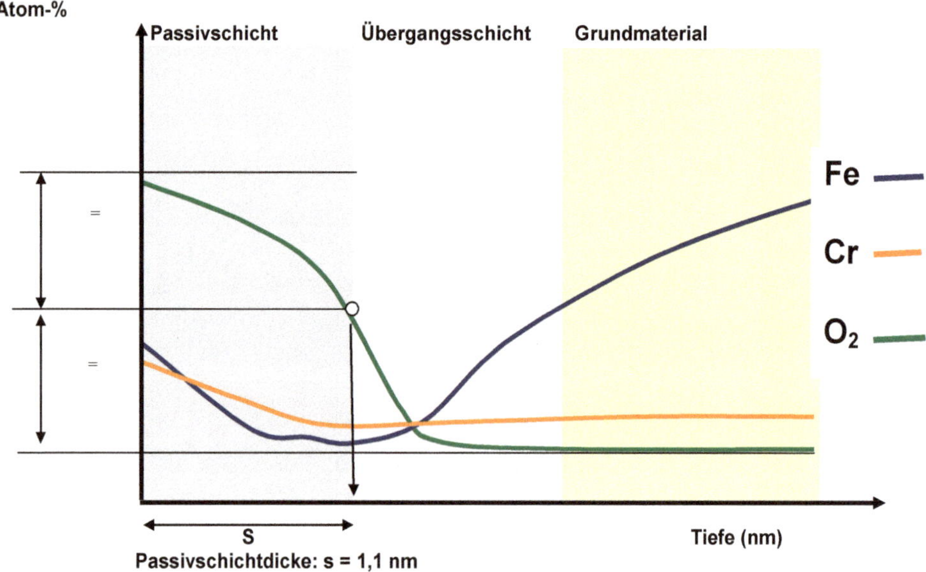

Bild 3-33: Tiefenprofil von 1.4404 (Auger-Analyse) passiviert (Quelle: [Henk 03])

Wenn, wie bei Eisen, Ionen in verschiedenen Oxidationsstufen vorliegen (Fe(II), Fe(III) und möglicherweise auch Fe(0)-Atome), ist es durchaus vorstellbar, dass ein permanenter Wechsel der Oxidationsstufen untereinander erfolgen kann. Dazu bedarf es schließlich nur der Verschiebung von einzelnen Elektronen. Damit könnte dann auch leicht das Phänomen der „beweglichen reaktiven Zentren" erklärt werden. Kommen wir in diesem Zusammenhang noch einmal auf den kristallinen Aufbau der Metalle zurück. Wie oben beschrieben, können die einzelnen Kristalle und damit die Elementarzellen unterschiedlich ausgerichtet sein. Dadurch wird sicher die energetische Situation an der Metalloberfläche entscheidend beeinflusst. Wo und wie fest gebunden eine Hydroxid-Gruppe ist, welche Stelle auf der Oberfläche mit Oxid bedeckt ist oder nicht und nicht zuletzt, wie schnell und in welcher Richtung Elektronenbewegungen möglich sind, hängt von der inneren Strukturierung des Metalls ab. Die Orientierung der Kristalle entscheidet in letzter Konsequenz über die Wechselwirkung der Metalloberfläche mit den Schmierstoffadditiven.

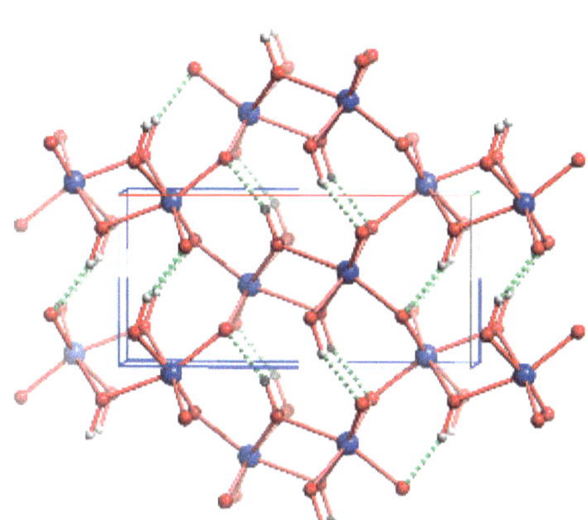

Bild 3-34: α-FeOOH (Quelle: www.cup.uni-muenchen.de/ac/kluefers/homepage/)

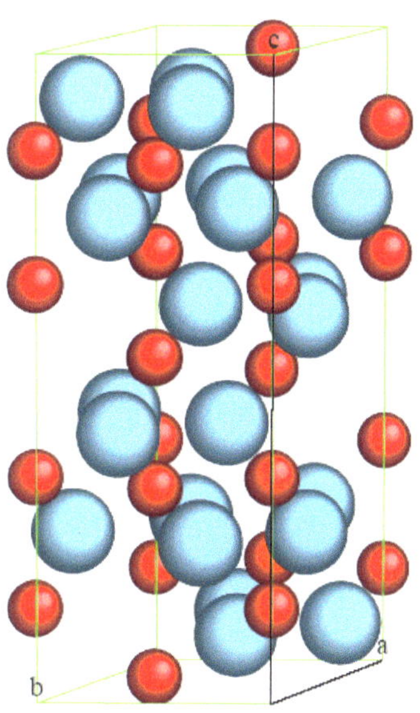

Bild 3-35: Einheitszelle des Hämatits (Fe_2O_3). Kleine (rote) Sphären: Eisen, große (blaue) Sphären: Sauerstoff, (Quelle: Dissertation Marcus Preisinger [Prei 05])

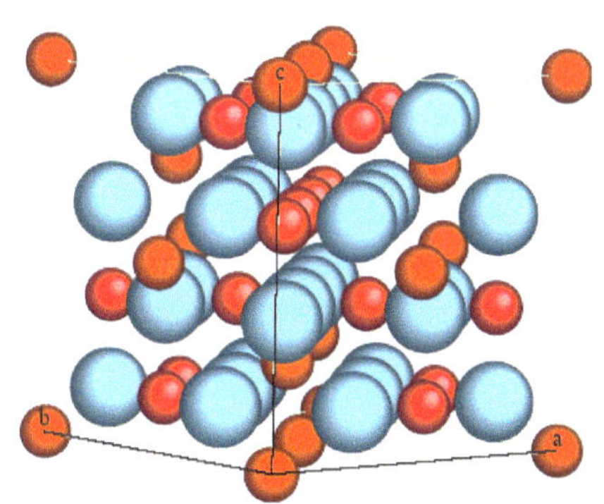

Bild 3-36: Einheitszelle des Magnetits (Fe_3O_4). Rote Sphären: dreiwertiges Eisen, Orange Sphären: zweiwertiges Eisen, blaue Sphären: Sauerstoff, (Quelle: Dissertation Marcus Preisinger [Prei 05])

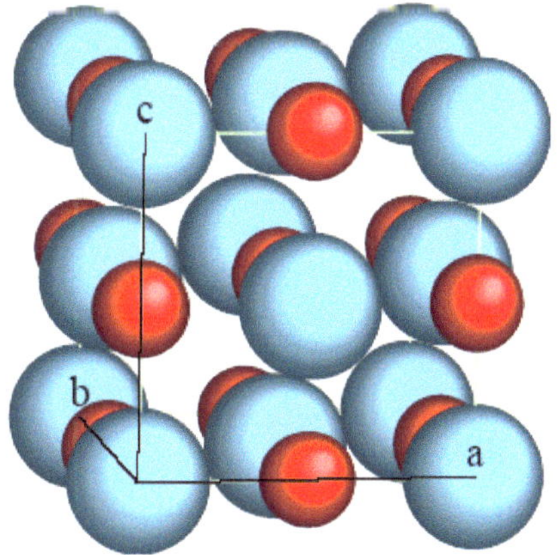

Bild 3-37: Kristallstruktur des Wüstits (FeO). Rote Sphären: Eisen, blaue Sphären: Sauerstoff, (Quelle: Dissertation Marcus Preisinger [Prei 05])

Additive können also nur mit Oxiden, Hydroxid-Gruppen bzw. Metallionen wechselwirken. Generell können die Additive nach ihrem Aufbau in drei große Gruppen unterteilt werden, ionische (z. B. saure Phosphorsäureester, PEP-Additive), nichtionische Stoffe (z. B. Chlorparaffine, Polysulfide) und Additive, die in der Lage sind, Wasserstoffbrückenbindungen mit den Wasserstoffatomen der Hydroxid-Gruppen auszubilden (z. B. sauerstoff- bzw. stickstoffhaltige Additive). Die ionischen Additive werden sicher bevorzugt mit den Metallatomen korrespondieren, welche die Hydroxid-Gruppen tragen. Die nichtionischen Additive sollten in der Lage sein, sich sowohl mit den oxidisch gebundenen Metallatomen als auch mit den Hydroxid-Gruppen zu arrangieren. Wobei Letzteres von der Fähigkeit zur Ausbildung von Wasserstoffbrücken abhängt. Sauerstoff- und stickstoffhaltige Moleküle sind hier eindeutig bevorzugt.

Die obenstehenden Ausführungen gelten sowohl für die Werkstück- als auch die Werkzeug-Oberflächen, inklusive Beschichtungen.

Welche Möglichkeiten die einzelnen (konkreten) Additivklassen haben, wird in den nachfolgenden Kapiteln besprochen. Rein phänomenologisch stimmt die obige These mit der Praxis überein. Für die Bearbeitung von rostfreiem Stahl sind PEP-Additive oder auch saure Phosphorsäureester eher von untergeordneter Bedeutung. Chlorparaffine und Schwefelverbindungen werden hier mit Erfolg eingesetzt. Bei Stahl haben sich PEP-Additive in Kombination mit Schwefelverbindungen bewährt, aber auch Chlorparaffine waren und sind (immer noch) in diesem Fall sehr wirksame Additive.

Etwas komplexer stellt sich die Situation bei Metallen dar, die wie z. B. Titan, Aluminium und ihre Legierungen zunächst über eine oxidische Oberfläche besitzen. Die Oberfläche ist relativ „dünn“ und reißt daher schnell auf. Es kommt zur Bildung von mehr oder weniger hydroxidischen Oberflächen, die dann bevorzugt mit sauerstoffhaltigen Additiven (z. B. Ester, Fettalkohol) agieren.

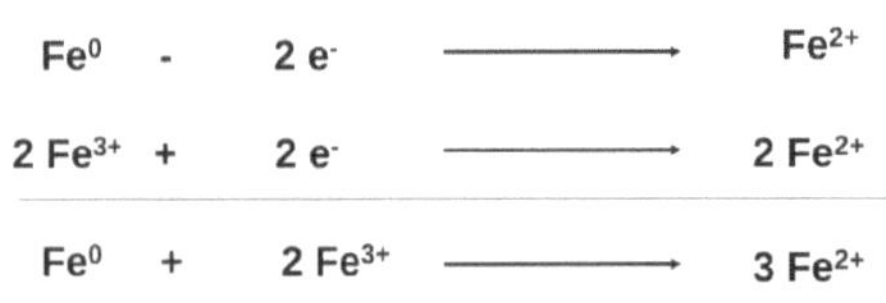

Bild 3-38: Stabilisierung von Fe(0) durch internen Elektronentransfer

In vielen Bearbeitungsverfahren werden frische Oberflächen erzeugt. Das ist in der Zerspanung generell der Fall, aber auch aus vielen Umformverfahren resultieren neue Oberflächen. Wenn diese frisch entstehenden Oberflächen nicht sofort von Additiven belegt werden, kommt es zum Verschweißen (Adhäsion) von Werkstückmaterial mit Werkzeugmaterial. Dieser Effekt tritt bei rostfreien Edelstählen, Aluminium und Titan, also Werkstoffen, die eine reine Oxidhaut tragen, viel stärker in Erscheinung als bei Stahl oder Kupfer. Trivial wird dieses Verhalten mit „Kleben“ bezeichnet. Das frisch freigelegte Metall hat die Oxidationsstufe (0) und ist bestrebt, eine neue chemische Bindung einzugehen oder wenigstens durch Adsorption eine gewisse Absättigung seiner Oberfläche zu erfahren. Die Oxidationsstufe (0) ist für Metalle ein „instabiler“ Zustand. Eine Stabilisierung ist nichts anderes als die Änderung der elektronischen Situation am entsprechenden Metallatom. Theoretisch könnte so eine Stabilisierung auch durch eine interne Verschiebung von Elektronen erfolgen, d. h., Elektronen müssen vom Atom mit Oxidationsstufe (0) abgegeben werden und von einem anderen Atom mit einer Oxidationsstufe > (0) aufgenommen werden. Bei Eisen, als Beispiel, liegen wie oben beschrieben auch die Oxidationsstufen (II) und (III) vor. Atome mit der Oxidationsstufe (III) würden sich durch Elektronenaufnahme in die Stufe (II) umwandeln, die stabil ist (**Bild 3-40**). Liegen, wie im Fall von rostfreien Edelstählen, Aluminium und Titan, keine Atome im gleichen Werkstück vor, die Elektronen aufnehmen könnten, ist der interne Elektronentransfer kaum möglich. Das hat zur Folge, dass die Veränderung der elektronischen Situation nur durch Reaktion mit äußeren „Reaktionspartnern“ (Additive, Werkzeugmaterial) erfolgen kann. Eine sichere Vermeidung von Adhäsionen ist nur gewährleistet, wenn die Additive die neue Oberfläche schnell bedecken können und relativ fest adsorptiv gebunden werden.

Der Mechanismus der Adsorption wird in den Kapiteln 5, 7 ff. eingehend besprochen.

4 Reibung - Mischreibung und Metallbearbeitung

Walter Holweger

4.1 Allgemeine Regeln

Bearbeitungsvorgänge verformen gezielt die Oberfläche eines Werkstoffs durch ein Werkzeug. Während in einem voll geschmierten Kontakt die maximale Spannung in der Tiefe der halben „wahren" Kontaktbreite (z = 0.5a) liegt, wandert bei Mischreibungsvorgängen, wie sie bei Bearbeitungsvorgängen ablaufen, das Spannungsmaximum Richtung Oberfläche. **Bild 4-1** zeigt die Spannungsverläufe für verschiedene Reibungszahlen. Bei steigender Reibungszahl (μ) wandert das Vergleichsspannungsmaximum in Richtung Oberfläche.

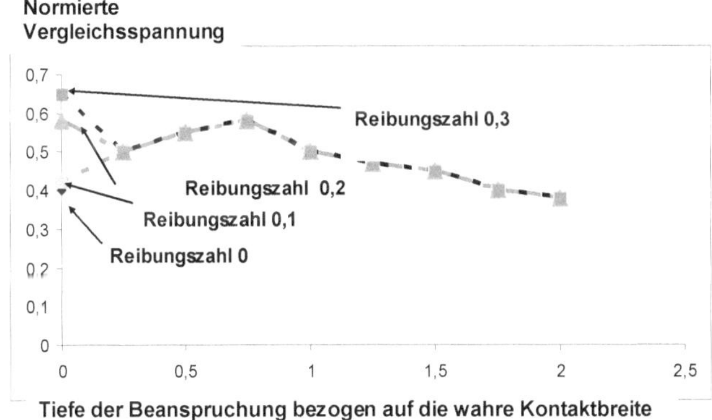

Bild 4-1: Vergleichsspannungsverlauf als Funktion der Reibungszahl μ. Mit zunehmender Reibung verlagert sich das Spannungsmaximum in Richtung Werkstoffoberfläche

Die Verlagerung des Beanspruchungsmaximums bei steigender Reibung in Richtung der Oberfläche bewirkt, dass die Prozesse der Werkstoffveränderung durch emittierte Versetzungen in Oberflächennähe auftreten. Im Gegensatz zu Vorgängen im Werkstoffinneren können die zusätzlich auftretenden Effekte durch den Schmierstoff jetzt nicht mehr vernachlässigt werden.

Kennzeichen für gegeneinander bewegte Oberflächen ist der Reibwert, der als Verhältnis von Reibkraft (F_r) und Normalkraft (F_n) definiert ist:

$$\mu = F_r/F_n$$

Forschungen zur Abhängigkeit der Reibungszahl von den Eigenschaften der beteiligten Reibpartnern liegen in großer Zahl vor [Bow 59, Kra 77].

Es werden folgende Regeln gefunden:

- Die Neigung von Körper und Gegenkörper zum Verschweißen hängt von der gegenseitigen Löslichkeit ab [Cof 56]. Weiterhin hängt der Reibwert, zwischen Körper und Gegenkörper im direkten Kontakt, stark von der Gitterstruktur ab.
- Kubisch raumzentrierte und kubisch flächenzentrierte Strukturen zeigen bei Reibungsexperimenten sehr hohe Reibwerte und hohen Verschleiß.
- Hexagonale Gitterstrukturen zeigen geringe Reibwerte und geringen Verschleiß (**Bild 4-2**).

Als Folge davon hängt der Reibwert zwischen Körper und Gegenkörper sehr stark von Umwandlungen im Kristallgitter durch Temperaturbeanspruchung ab. Ein Beispiel dafür sind die Untersuchungen von Buckley und Johnson an Kobalt [Buck 68]. Die Kristallstruktur ändert sich ab 300 °C von hexagonal zu kubisch flächenzentriert.

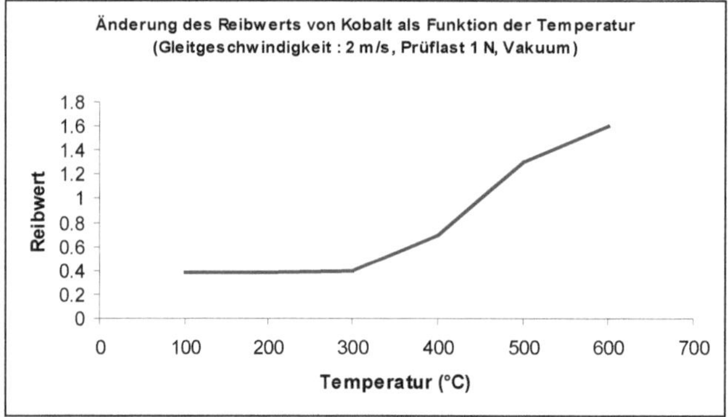

Bild 4-2: Einfluss der Gitterstruktur auf den Reibwert am Beispiel von Kobalt. Die hexagonale Struktur wandelt sich bei 300 °C in eine kubische Struktur um, der Reibwert steigt an

Ebenso hat die Kristallgitterkonstante (Achsverhältnis c/a der Elementarzelle) einen ausgeprägten Einfluss auf den Reibwert (**Bild 4-3**).

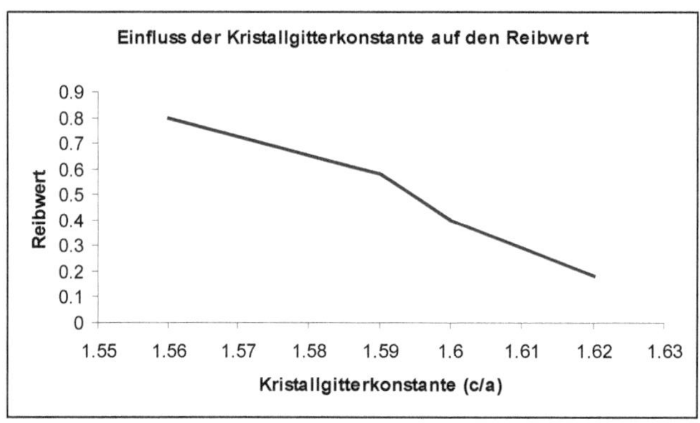

Bild 4-3: Reibwert als Funktion der Kristallgitterkonstante (c/a)

Neben der Elementarzelle hängt der Reibwert zwischen Metallen auch vom Elektronenaufbau der Metalle ab, da Elektronenaustauschvorgänge zwischen reibenden Metallen stattfinden. Führt der Elektronenaustausch zu stabilen Konfigurationen, steigt der Reibwert.

4.2 Chemische Prozesse bei Reibung und Mischreibung

Grundsätzlich sind technische Metalle durch eine mehr oder weniger dicke Oxidschicht belegt. Die Oxidschicht ist Folge der Endbearbeitungsprozesse und der Lagerung an Luft. Die Oxidschichten können je nach Auslagerung zwischen wenigen µm und mm dick sein. Unterhalb der Oxidschicht befindet sich eine weitere Schicht als Folge der Endbearbeitungs- und Umformprozesse. Erst in größerer Tiefe wird der Kernbereich erreicht. Hier liegen die Gefügekristallite, die Inhomogenitäten, Phasen und Zweitphasen vor, die durch die Herstellung des Werkstoffs und die Wärmebehandlung bedingt sind.

Bild 4-4 zeigt modellhaft den Aufbau einer Werkstoffoberfläche [May 05].

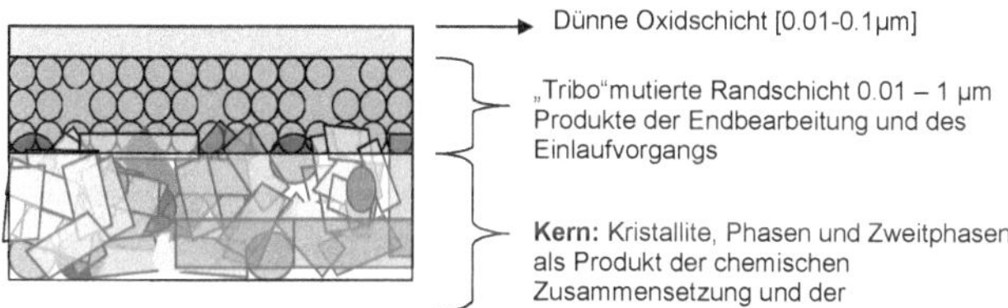

Bild 4-4: Schematisches Modell eines technischen (metallischen) Werkstoffs

Chemisch werden Reibungs- und Mischreibungsprozesse durch Oxidationsvorgänge an den Grenzflächen dominiert [Cab 49, Da 63, Fink 30]. Die Entstehung und der Abbau von Oxidfilmen bei der Mischreibung bestimmen entscheidend die Verschleiß-Intensität [Kra 73] (**Bild 4-5**).

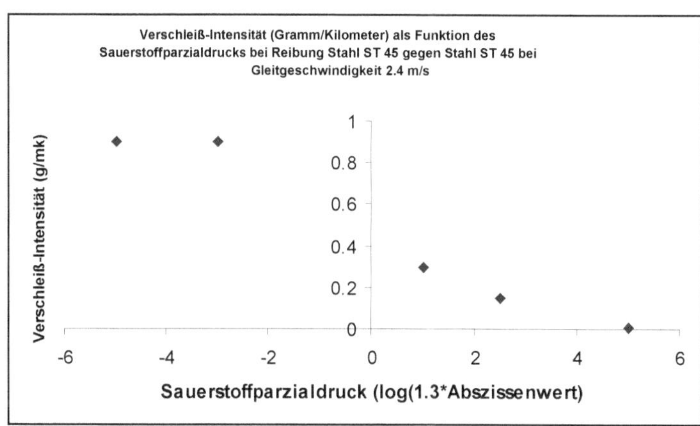

Bild 4-5: Verschleiß-Intensität als Funktion des Sauerstoff-Parzialdrucks bei Reibung Stahl gegen Stahl (ST 45) bei 2.4 m/s

Die Messungen zeigen, dass der Verschleiß-Prozess entscheidend davon abhängt wie schnell sich eine Oxidschicht bilden kann. Bei hohen Gleitgeschwindigkeiten ist die Geschwindigkeit der Werkstoffveränderung wesentlich höher als die Oxidationsrate und es kommt zu hohem Verschleiß. Bei geringen Gleitgeschwindigkeiten (0.25 ms) ist bei höheren Sauerstoffparzialdrücken die Oxidationsgeschwindigkeit höher als die Werkstoffanstrengung. Der Verschleiß sinkt durch Bildung einer haftenden Oxidschicht (**Bild 4-6**).

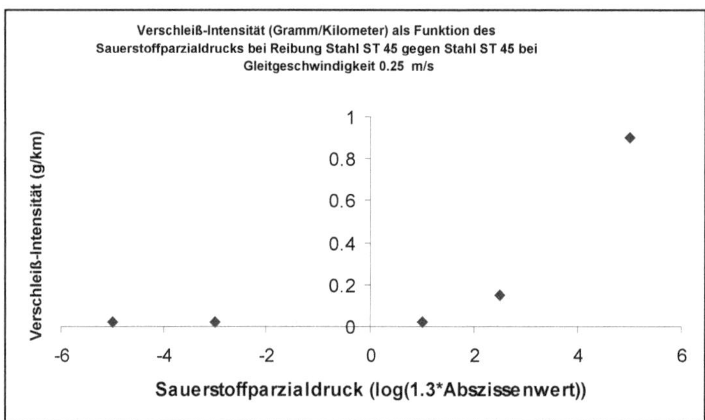

Bild 4-6: Verschleiß-Intensität als Funktion des Sauerstoff-Parzialdrucks bei Reibung Stahl gegen Stahl (ST 45) bei 0.25 m/s

Neben der Ausbildung stationärer und instationärer Oxidschichten bei der Mischreibung ist der Härteunterschied zwischen dem gebildeten Oxidfilm und dem Grundwerkstoff wichtig für Reibung und Verschleiß. Oxide, die gegenüber dem Grundwerkstoff eine größere Härte aufweisen, neigen zu erhöhtem Verschleiß, vor allem dann, wenn die Härte des Gegenkörpers geringer ist als die Härte des gebildeten Oxidfilms. Oxide mit einer geringeren Härte, verglichen mit dem Grundwerkstoff, zeigen geringeren Verschleiß bei Mischreibung, vor allem dann, wenn eine feste Verbindung zum Basiswerkstoff besteht [Fink 30].

In einem Mikromodell beschreiben Webster und Mitarbeiter die Situation der Mischreibung als Funktion der Schmierstoffbedeckung, der Reibkraft und der auftretenden Blitztemperaturen [Web 03].

4.3 Einfluss von Schmierstoffen

Die tribologischen Prozesse bei Reibung sind stark von der Zeit und von der Chemie der beteiligten Partner abhängig. In der Gegenwart von Schmierstoffen kommt es an der Grenzfläche von reibenden Partnern zur Ausprägung von chemischen Reaktionen, da sich mit zunehmender Reibungszahl das Spannungsmaximum und damit die Gitterfehler-Transporte in Richtung Oberfläche bewegen. Durch röntgenographische Messungen

(Verbreiterung der Interferenzliniendichte) können diese Prozesse teilweise quantifiziert werden.

Durch Messung der Röntgen-Interferenzlinienbreite lässt sich nachweisen, dass mit zunehmender Dauer der Reibung bei einer geschmierten Paarung die Versetzungsdichte abnimmt. Dies ist ein Hinweis darauf, dass sich in den Randzonen im unmittelbaren Reibkontakt der Festkörper verändert (tribomutiert) (**Bild 4-7**).

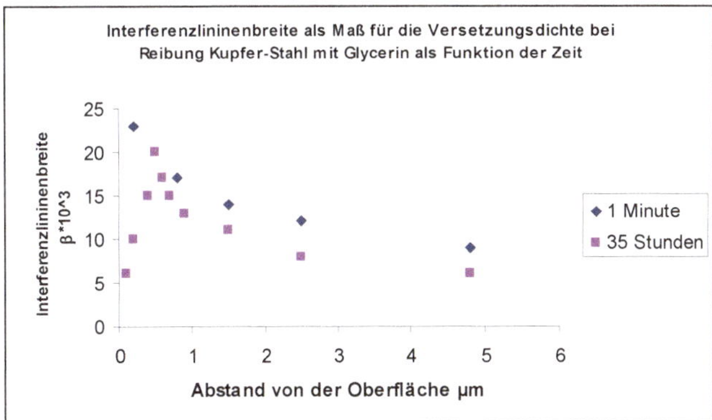

Bild 4-7: Änderung der Versetzungsdichte als Funktion der Reibzeit bei einer Paarung Kupfer – Stahl mit Glycerin als Schmiermittel

Die chemischen Reaktionen von Schmiermitteln beeinflussen den oberflächennahen Werkstoffbereich nachhaltig, wie sich durch Messung der Interferenzlinienbreite bei Reibungsexperimenten von Kupfer gegen Kupfer zeigen lässt [Rib 73] (**Bild 4-8**).

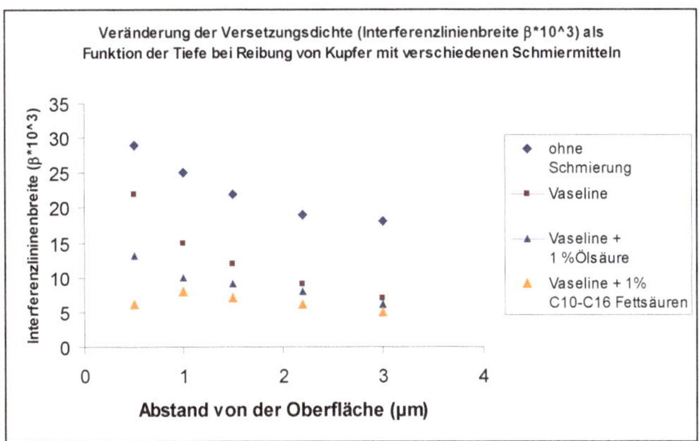

Bild 4-8: Änderung der Versetzungsdichte als Funktion des Schmiermittels

Die Versetzungsdichte nimmt bei diesem Experiment in die Tiefe hin ab. Eine Ausnahme stellt der Versuch mit synthetischen Fettsäuren dar. Hier wird über die Tiefe eine nahezu konstante, geringe Versetzungsdichte beobachtet.

Die korrosiven Eigenschaften der kurzkettigen Fettsäuren bewirken eine „Auflockerung" der betroffenen Bereiche bis in große Tiefen. Die geringe, konstante Versetzungsdichte ist damit ein Maß für einen Prozess, bei dem das Schmiermittel sehr stark mit dem Werkstoff – auch in größere Tiefen hin – reagiert. Da mit Versetzungsreaktionen eine Werkstoffaufhärtung verbunden sein kann, ist die Abnahme der Versetzungsdichte als Folge der Schmierstoffreaktionen eine durchaus günstige Voraussetzung für Schmierung unter Mischreibungsbedingungen.

Die Verschleiß-Intensität bei Mischreibung zeigt eine ausgesprochene Abhängigkeit von der Konzentration der zugesetzten Additive [Sak 73]. Unterhalb 0.01 % Massenanteil bilden sich nur inselförmig ausgeprägte Reaktionsschichten, die dazu führen, dass lokal Kupfer auf Stahl übertragen wird. Bei 0.01 % Massenanteil wird ein geschlossener Film gebildet. Bei höheren Massenanteilen entstehen dicke CuS-Reaktionsschichten, die bei Reibung abblättern (**Bild 4-9**).

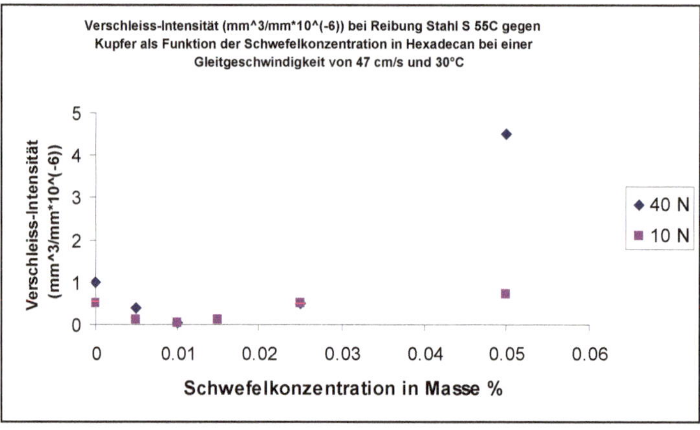

Bild 4-9: Bildung einer optimalen Reaktionsschicht-Dicke für Schwefel in Hexadecan bei verschiedenen Flächenpressungen in einer Kupfer-Stahl Paarung

Für die Bildung von optimalen Reaktionsschichten an Grenzflächen ist daher die Bildung geschlossener, dünner Filme wichtig. Dazu muss die Reaktionsgeschwindigkeit dem Aufbau und dem Abbau der Reaktionsschichten angepasst sein. Dies wird auch durch Forschungen bestätigt [Nev 07].

4.4 Neuere Untersuchungen zur Aktivität von Grenzflächen bei Mischreibung

4.4.1 Grundlagenergebnisse

Ausführliche Untersuchungen zur Reaktivität von Schmierstoffen und Schmierstoffadditiven im Bereich der Mischreibung zeigen eine starke Abhängigkeit des Reaktionsverlaufs von der Zusammensetzung. In einem modifizierten FZG-Prüfstand [FVA 03] werden dabei unterschiedliche Schmierstoff-Additive geprüft und die Reaktionsprodukte mit Hilfe von grenzflächenempfindlichen Methoden untersucht (hierzu gehören die Infrarot-Mikroskopie, Röntgenphotoelektronenspektroskopie, Massenspektroskopie und die Rasterelektronenmikroskopie in Verbindung mit Ionenstrahlzielpräparation (FIB-REM)).

Untersucht werden dabei zwei Additive aus der Gruppe der Zinkdithiophosphate:

- ein kurzkettiges (Isobutyl)-Zinkdithiophosphat (C4)
- sowie ein langkettiges (Dodecyl)-Zinkdithiophosphat (C12).

Die Versuche zeigen eine deutliche Abhängigkeit der chemischen Reaktion der Additive als Funktion ihrer Struktur und – ähnlich wie bei den bereits beschriebenen Untersuchungen – eine definitive Abhängigkeit der Dicke der Reaktionsschicht im Zusammenhang mit der Bauteillebensdauer.

Neben Oxiden des Werkstoffs werden zusätzlich Oxidationsfragmente des Schmierstoffs gefunden.

Das kurzkettige Zinkdithiophosphat (C4) zeigt bei vergleichbarer Versuchsdauer eine ausgeprägtere Oxidationsreaktion, während das langkettige Zinkdithiophosphat eine deutlich geringere Oxidationsrate aufweist. Die Oxidationsreaktionen erhöhen sich mit zunehmendem negativem Schlupf [FVA 03]. Die Ergebnisse beziehen sich auf Untersuchungen am Ritzel (**Bild 4-10 und 4-11**).

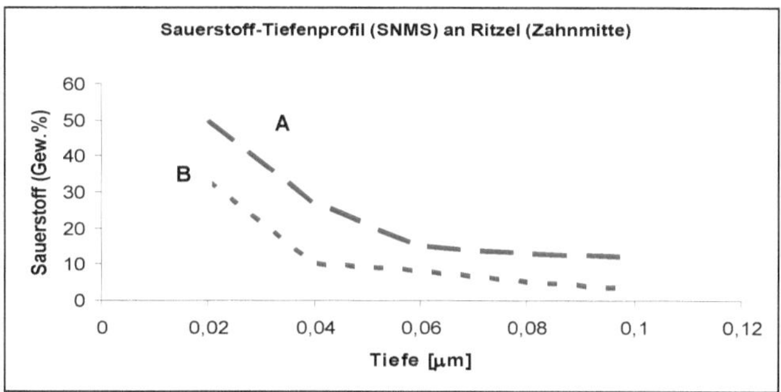

Bild 4-10: SNMS-Sauerstoff-Tiefenprofil an der Ritzelflanke für Isobutylzinkdithiophosphat (A) und Dodecylzinkdithiophosphat (B). Das kurzkettige Additiv (A) zeigt eine ausgeprägtere Oxidation verbunden mit dickeren Reaktionsschichten und Frühausfällen

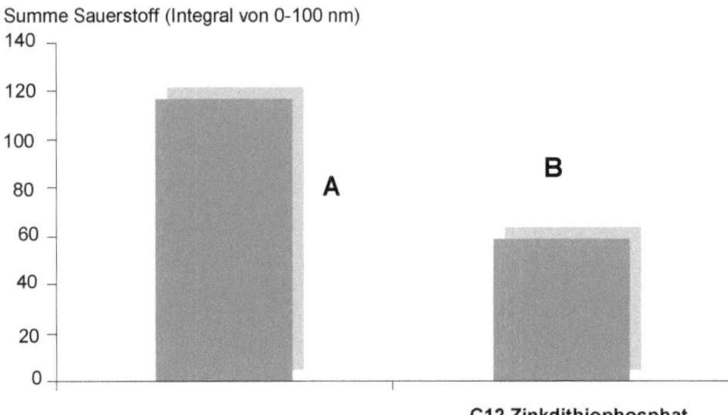

Bild 4-11: Integrale Sauerstoffmenge, die durch Wechselwirkung von Additiven mit Werkstoff (Zahnflanke) als Reaktionsprodukt an der Grenzfläche gebildet wird (Integrale aus SNMS-Tiefenprofil). Das kurzkettige Zinkdithiophosphat (C4) (A) zeigt einen höheren Wert verglichen mit dem langkettigen Zinkdithiophosphat (C12) (B)

Additivreaktionen im Mischreibungsgebiet können mit einer Änderung der Härte verbunden sein. Nanohärtemessungen legen nahe, dass Oxidationsreaktionen, wie sie bei C4-Zinkdithiophosphaten beobachtet werden, zu einer Härteabnahme führen (**Bild 4-12**).

Detaillierte Untersuchungen belegen einen Zusammenhang zwischen der Additivierung von Schmierstoffen, dem Verlauf der Reaktionen und der Lebensdauer. Es zeigt sich, dass Reaktionswege, die die Oxidation der oberflächennahen Werkstoffbereiche begünstigen, zu Frühausfällen neigen [FVA 03; May 05].

Weitere Untersuchungen beweisen, dass im oberflächennahen Werkstoffbereich, abhängig von Additiven in Schmierstoffen, bei hohen Schlupfraten eine weitgehende Zerstörung der Matrixcarbide stattfinden kann [Hol 06a].

Bild 4-13 (A) zeigt die Kalotte eines Experiments in einem modifizierten SHELL Vierkugelgerät, bei dem die obere Kugel mit einer Normalkraft von 500 N auf einer 16MnCr5 Platte anliegt. Bei einer Drehzahl von 500 min^{-1} und Raumtemperatur wird eine Lösung von 1 Gew. % iso-Butyl-Zinkdithiophosphat in Hexadecan für eine Minute dieser Belastung ausgesetzt.

Die Bild (A2) zeigt Focused-Ion-Beam-Rasterelektronenmikroskopie Aufnahmen etwas abseits der maximalen Belastung (Kalottenmitte) – also im Bereich von Gleitung. Deutlich sichtbar ist das sehr feinkörnige Gefüge mit Rissausprägungen (Pfeile). Die TEM-Präparation Bild (A3) in Verbindung mit energiedispersiver Röntgenmikroanalyse (TEM-EDX) zeigt für drei Messpunkte – nach Normierung der Signale auf Eisen – eine prozentual hohe Oxidation sowie eine Chromabreicherung.

Die Oxidation ist offensichtlich mit dem Kohlenstoff-Signal gekoppelt. Der völlige Abbau von Carbiden in dieser Zone legt daher nahe, dass bei dieser Schmierungssituation Carbide zu Kohlenstoff-Sauerstoff-Spezies oxidiert werden.

Im Gegensatz dazu zeigt dasselbe Experiment mit Dodecylzinkdithiophosphat (Bilder B1-B3) an zwei Messpunkten eine nur unwesentliche Chromabreicherung, dafür aber

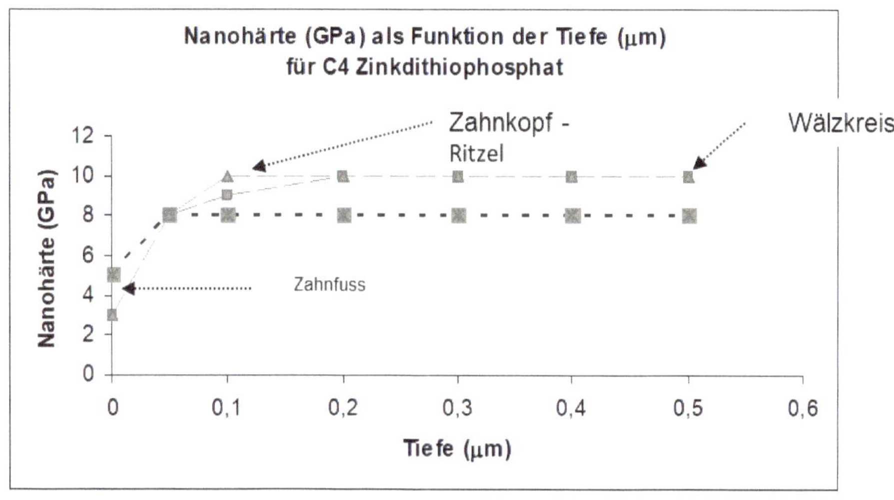

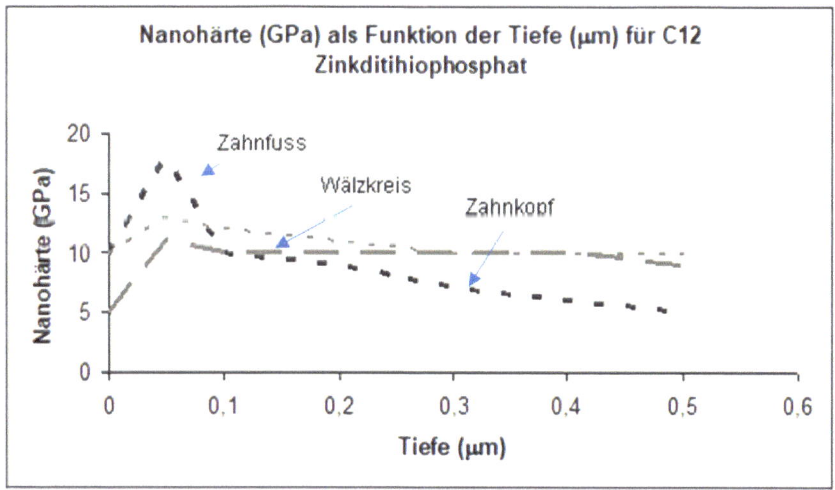

Bild 4-12: Härteverlauf für C4- und C12-Zinkdithiophosphat. Versuche an Ritzel-Rad-Paaren (FVA 289). Die hohe Oxidationsrate des C4-Additivs ist mit einer Abnahme der Härte im Bereich maximalen Schlupfs verbunden

eine Kohlenstoffanreicherung und eine geringe Oxidationsrate. In Verbindung damit steht die Tatsache, dass bei der Focused-Ion-Beam-Rasterelektronenmikroskopie-Aufnahme die Weichglühcarbide (globuläre, schwarze Punkte) noch deutlich erhalten sind.

Kombiniert man diese Ergebnisse mit denen, die aus Lebensdauerversuchen erhalten werden, so zeigt sich, dass die Oxidation der oberflächennahen Carbide auch mit einer Verringerung der Mikrohärte korreliert [FVA 03].

Die Lebensdauer mischreibungsgeschmierter Maschinenelemente hängt damit offensichtlich mit der Tatsache zusammen, dass oberflächennahe Carbide oxidativ angegriffen

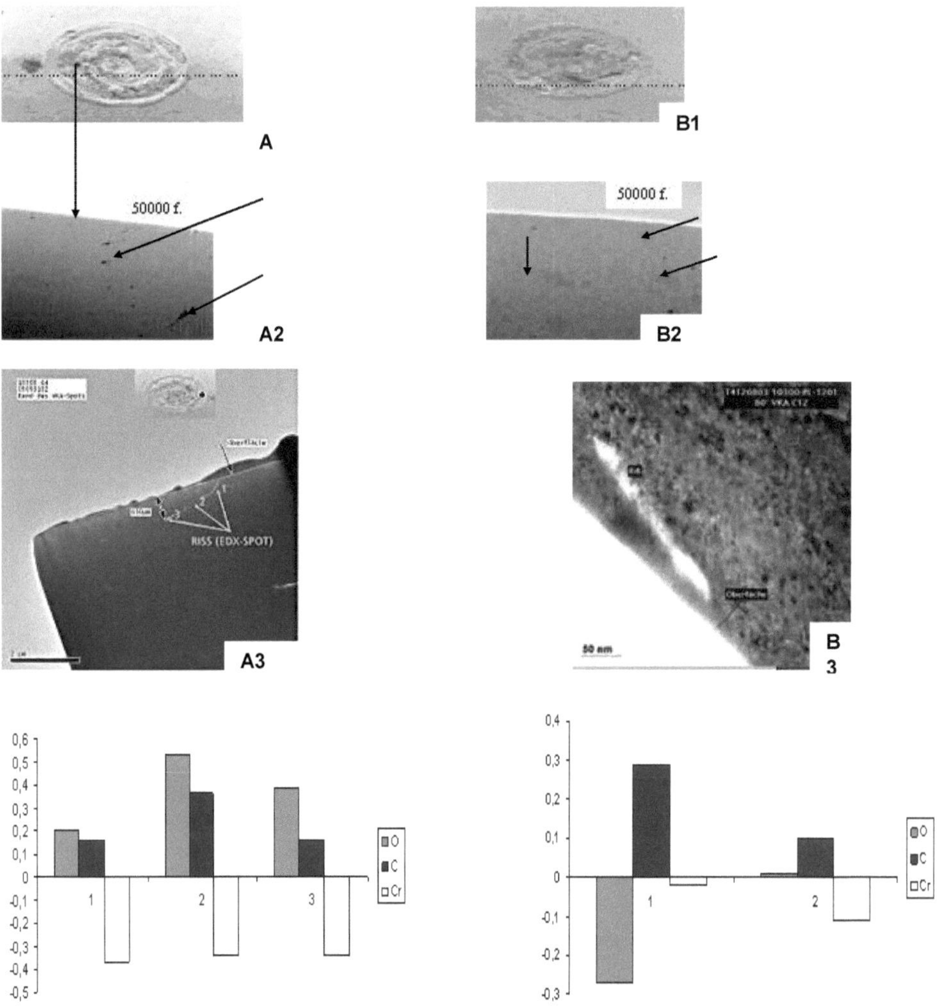

Bild 4-13: Mischreibungsexperiment im modifizierten SHELL-Vierkugelgerät (Kugel auf Platte, Normalkraft 0,5 kN, Drehzahl 500 min^{-1}, Temperatur 60 °C, Schmiermittel: n-Hexadecan mit Isobutylzinkdithiophosphat (A) und Dodecylzinkdithiophosphat (B))

werden können, was mit einer wesentlichen Veränderung der Oberflächenhärte verbunden ist.

Die Aufkohlung oder Abkohlung der randnahen Schicht hängt damit von der Kettenlänge und der Löslichkeit der Additive ab. Bislang können theoretische Konzepte – wie beispielsweise das Hertz'sche Kontaktmodell – die Auswirkungen der Mikrohärteänderung an der oberflächennahen Grenzschicht die Ermüdungsprozesse im Spannungsmaximum des Kontakts nicht erklären. Die genannten Ergebnisse legen aber einen Zusammenhang nahe.

Ausführliche Untersuchungen der Chemie und Morphologie von tribologischen Randzonen unter Mischreibungsbedingungen zeigen – in Abhängigkeit von Lasteinleitung und Schmierstoff – die Ausbildung von unterschiedlichen Zuständen.

Bei Bauteilprüfungen, die zu einer signifikant verlängerten Lebensdauer führen, zeigen sich dabei dünne, korngefeinte Bereiche, die über den Kontaktbereich eine weitgehend konstante Morphologie aufweisen. Die Ausprägung einer konstant dünnen Randschicht mit einem geringen Oxidationsgrad ist dabei mitverantwortlich für die lebensdauerverlängernde Wirkung [May 05] (**Bild 4-14**).

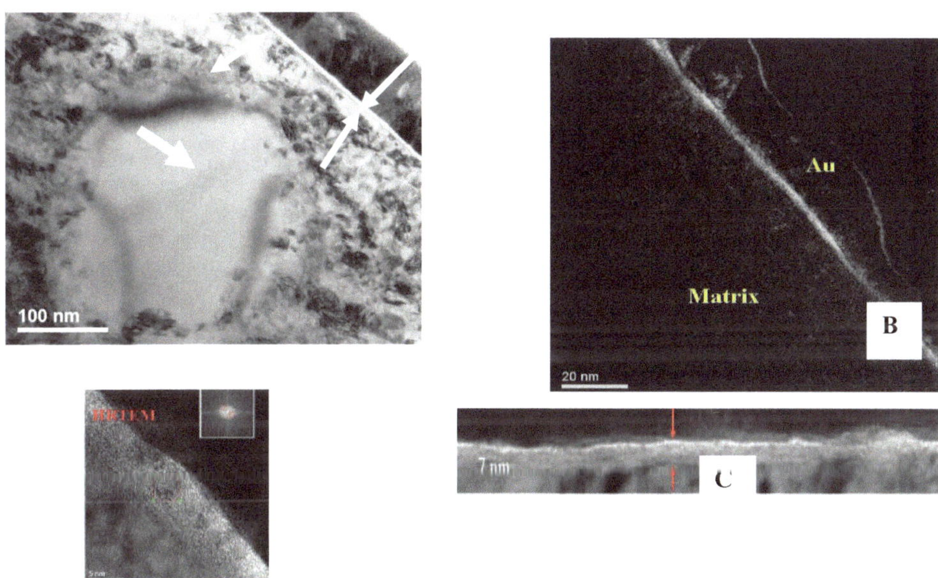

Bild 4-14: STEM-Aufnahme einer Wellenscheibe nach Mischreibungsprüfung (FE 8, DIN 51 819, 80 kN Axiallast, 80 °C, 80 Stunden Laufzeit, Pressung 1100 MPa) [May 05]

Bild 4-14 zeigt die Transmissionselektronen-Mikroskopie-Transmissionselektronen-Mikroskopie-Aufnahme einer Wellenscheibe aus einem Mischreibungswälzlagerprüfstandsversuch (Belastung 2300 MPa) bei 80 °C nach 80 Stunden Laufzeit. Man erkennt die Ausprägung einer sehr dünnen Oxidschicht an der Randzone (weiße Pfeile), die sich durch eine EFTEM-Analyse (B) nachweisen lässt. Unterhalb dieser sehr dünnen Randzone zeigt sich ein verändertes, korngefeintes Gefüge (Doppelpfeil). Die Bildmitte wird von einem Weichglühcarbid (Pfeil) beherrscht. Die etwa 7 Nanometer dicke Oxidlage ist über den gesamten Querschnitt sehr homogen (C). Die tribomutierte, kornverfeinerte Randschicht ist in **Bild 4-15** im Detail gezeigt.

Bild 4-15: Detailaufnahme: tribomutierte Randschicht aus Bauteilversuchen. Das Bauteil zeigt eine sehr hohe Lebensdauer in Mischreibungsversuchen [May 05]

Eindrucksvoll wird die zerstörungsfreie plastische Verformbarkeit der Randschicht durch eine Nanoindenter Messung belegt (**Bild 4-16**). Es zeigt sich, dass die tribomutierte Randschicht beim Eindringen des Indentors (Pfeile) keine Anrissbildung in der belasteten Zone auslöst. Die entstehenden Spannungsfelder werden ideal verteilt [May 05].

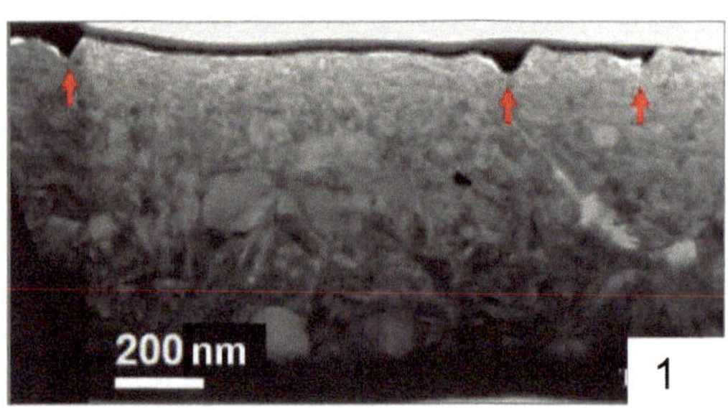

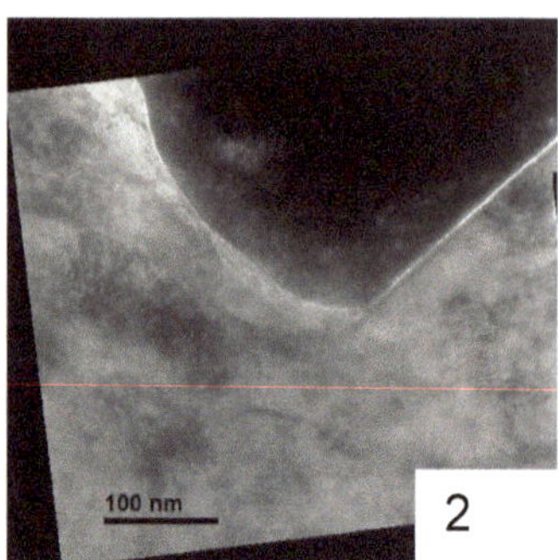

Bild 4-16: Nanoindentor Messungen an einer Wellenscheibe nach 80 Stunden Prüflauf, 2300 MPa Kontaktspannung, 80 kN Axiallast und 80 °C, die rot markierten Stellen kennzeichnen die Nanoindentoreindrücke (Bild 1, Übersicht) (Bild 2, Detail)

Im Gegensatz dazu zeigen Randschichten mit einem inhomogenen und starken Oxidationsgrad eine deutlich verringerte Lebensdauer (**Bild 4-17**). Die Zonen von negativem Schlupf (B1) und positivem Schlupf (B2) unterscheiden sich. In der randnahen Zone findet man keine globulären Weichglühcarbide mehr.

Die Randzone (B1-B4) zeigt eine stark inhomogene Belegung aus Oxiden und transformiertem Gefüge (**Bild 4-17**).

Insgesamt zeigt sich, dass die Lebensdauer von geschmierten Maschinenelementen unter Mischreibung und Schlupf entscheidend von den Schmierungsbedingungen und der Natur der Schmierstoffe abhängig ist [May 05].

Die Oxidationsreaktionen an der Grenzfläche führen dabei zur Ausbildung von Metalloxiden sowie offenbar auch zu einem Angriff auf die Matrixcarbide. Damit verändert sich auch die Härte und Belastbarkeit.

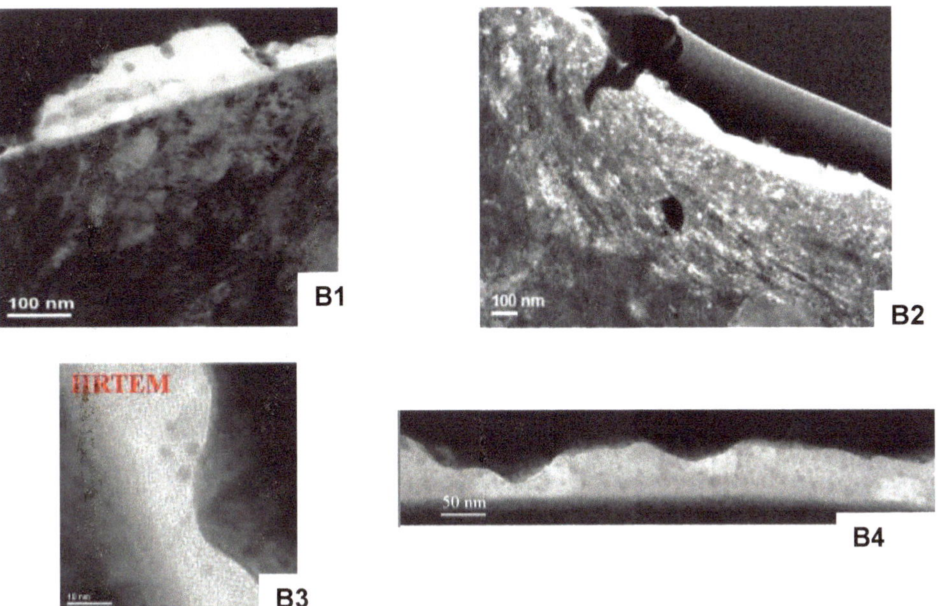

Bild 4-17: Ausprägung einer tribomutierten Randzone im Mischreibungsbereich

Detaillierte Untersuchungen zum Reaktionsmechanismus einzelner Additive (speziell Zinkdithiophosphate) zeigen ausgeprägte Abhängigkeiten vom Gleitanteil [Spe 03]. Für Zinkdithiophosphate kann man zeigen, dass in Abhängigkeit vom Gleitanteil eine Umwandlung in Zinkphosphate erfolgt [Spe 03]. Die Bildung und die Zusammensetzung der Zinkphosphatspezies ist dabei eine Funktion der eingetragenen Energie [Spe 03].

4.4.2 Endbearbeitung (Schleifen - Honen) als Sonderfall der Mischreibung

Endbearbeitungsprozesse – (Schleifen und Honen) – können als Sonderfälle der Mischreibung aufgefasst werden. Entsprechend der Erkenntnisse aus den Grundlagenversuchen wird deutlich, dass die Ergebnisse sehr stark vom Eingriff Werkzeug – Werkstoff sowie von der chemischen Zusammensetzung des Schleif- und Honöls abhängig sind.

In Analogie zu den bereits erwähnten Untersuchungen von Mayer und Reichelt [May 05] zeigen sich im oberflächennahen Randbereich von Werkstoffen bei idealen Bedingungen Kornfeinungsprozesse, die zu superplastischen Randschichten führen. Diese Randschichten zeigen in Lebensdauerversuchen eine deutliche Steigerung der Laufzeit.

Bild 4-18 zeigt eine TEM Aufnahme einer gezielt geschliffenen und gehonten Randschicht. Die feinkörnige Struktur der tribomutierten Randschicht (Pfeil) ist deutlich ausgeprägt [NMI 07].

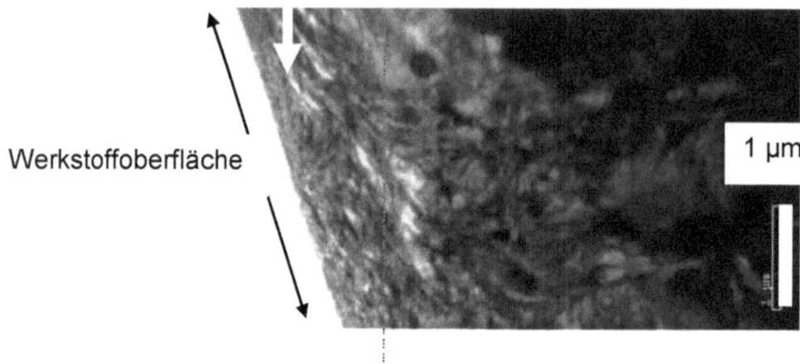

Bild 4-18: TEM-Aufnahme einer geschliffenen und gehonten Oberfläche mit hoher Laufzeit in Bauteilprüfungen

Wie in den Grundlagenversuchen zur Mischreibung bereits deutlich wird, zeigt sich, dass durch Bearbeitungsprozesse und Bearbeitungsmedien auch unterschiedliche Sauerstoffgehalte in die Randschicht eingetragen werden können (**Bild 4-19**).

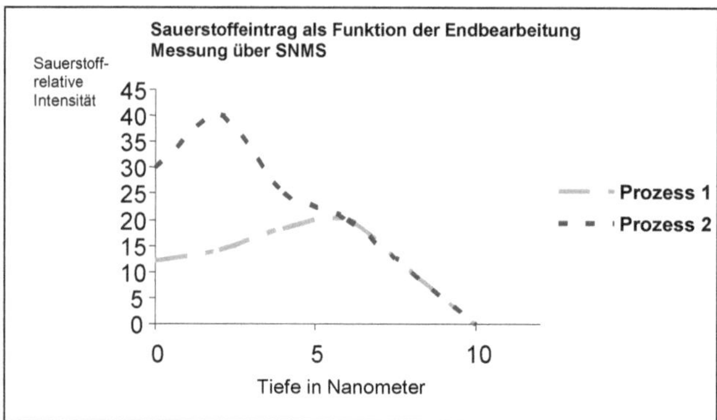

Bild 4-19: Sauerstoffeintrag in eine geschliffene und gehonte Randschicht durch zwei unterschiedliche Schleifprozesse. ***Prozess 1*** zeigt einen starken Eintrag von Sauerstoff und führt zur Lebensdauerverringerung. ***Prozess 2*** zeigt einen geringeren Eintrag von Sauerstoff in die Werkstoffoberfläche verbunden mit guten Laufzeiten (Messung: SNMS)

Es liegt daher die Vermutung nahe, dass – analog zu den Ergebnissen aus Mischreibungsprüfungen – durch Endbearbeitung funktionale Randschichten mit lebensdauersteigernder Wirkung erzielt werden können.

4.4.3 Funktionale und disfunktionale Randschichten durch Endbearbeitung

Randschichten können – wie die bisherigen Erkenntnisse zeigen – einen unmittelbaren Einfluss auf die Laufzeit eines Maschinenelements besitzen. Die Endbearbeitung (Schleifen – Hartdrehen – Honen) kann daher einen entscheidenden Einfluss auf die Lebensdauer haben und steht im Fokus von zahlreichen Forschungsarbeiten. Wie die Arbeiten von Mayer et al. belegen, können tribomutierte Randschichten mit einem sehr feinkörnigen randnahen Gefüge mit der Lebensdauer von Maschinenelementen (in diesem Fall Wälzlager) in Verbindung gebracht werden. Während nanoskalige Materialien im Kern eines Werkstoffs durch Torsion oder Hochverformung darstellbar sind [Win 03], zeigt es sich, dass durch Kugelstrahlen feinskaliges Material auch an Randschichten und Grenzflächen herstellbar ist [Xu 02]. Der Prozess der Kornfeinung durch Kugelaufprall verläuft nach diesen Untersuchungen in mehreren Abschnitten.

In der ersten Phase bilden sich durch die Zunahme von Versetzungsemissionen Zellen senkrecht zur Hauptstressrichtung (A ⟶ B). Mit weiterer Belastung nimmt die Fehlorientierung zwischen den Zellen zu (C) und die Größe der Versetzungszellen nimmt ab. Nimmt die Versetzungsdichte an den Zellwänden einen kritischen Wert an, so wird der Übergang von einer Zell- in eine körnige Struktur beobachtet. Dieser Übergang wird mit einer Abnahme der Energie des Systems begründet [Val 00, Um 01]. Die Bildung eines nanoskaligen Korns wird durch die Hitzeentwicklung infolge des Kugelaufpralls und der Wärmeentwicklung bei den Versetzungsauslöschungen an den Zellwänden begründet und als Rekristallisations- und Erholungsprozess interpretiert (**Bild 4-20**) [Xu 02].

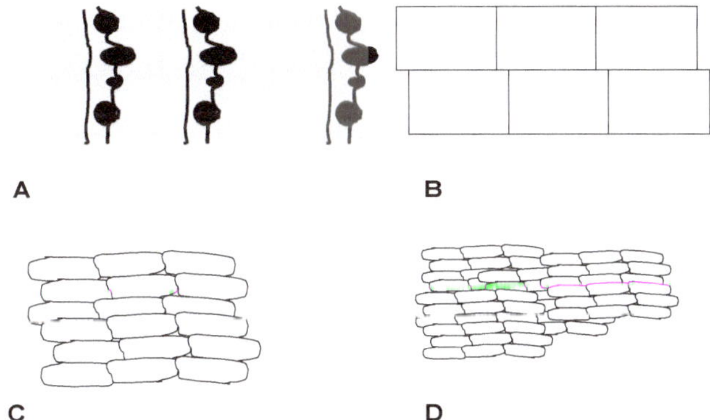

Bild 4-20: Mechanismus der Kornfeinung beim Kugelstrahlen von Grenzflächen: Versetzungsdoppelpaare durchschneiden kohärent- oder teilkohärent gebundene Phasen (A) und bilden zunächst Zellstrukturen (B). Durch innere Spannungen werden die Zellen in granulare Körner umgewandelt (C). Durch Abbau weiterer Spannungen an den Grenzflächen entsteht ein kornverfeinertes Gefüge (D)

Die gebildete nanokristalline Phase zeigt eine erheblich größere Härte als der mechanisch umgeformte Werkstoff (**Bild 4-21**). Der Kornfeinungsprozess ähnelt damit sehr stark den Vorgängen bei der Massivumformung.

Im Gegensatz dazu werden die Randschichten die beim Schleifen und Hartdrehen die sogenannten „White Layer“ bilden – korngefeinte oberflächennahe Bereiche mit weiß anätzendem Verhalten – als sehr kritisch im Hinblick auf Überrollungslebensdauer eingestuft und werden als disfunktional bezeichnet [Guo 06].

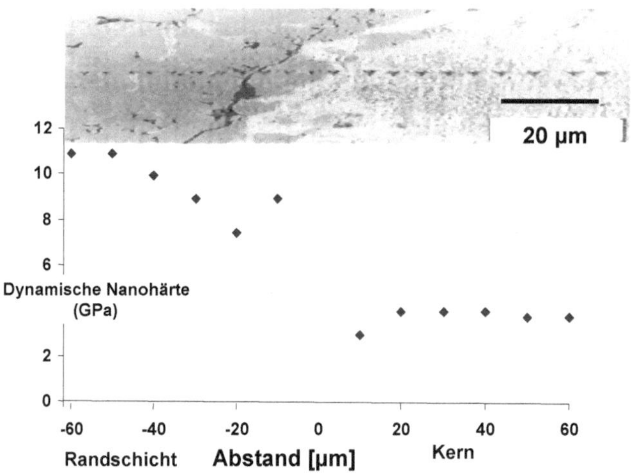

Bild 4-21: Dynamische Nanohärte an kugelstrahlten Randschichten. Die Kornfeinung führt zu einer deutlich erhöhten (2–2.5-fach) Härte der Randschicht gegenüber dem Kern

4.5 Zusammenfassung

Prozesse unter Mischreibung verlaufen an Oberflächen unter Beteiligung von Körper und Gegenkörper.

4.5.1 Prozesse in Körper und Gegenkörper

Im Festkörper dominieren starke Versetzungsaktivitäten, die dazu führen, dass kohärente – oder teilkohärente Teilchen und Phasen durchtrennt werden. Das Schneiden von Teilchen führt zu veränderten Mikrostrukturen und Phasen (Tribomutation). Verlauf und Ergebnis der Tribomutation hängen von der Mischreibungssituation und vom Schmiermittel ab.

4.5.2 Chemische Prozesse

4.5.2.1 Oxidation

Die Mischreibungsprozesse werden chemisch von Oxidationen beherrscht. Die Entwicklung von Oxidschichten hängt von den Bedingungen ab. Die Verbindung der Oxidschicht zum Grundwerkstoff ist ein dominierender Faktor, der die weitere Verschleiß-Intensität bestimmt.

4.5.2.2 Matrixcarbide

Unter den Bedingungen der Mischreibung zeigen sich bei Stählen vom Typ 100Cr6 zwei unterschiedliche Prozesse in Bezug auf die Carbide nahe an der Oberfläche:

Additive mit kurzen Ketten (< C8) und reduzierter Löslichkeit im Grundöl zeigen einen Abbau der Matrixcarbide mit vollständiger Lösung des Kohlenstoffs verbunden mit einer extremen Kornfeinung und Oxidation des Grundwerkstoffs. Der freiwerdende Kohlenstoff ist vollständig in der neu gebildeten Phase gelöst.

Additive mit längeren Ketten (> C8) sowie reine Grundöle zeigen unter Mischreibung einen Erhalt der oberflächennahen Matrixcarbide sowie eine deutliche geringere Oxidation.

Für weitere Untersuchungen können daher die oberflächennahen Matrixcarbide Sonden darstellen, die eine Auskunft über die Bauteilzukunft geben. Werden Carbide oxidativ zerstört so hat dies – zumindest nach den vorliegenden Ergebnissen – einen eher negativen Effekt auf die Bauteillebensdauer.

4.5.2.3 Ausbildung von Reaktionsschichten in der Umlaufschmierung

Bei Mischreibung werden – abhängig vom Schmiermittel – Reaktionsschichten mit den Komponenten des Schmierstoffs gebildet. Abhängig von den Betriebsbedingungen können originale Schmierstofffragmente, Umlagerungsprodukte und oxidierte Schmierstoff-Bruchstücke entstehen. Für Mischreibungsprozesse existieren Reaktionsschichten mit optimalen Dicken. Die Dicke der Reaktionsschicht hängt vom Schmiermittel ab. Anwachsende dicke Reaktionsschichten zeigen negative Ergebnisse, stationäre dünne Reaktionsschichten eher positive Ergebnisse.

5 Hydrodynamik und Elastohydrodynamik

Walter Holweger

5.1 Einleitung

Das Kapitel 4 hat sich mit Prozessen und Erkenntnissen beschäftigt, wie sie bei der zyklischen Belastung von Werkstoffen auftreten. Der zweite Wissenskreis beschäftigt sich mit der Frage des Energieumsatzes im tribologischen Kontakt.

5.2 Schmierstofftransport im Spalt

5.2.1 Viskositätsmodell

Im allgemein anerkannten Modell zur Ableitung der Viskosität wird ein Medium unter dem Einfluss einer Schubspannung (τ = F/A, F= Kraft, A= Fläche) bewegt. Dabei entsteht durch ein viskoses (zähes) Medium eine Geschwindigkeitsabnahme (d(v)/d(x) in Richtung (x) der bewegenden Schubspannung (**Bild 5-1**))

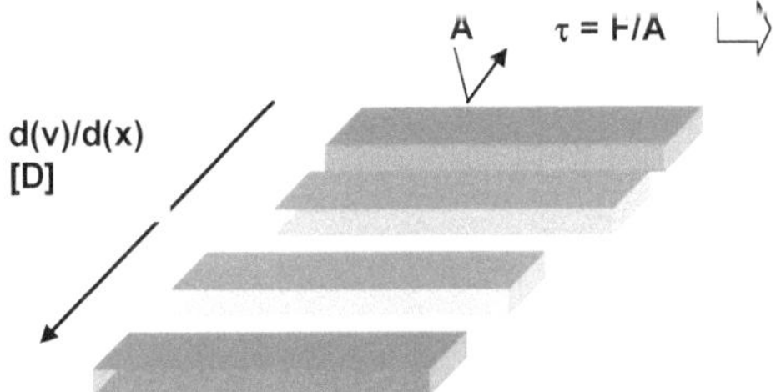

Bild 5-2: Schematische Darstellung: Unter dem Einfluss einer Schubspannung τ bildet sich zwischen infinitesimalen Flüssigkeitselementen ein Schergefälle D

Die Proportionalität zwischen Schubspannung $\boldsymbol{\tau}$ und Geschwindigkeitsgradient **[D]** ist die dynamische Viskosität:

$$\eta = \tau / D$$

5.2.2 Strömungsverhalten in einem verengenden Spalt

Betrachtet wird nun das Strömungsverhalten eines Mediums, das in einen Spalt eintritt, der sich verengt. Durch den Transportprozess wird der Schmierstoff in Richtung des Kontaktspalts gefördert [A]. In Richtung der Verengung steigt der Druck an, ein Teil des

Mediums wird dadurch aus dem Spalt zurückgedrängt [B]. Mit zunehmendem Druck in Richtung Kontaktmitte steigt die Viskosität des Mediums an (Druck-Viskosität). Durch die steigende Viskosität wird die Rückströmung behindert und das Medium entlang der Grenzfläche in den Kontakt transportiert [C]. An der Kontaktaustrittsstelle nimmt der hydrostatische Druck wieder ab. Damit können sich Körper und Gegenkörper wieder annähern. Durch diese Annäherung steigt aber unmittelbar vor Verlassen des Kontaktes der hydrostatische Druck noch einmal an (Petrousevic-Spitze) [D], so dass sich der schematische gezeichnete Druckverlauf ergibt (**Bild 5-2**):

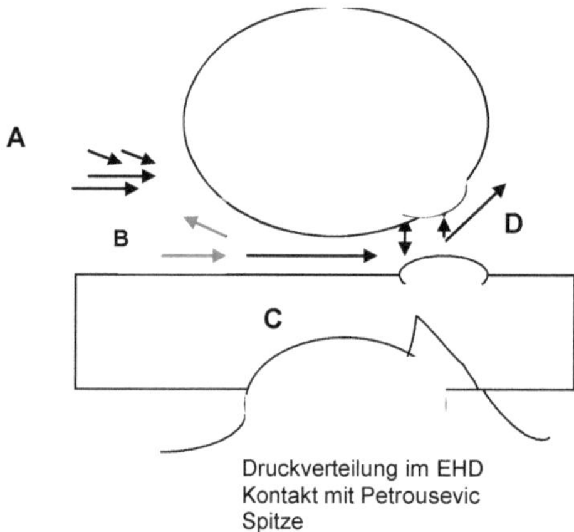

Bild 5-2: Strömungsverhalt eines Zwischenstoffs in einem sich verengenden Spalt

Das Wechselspiel zwischen dem Druckaufbau im Kontakt, der Viskositätszunahme gegen den Druck und die Transporteffekte entlang der bewegten Grenzflächen führt dazu, dass Körper und Gegenkörper vollständig voneinander getrennt werden (Zustand der Vollschmierung).

Die mathematische Beschreibung erfolgt durch die Lösung der Reynold'schen Differenzialgleichung, unter Berücksichtigung der Druck-Viskositäts-Abhängigkeit des Zwischenmediums und Kopplung mit der elastischen Deformation von Körper und Gegenkörper. Das Ergebnis liefert den Druck- und Höhenverlauf im Spalt [Fri 79, Gu 91, Ro 06, Bu 00] und führt zu der halb empirischen Formel von Dowson und Higginson [Dow 66, Dow 68].

5.2.3 Reynoldssche Zahl und Prandtlsche Strömungsgrenzschicht

Der Einfluss der Viskosität auf die Strömung wird durch die dimensionslose Reynolds-Zahl beschrieben:

$R = d\, v\, \rho / \eta$,

wobei d ein Rohrdurchmesser, v die mittlere Strömungsgeschwindigkeit, ρ die Dichte und η die dynamische Viskosität ist.

Der Transport von Flüssigkeiten entlang von Grenzflächen führt dazu, dass in der Nähe der Grenzfläche die Viskosität η eine Rolle spielt, weil sich durch Anhaftung die Geschwindigkeit ändert. In der Mitte spielt die Viskosität keine Rolle, da hier die Geschwindigkeitsänderungen sehr gering sind (**Bild 5-3**).

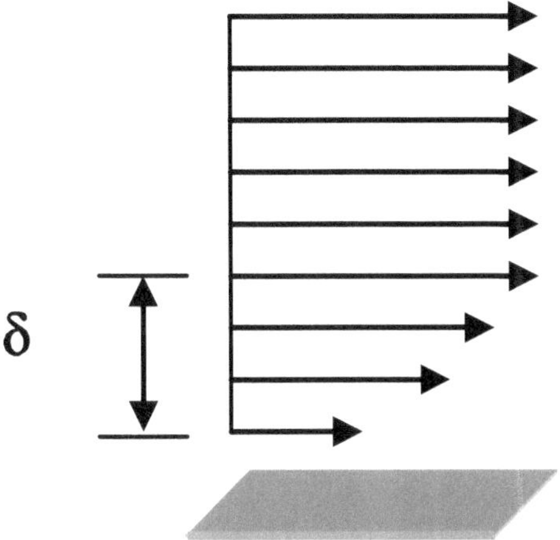

Bild 5-3: Prandtlsche Strömungsgrenzschicht: die Viskosität ist für das Fliessen innerhalb der Schicht eine maßgebliche Größe

Dies führt dazu, dass der Transport an Wänden von der Viskosität des Mediums abhängt. Die Schicht, in der die Viskosität eine Rolle spielt, ist die Prandtlsche Grenzschicht δ und hängt mit der Reynolds-Zahl zusammen.

$\delta \sim R^{-1/2}$

Dies bedeutet, dass die Dicke der Prandtlschen Strömungsgrenzschicht direkt proportional zur Viskosität ist:

$\delta \sim [\eta]^{1/2}$

Je höher die Viskosität, umso größer ist daher die Prandtl-Schicht.

Das bedeutet, dass für den tragenden Schmierfilmaufbau in einem Kontakt die Viskosität maßgeblich ist. Die Grenzfilmdicke wird umso größer, je höher die dynamische Viskosität ist.

Neben der dynamischen Viskosität spielt die Benetzbarkeit einer Oberfläche eine entscheidende Rolle. Schmierstofftransport und Schmierstoffausbreitungsverhalten können entscheidend von der Art des Werkstoffs abhängen. In der spangebenden Bearbeitung und in der Minimalmengenschmierung ist daher das Benetzungsverhalten zwischen Werkstück, Schmierstoff und Werkzeug wichtig. Leider sind zu diesem Thema bislang keine deutlichen Trends in der Grundlagenforschung erkennbar.

5.2.4 Stribeck-Kurve

Die Trennung von Körper und Gegenkörper setzt voraus, dass Energie im Zwischenstoff über die Viskosität in der Strömungsgrenzschicht verteilt wird. Eine hohe Viskosität wird dann günstig sein.

Dabei ist der Verlauf der Reibung von der Strömungsgeschwindigkeit zu beachten (Stribeck-Kurve). Im Kurvenbereich (A) führt ein geringer Schmierfilm durch Anliegen von Körper und Gegenkörper zu einer hohen Startreibungszahl. Mit zunehmender Gleitgeschwindigkeit schwimmen Körper und Gegenkörper auf. Bei B erreicht die Kurve ein Minimum und steigt – durch die Flüssigkeitsreibung bedingt – wieder an (C). Zu hohe Viskositäten können daher bei erhöhten Gleitgeschwindigkeiten zu erhöhter Reibung führen (Planschverluste) (C) (**Bild 5-4**).

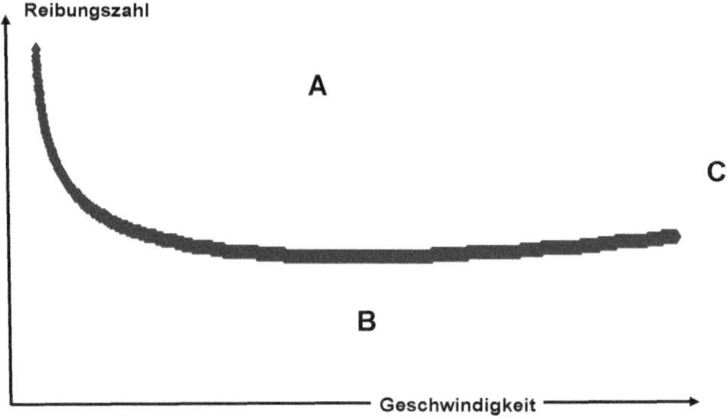

Bild 5-4: Schematische Darstellung der Stribeck-Kurve. Die Reibungszahl im Kontakt ist eine Funktion der Gleitgeschwindigkeit

In der Metallbearbeitung, vor allem in der Endbearbeitung kann es sinnvoll sein, dass die Strömungsgrenzschicht gering ist, sodass Kräfte vom Körper auf den Gegenkörper übertragen werden und in den oberflächennahen Zonen eine Umformung einsetzen kann (Bildung von neuen Korngrenzen). Hier ist es günstiger Öle mit geringer Viskosität einzusetzen (Schleifen, Honen), die eine solche Übertragung durch die dünne Prandtl-Schicht zulassen.

Für nasse Kupplungen ist die Übertragung von Reibkräften über den Zwischenstoff notwendig. In diesem Fall müssen alle einwirkenden Kräfte über die Flüssigkeitsreibung übertragen werden.

Da in Antriebssträngen die Fluide sowohl schmierungstechnische als auch reibungsübertragende Funktionen haben können, spielt die chemische Zusammensetzung der Schmierstoffe eine extreme Rolle.

Zur Kraftübertragung in nassen Kupplungen ist es wichtig, dass die Flüssigkeitsreibung zwischen Körper und Gegenkörper mit steigender Gleitgeschwindigkeit ansteigt (Gleitreibung ist größer als Haftreibung) (**Bild 5-5**).

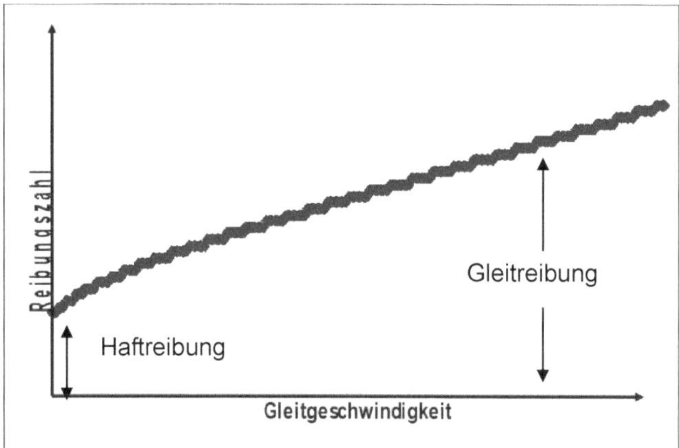

Bild 5-5: Stribeck-Kurve (Kupplungsöl), bei der die Gleitreibungszahl über der Haftreibungszahl liegt

Detaillierte Untersuchungen zeigen, dass die Flüssigkeitsreibung durch „starre" Molekülstrukturen beeinflusst werden kann, wie sie beispielsweise in alicyclischen Kohlenwasserstoffen vorkommen (Beispiel: **Bild 5-6**: Poly-α-Pinen)

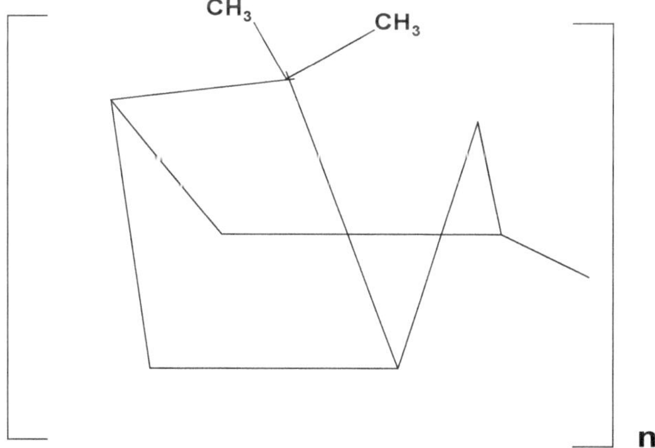

Bild 5-6: Poly-α-Pinen als Prototyp für eine chemisch starre Struktur mit hoher Gleitreibungszahl

5.2.5 Struktur - Wirkungsbeziehungen

Sowohl für Haft- als auch Gleitreibung bestehen Zusammenhänge zwischen den Reibpartnern (Werkstoffen) und den eingesetzten Schmierstoffen [La 00].

Das Strukturelement (A, **Bild 5-7**), ein Diharnstoffderivat, zeigt in der Stribeck-Kurve (Prüflast 6 N, variable Gleitgeschwindigkeit von 0–200 mm/s, Raumtemperatur) eine sehr hohe Haft- und Gleitreibung bei Stahl-Messing, jedoch gleichzeitig einen geringen Verschleiß. Dieselbe Verbindung zeigt in Poly-α-Olefin unter denselben Bedingungen sowohl eine sehr geringe Haft- und auch Gleitreibung, aber einen hohen Verschleiß (**Bild 5-7**).

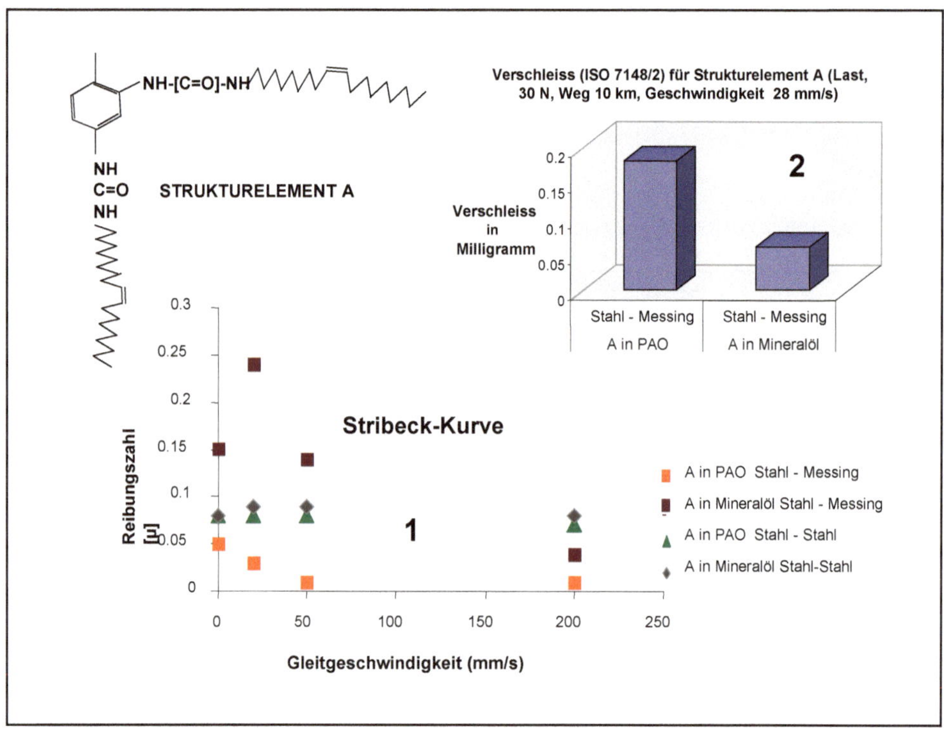

Bild 5-7: Stribeck-Kurve (1) für ein Strukturelement (A) in verschiedenen Ölen und für verschiedene Metallpaarungen. Daneben die Werte für Verschleiß bei Stahl-Messing (2)

Neuere Untersuchungen zeigen, dass sich zwischen der chemischen Struktur und der Flüssigkeitsreibungszahl Zusammenhänge bilden lassen. Der chemische Strukturparameter kann dabei aus Molekülmodellrechnungen hergeleitet werden und enthält, neben physikalisch interpretierbaren Größen, wie beispielsweise Topologieparameter (räumliche Gestalt), messbare Größen (beispielsweise Dipolmoment und Refraktion).

Aus diesen Werten lassen sich chemische Strukturparameter berechnen und mit den physikalischen Eigenschaften der Moleküle in Verbindung bringen (**Bild 5-8**) [Hol 06].

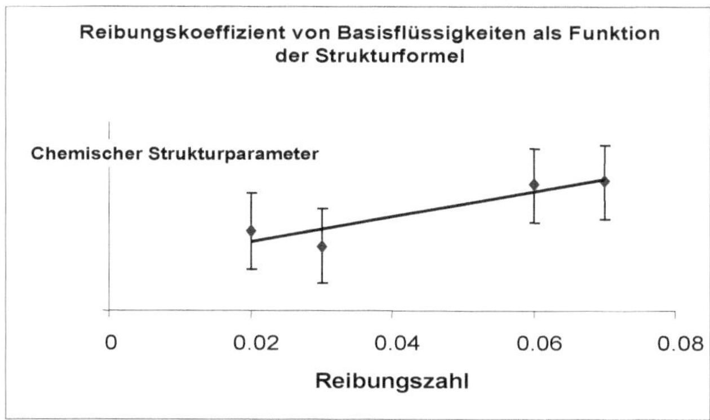

Bild 5-8: Quantitative Struktur-Wirkungsbeziehung zwischen molekularen Parametern und der Gleitreibungszahl [Hol 06]

Quantitative Struktur-Wirkungsbeziehungen (QSPR: Quantitative Structure Property Relationship) stellen einen Baustein für ein „virtuelles Tribolabor" dar, bei denen aus der Korrelation zwischen gemessenen physikalischen Daten und molekularen Strukturen Eigenschaften von Zielmolekülen vorgesagt werden können (neuronale Netze).

5.2.6 Transiente EHD

In technischen Anwendungen tritt der Schmierstoff in einer sehr kurzen Zeit (transient), im Bereich von Millisekunden, durch den Schmierspalt. Für diesen Zeitraum kann daher kein Gleichgewicht zwischen den Molekülen aufgebaut werden. Neuere Untersuchungen zeigen, dass für den Zeitraum des „Durchtritts" durch den Kontaktspalt das physikalische Verhalten der Schmierstoffe im Kontaktspalt eng mit der chemischen Struktur und den thermodynamischen Eigenschaften gekoppelt ist (**Bild 5-9**) [Ahr 00]:

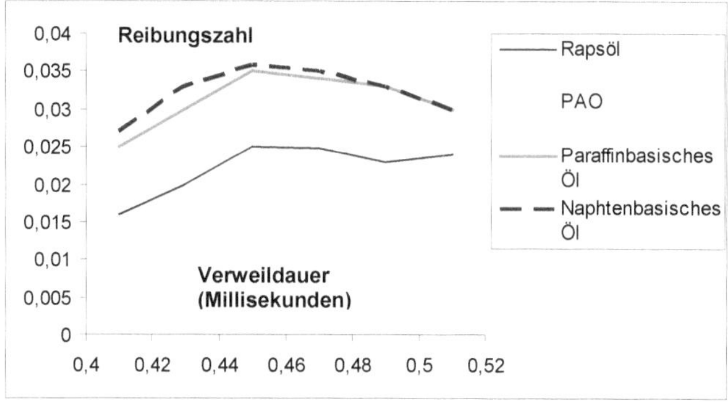

Bild 5-9: Abhängigkeit des Flüssigkeitsreibwerts von der chemischen Struktur der Basisöle in Abhängigkeit von der Verweilzeit im Kontakt

6 Chemie der Schmierstoffe (generelle Überlegungen)

Walter Holweger

6.1 Einleitung

Die Komponenten von Schmierstoffen haben einen unbezweifelbaren und wichtigen Einfluss auf die Vorgänge bei der Schmierung und bei der Metallbearbeitung. Die wenigsten Zusammenhänge lassen sich aber in einer einfachen Weise erklären, da bei der Schmierung alle Aspekte – physikalische, werkstoffkundliche und strömungsmechanische – eine Rolle spielen. Der Artikel „Fundamentals of Lubricants and Lubrication"[1] von Holweger und Schulz gibt eine allgemeine und auf modernen Forschungsergebnissen beruhende Übersicht über Schmierstoffe und Schmierstoffkomponenten sowie ihre Wechselwirkung mit Grenzflächen in Maschinenelementen.

Die Chemie der Schmierstoffe ist bislang weitgehend empirisch erforscht. Dies bedeutet, dass es bislang nur wenige – über die Empirie hinausgehende – Struktur-Wirkungsbeziehungen gibt. Neuere Forschungen [DGMK 04, FVA 03, May 05, Hol 02] versuchen die prinzipiellen Wirkungsmechanismen zu verstehen. Schmierstoffe sind – bis heute – nahezu vollständig von der kohlenstofforganischen Chemie bestimmt.

Für die chemischen Vorgänge in einem Kontakt ist daher die Wechselwirkung der Schmierstoffe mit den Werkstoffmaterialien von Bedeutung. Ein Grossteil der chemischen Reaktionsprodukte von Schmierstoffen kann durch die katalytischen Prozesse der kohlenstofforganischen Chemie mit Metallen erklärt werden. Dies bedeutet, dass man in Maschinenelementen an Grenzflächen Produkte findet, die sich aus den Gesetzen der Katalyse erklären lassen. Die wesentlichen Bestimmungsgrößen sind die Natur der Werkstoffe (des Katalysators), die Temperatur und die Umgebungsbedingungen. Diese Vorgänge benötigen zunächst keine Kenntnis der Kontaktdynamik, sondern ergeben sich aus dem Wissen über die Reaktionsmechanismen.

6.2 Reaktionen der Schmierstoffe am Beispiel der Kohlenwasserstoffe

Kohlenwasserstoffe in der Schmierstoffindustrie werden als Basisöle verwendet und lassen sich in die Gruppe der Mineralöle und synthetischen Kohlenwasserstoffe einordnen. Kennzeichnend für die Kohlenwasserstoffe ist der – meistens – vierfache Bindungszustand des Kohlenstoffs. Durch Kopplung der Enden lassen sich die typischen Strukturen von

1 Holweger, Schulz: Fundamentals of Lubricants and Lubrication. In: Gegner, Jürgen (Hrsg.): Tribology – Fundamentals and Advancements. 2013. Open-Access verfügbar unter: https://www.intechopen.com/chapters/44639 [Zugriff: 02/2022].

Ketten (unverzweigt und verzweigt) sowie Ringen bilden, (A), wobei man die komplexen, überzeichneten Formeln unter Weglassung der Wasserstoffatome auf das „übersichtlichere“ Skelett der Kohlenstoff-Kohlenstoff-Bindung reduziert (B, C) (**Bild 6-1**):

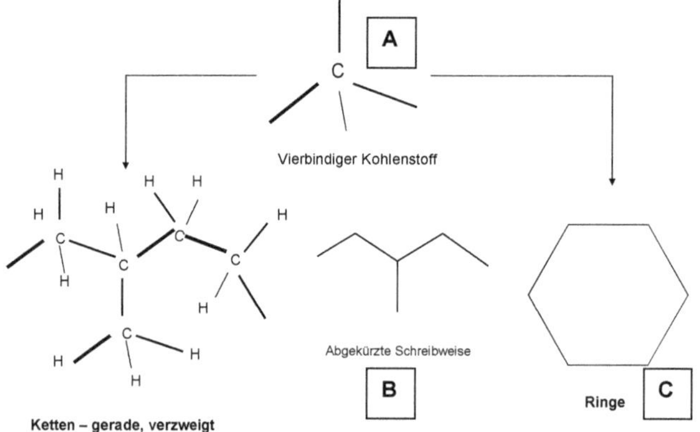

Bild 6-1: Aufbau von kohlenstofforganischen Verbindungen aus dem tetraedrischen (vierbindigen) Bindungszustand des Kohlenstoffs (A) zu Ketten (B) und Ringen (C)

Für die Betrachtung der Reaktivität ist es wichtig, dass man die „Striche“ in den Strukturformeln als Elektronenpaare interpretiert. Ihrer Natur nach sind daher Moleküle elektronische oder elektromagnetisch anregbare Systeme. Eine Bindung wird daher hauptsächlich auf eine solche Anregung „reagieren“. Die Reaktion setzt dann ein, wenn durch eine Anregung die Bindungslänge überschritten wird. Dies geschieht, wenn sich das Molekül im „elektromagnetischen“ Wechselfeld anderer Moleküle oder elektronisch angeregter Systeme befindet. Durch die allseitige Wechselwirkung der Elektronenpaarbindung mit der Umgebung kann die Bindung „gelockert“ werden und neue Bindungen entstehen. Diese Umgebung bezeichnet man als Energiehyperfläche. Kennzeichnend für diesen Prozess auf der „Energiehyperfläche“ – der Fläche, in der sich die Reaktionspartner im angeregten Zustand befinden – sind allmähliche Änderungen des Bindungszustandes und selten abrupte Brüche. Das bedeutet, dass sich Reaktionsprodukte allmählich und an den Orten der Hyperfläche bilden, in denen ein Übergang in den nächsten Grundzustand möglich ist. Reaktionen sind dann erleichtert, wenn der Übertritt in die Hyperfläche und der Austritt aus der Hyperfläche mit besonders geringen Energieschwellen verbunden ist. Dies ist dann der Fall, wenn Moleküle schon aufgrund ihres Bindungszustandes – oder durch Anregung – in die Nähe der Hyperfläche geraten.

6.2.1 Wechselwirkung mit metallischen Grenzflächen

Metallische Grenzflächen sind hochreaktive Systeme, bei denen ein intensiver Austausch der Festkörperatome mit der Umgebung stattfindet [Hut 02]. Grenzflächen stellen aufgrund der elektrischen Doppelschicht elektronisch angeregte Systeme dar. Für Metalle der Eisengruppe befinden sich nahe der Grenzfläche Atome des Werkstoffs in einem angeregten und teilweise ionisierten Zustand, da das Potenzial vom „Inneren" des Werkstoffs Richtung Grenzfläche von Null auf das Grenzflächenpotenzial ansteigt und gegen die Umgebung wieder abfällt. Die Potenzialgradienten bewirken, dass sich an metallischen Grenzflächen, im Bereich der elektrischen Doppelschicht (**Bild 6-4**), ionisierte Teilchen (Metallionen, Elektronen und angeregte Gitteratome) befinden, die die Ursache für die Wechselwirkung mit den Elektronenpaaren von organischen Verbindungen sind [Ko 01].

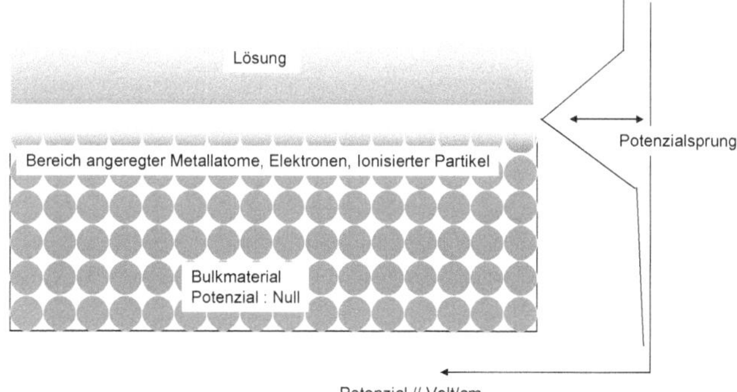

Bild 6-2: Schematischer Aufbau von metallischen Grenzflächen. Im Inneren des Materials ist das elektrische Potenzial Null und steigt gegen die Grenzfläche an. Die Potenzialsprünge bewirken die Anwesenheit reaktiver Teilchen an der Grenzfläche, die die Ursache für deren Reaktivität sind

Befindet sich die Grenzfläche an Luft, dann reagieren austretende Elektronen (A) mit Sauerstoff (B) unter Bildung von Peroxidradikalen (C) (kathodische Reaktion) (**Bild 6-3**).

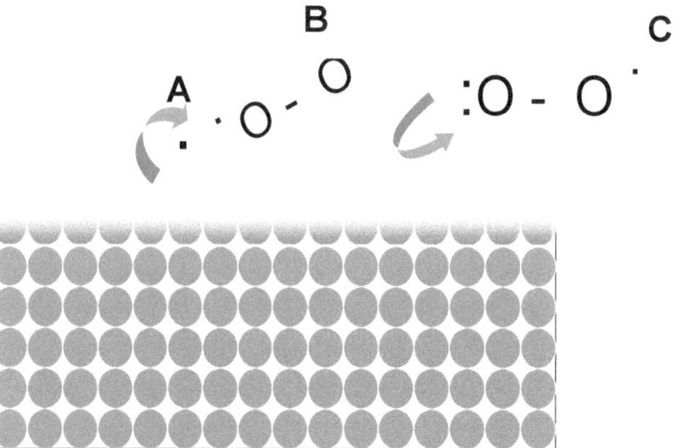

Bild 6-3: Kathodische Reaktion von angeregten Teilchen an der Grenzfläche mit Sauerstoff unter Bildung von Peroxidradikalen

Die gebildeten Peroxidradikale (C) haben eine genügend große Lebensdauer um die Elektronenpaare einer Kohlenstoff-Wasserstoffbindung (E) in einem Schmierstoff (D)

anzugreifen, der sich in der Nähe befindet. Dabei bildet sich das Hydroperoxid (F) und ein Kohlenstoff-Fragment (G) (Kohlenwasserstoff Radikal) (**Bild 6-4**):

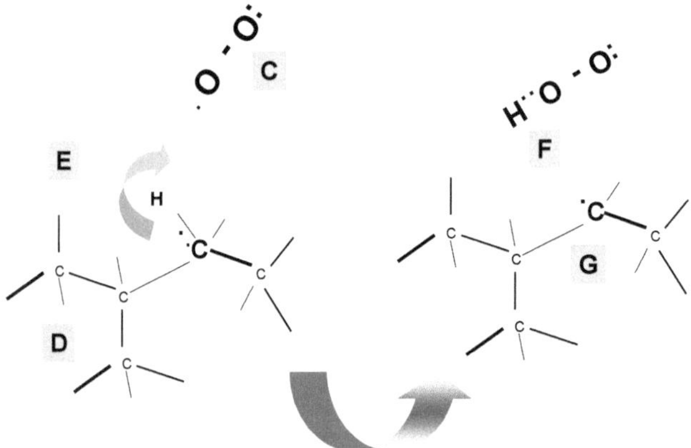

Bild 6-4: Schematische Darstellung einer Reaktionskaskade ausgelöst durch persistente reaktive Peroxid-Spezies (C) an einer Grenzfläche, wie sie durch kathodische Reduktion von Sauerstoff entstehen

Die begonnene Reaktionskaskade setzt sich jetzt fort, indem das Kohlenwasserstoffradikal **(G)** mit Sauerstoff **(I)** zu einem Kohlenwasserstoff-Peroxid reagiert **(J)** oder durch interne Abspaltung einer benachbarten C-H Bindung ein Wasserstoffradikal **(H)** und ein Olefin **(K)** bildet. Das Wasserstoffradikal **(H)** reagiert in der Folge wieder mit Sauerstoff zu einem Hydroperoxid **(L)** (**Bild 6-5**):

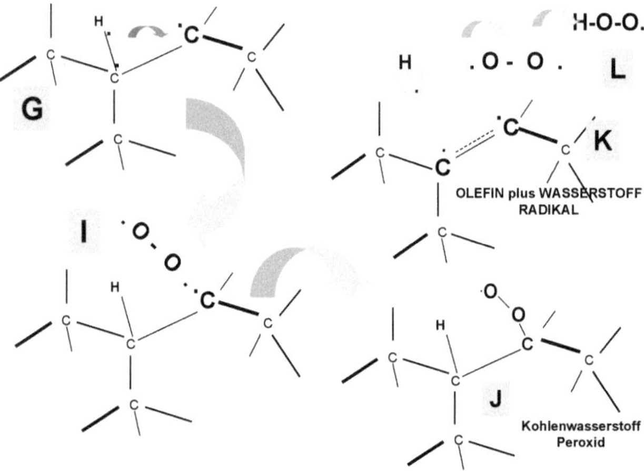

Bild 6-5: Reaktionskaskaden der persistenten Zwischenprodukte von radikalischen Reaktionen an Grenzflächen (links vom Trennungsstrich: Ausgangsprodukte, rechts: Zwischenprodukte)

Die radikalischen Reaktionsmuster sind durch umfangreiche Untersuchungen an Schmierstoffkomponenten beweisbar [Hol 01].

Endprodukte dieser Reaktionswege sind stabile Sauerstoffverbindungen wie beispielsweise Alkohole, Ketone, Carbonsäuren und Carbonsäure-Ester.

Solange die Reaktionsprodukte in Lösung gehen, finden immer neue Reaktionskaskaden statt. Die Reaktionen kommen zum Stillstand, wenn die Produkte nicht mehr in Lösung gehen und sich auf der Metalloberfläche niederschlagen. Dabei erhält man „harzartige“ oft dunkel gefärbte Rückstände.

Die Lücke der elektrischen Ladung in der Grenzschicht wird dadurch kompensiert, dass Metallatome im Inneren des Werkstoffs durch Ionisation Elektronen abgeben und dadurch Richtung Grenzfläche wandern (anodischer Prozess) (**Bild 6-6**). Durch den fortgesetzten kathodischen Prozess wird der anodische Prozess in Gang gehalten. Den Austritt von Metallionen aus dem Grundwerkstoff registriert man in einer Zunahme der Rauhigkeit der Oberfläche. Dieser wird als Leaching bezeichnet. Die Reaktionsprodukte der kathodischen und anodischen Prozesse bilden oft dunkel gefärbte Produkte, in denen sich Metalle nachweisen lassen in Verbindung mit Metalloxiden – und Hydroxiden (Korrosion).

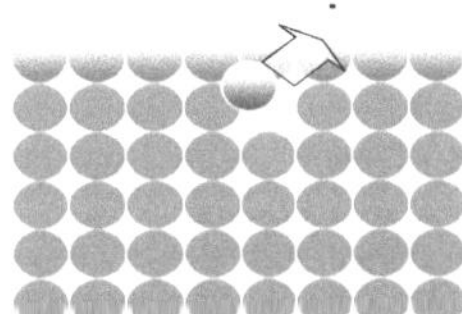

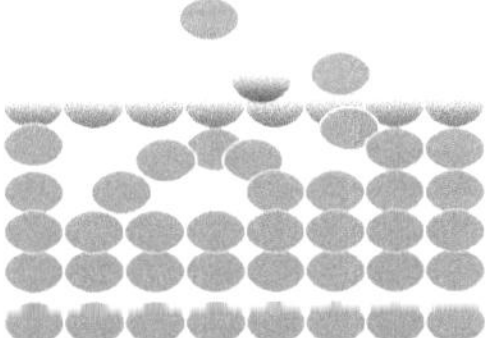

Bild 6-6: Fortgesetzter Metallaustritt (Leaching) aus dem Kernmaterial als Folge eines kathodischen Prozesses

Umsetzungen von Schmierstoffen hängen daher hauptsächlich von der Bereitstellung reaktiver, persistenter (d. h. genügend langlebiger) elektronischer Spezies an der Grenzfläche ab. Umsetzungen sind daher immer – auch bei niederen Temperaturen und im Stillstand – möglich, wenn geringe Filmdicken einen Sauerstoffzutritt und die katalytischen Reaktionen ermöglichen.

Chemische Reaktionen im Stillstand beobachtet man vor allem bei Belüftungszellen, in denen im Kontakt eine Situation geschaffen wird, bei der eine sauerstoffunterversorgte Zone dicht neben einer luftausgesetzten Zone liegt. Maschinenelemente im Stillstand sind daher dann durch Belüftungszellen gefährdet, wenn die kathodischen und anodischen Teilprozesse nicht unterdrückt werden. So können sich beispielsweise chemische Umsetzungen im Stillstand bei Wälzlagern abspielen, wenn zwischen Kugel (Rolle) und Ring eine Belüftungszelle entsteht. In der Kontaktstelle zwischen Kugel-(Rolle) und Ring befindet sich eine sauerstoffunterversorgte Zone (A), unmittelbar daneben eine luftangereicherte Zone (B), die durch eine kathodische Reduktion den (anodischen) Leaching-Prozess unter der Kugel in Gang bringt (**Bild 6-7**):

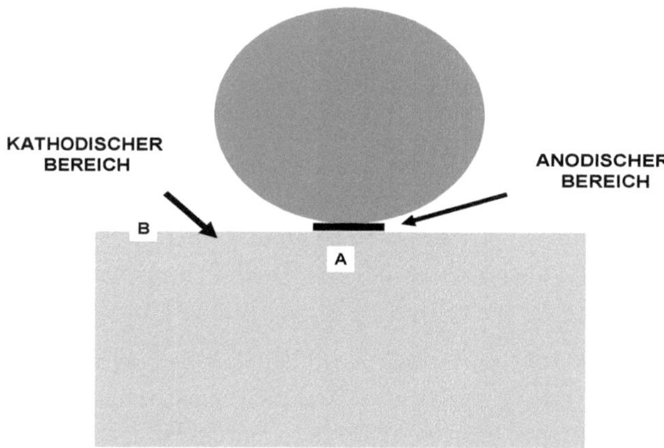

Bild 6-7: Konfiguration Kugel – Platte als Modell für einen Kontakt: In der sauerstoffunterversorgten Zone bildet sich ein anodischer Bereich (A) aus. In der sauerstoffreicheren Zone (B) laufen kathodische Prozesse ab

Produkte unter der Kugel (Rolle) sind daher dunkle Flächen mit einer Abblätterung, korrosiven Ablagerungen und bei Stählen dunklen Eisenoxiden. In der Regel ist durch diesen Vorgang das Maschinenelement zerstört.

Naturgemäß kann die Umsetzungsrate im bewegten Kontakt – vor allem unter Mischreibung – und bei höheren Temperaturen stark ansteigen.

Der oft diskutierte Einfluss von Wasserstoff durch Schmiermittel hat seinen Ursprung in den oben beschriebenen Abspaltungsreaktionen.

6.2.2 Additive (Antioxidantien)

Additive können einen wesentlichen Einfluss auf den Betriebszustand von Schmiermitteln nehmen, wenn sie die katalytische Aktivität der Grenzfläche herabsetzen oder stimulieren. Ein eindrucksvolles Beispiel für die drastische Steigerung der Lebensdauer durch Herabsetzung der kathodischen – und damit auch der anodischen – (Leaching-)Aktivität ist im Forschungsprojekt 569 der Deutschen Gesellschaft für Mineralölkunde [DGMK 04] beschrieben.

Als Modellsysteme werden Lithiumseifen-Fette eingesetzt, die mit unterschiedlichen Antioxidantien versetzt sind. Das Basisfett besteht aus einem Poly-α-Olefin Grundöl (stark verzweigter Kohlenwasserstoff) sowie einem Ester (Trimethylolpropancaprylat). Als Verdicker wird Lithium-12-hydroxistearat eingesetzt. Zur Differenzierung wird die nachstehende Unterteilung vorgenommen (**Bild 6-8**):

Modellfett A entspricht dem unadditivierten Referenzfett.
Modellfett B ist mit N-Phenyl-1-Naphtylamin,
Modellfett C mit Alkyl-Diphenylamin,
Modellfett D mit einem zweikernig sterisch gehinderten Phenol,

Modellfett E mit einem polymeren Hydrochinolin und
Modellfett F mit einer Mischung der Antioxidantien aus Fett B (Alkyl-Diphenylamin) und Fett D (Phenolisches Antioxidans)

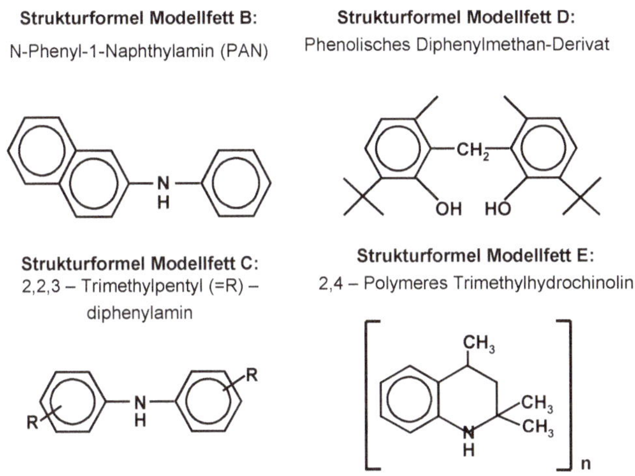

Bild 6-8: Strukturformeln von Antioxidantien in Spindellagerversuchen [DGMK 04]

Die 6 Modellfette zeigen in Spindellagern eine völlig unterschiedliche Lebensdauer mit einem signifikanten Sprung zwischen Fett C und Fett D, wobei sich die Gruppe der Fette B und C von D nur durch das Antioxidanz-Additiv unterscheiden (**Bild 6-9**):

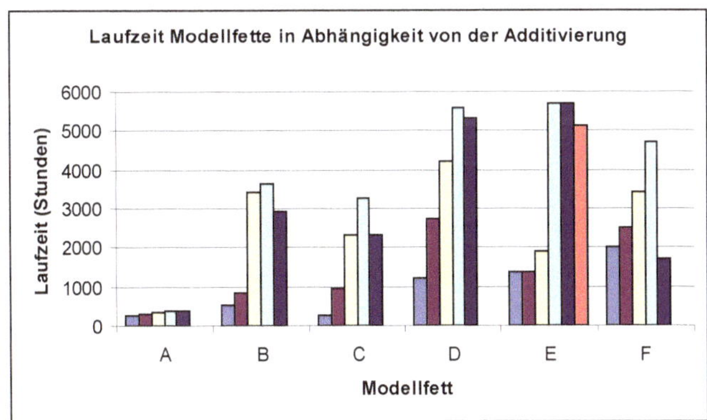

Bild 6-9: Laufzeit: Spindel-Lager-Modellfette mit unterschiedlichen Antioxidantien (aus DGMK Vorhaben 569, [DGMK 04])

Detaillierte Untersuchungen zeigen, dass das Diphenol in Fett (D) mit der Metalloberfläche Komplexe bildet.

Antioxidantien (Fett B und Fett C), die diese Komplexe nicht bilden können (zum Beispiel aromatische Amine vom Typ Diphenylamin), zeigen eine nur geringfügige laufzeiterhöhende Wirkung. Interessanterweise zeigt die Mischung der Antioxidantien aus B und D keine Laufzeitsteigerung.

Die früh ausgefallenen Lager der Fette A, B und C zeigen Oxidations- und in der Folge davon auch Korrosionsprozesse. Die Oxidationsprozesse führen durch anodische Korrosion zur Bildung aufgelockerter, abrasiver schwarzer Eisenoxide mit der Folge von Frühausfällen (Bild – Laufbahnmitte – Modellfett A) (**Bild 6-11**):

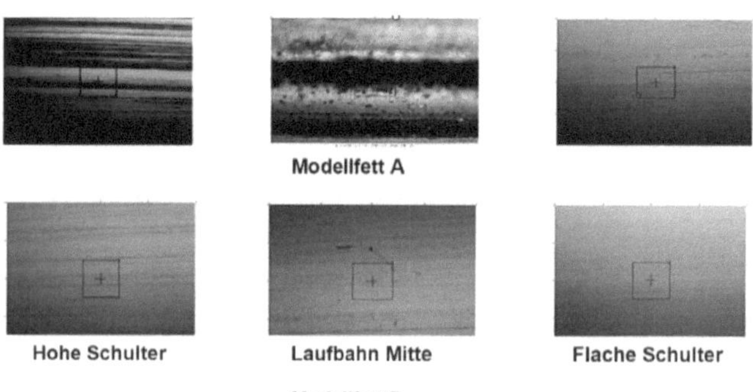

Bild 6-10: Innenring Laufbahn der Spindellagerversuche von Modellfett A und Modellfett D im Vergleich. Die Laufbahnmitte des unadditiverten Modellfetts A ist durch Korrosions- und Oxidationsprozesse nach kurzer Zeit zerstört. Das phenolische Antioxidans von Modellfett D unterdrückt die kathodische und – durch Belagbildung – auch die anodische Reaktion in der Laufbahn. Dieses Fett zeigt dadurch sehr hohe Laufzeiten

6.3 Zusammenfassung

Die Chemie der Schmierstoffe an Grenzflächen wird durch Katalyse bestimmt. Dabei dominieren Reaktionskaskaden, die durch persistente reaktive Zwischenstufen bestimmt werden und dann enden, wenn sich die Oberfläche mit unlöslichen Reaktionsprodukten belegt hat, die in der Regel aus einer Mischung von Oxidationsprodukten des Schmierstoffs und herausgelöstem Metall bestehen. Die Herauslösung des Metalls (Leaching) kann über Aufrauungs- und Korrosionsprozesse zur Zerstörung des Maschinenelements führen.

Die chemischen Prozesse zwischen Schmiermittel und Werkstoff finden sowohl ohne Last, im Stillstand und bei niederen Temperaturen statt, können aber durch Temperatur, Kontaktdynamik und stimulierende Umgebungseinflüsse stark gesteigert werden.

Additive sind dann wirksam, wenn sie die kathodischen Teilprozesse durch Abfangen der Sauerstoffspezies und die anodischen Teilprozesse durch Bildung einer passiven stabilen und unlöslichen Reaktionsschicht unterdrücken.

7 Mögliche Additivmechanismen und weitere Betrachtungen zu Metalloberflächen

Joachim Schulz

7.1 Einleitung

Die nachfolgenden Ausführungen können generell für Additiv-Metall- und Additiv-beschichtete Oberflächen-Kontakte als richtungsweisend betrachtet werden und sind nicht auf Verfahren der Metallbearbeitung beschränkt.

Die Wirkung von Additiven ist ein außerordentlich komplexes Themengebiet. Sowohl physikalische als auch chemische und werkstoffkundliche Aspekte beeinflussen das Verhalten der Additive im Reibkontakt. In den meisten bisher durchgeführten Untersuchungen erfolgte die Entwicklung von Schmierstoffen ausschließlich mittels empirischer Untersuchungen, weil geeignete Modelle zur Additivwirkung fehlten. Das Reaktionsschichtmodell hat sich als nicht hilfreich erwiesen. Neue Rezepturen für Schmierstoffe werden auf Basis von Erfahrungswerten konzipiert und deren Wirkung über Trial-and-Error-Methoden evaluiert.

Um zukünftig zielgerichteter Schmierstoffe entwickeln zu können, ist es sinnvoll, das Verständnis für die Additivwirkung zu steigern. Das Ziel besteht darin, die Ursache-Wirkungs-Zusammenhänge bezogen auf das Einsatzverhalten von Additiven aufzudecken und zu beschreiben. Dazu wird eine Vorgehensweise gewählt, die auf einem Verständnis der atomaren Vorgänge aufsetzt. Allerdings sind die nachfolgenden Ausführungen an vielen Stellen vereinfacht, um ein für den Praktiker handhabbares Modell zu erstellen.

Bei den meisten Betrachtungen von tribologischen Vorgängen wird angenommen, dass die Oberfläche von Metallen homogen ist und aus dem Werkstoff des Materials besteht. Wieder andere gehen davon aus, dass die Oberfläche mit einer Oxidschicht überzogen ist.

Aktuell als gesichert gilt, dass Hydroxide und/oder Oxide auf Metalloberflächen vorkommen. Nähere Ausführungen dazu sind in Kapitel 3.5 zu finden.

7.2 Intermolekulare Wechselwirkungen

Wenn Atome unterschiedlicher Moleküle bzw. unterschiedlicher Systeme miteinander wechselwirken, treten Veränderungen in den Elektronenkonfigurationen der beteiligten Atome auf. Je nach Art der Elektronenverteilung werden drei Arten von Hauptvalenzbindungen unterschieden, die kovalente, die ionische und die metallische Bindung [Aman 72]. Als Folge von Ladungsungleichgewichten in den Hauptvalenzbindungen entstehen zusätzlich weitreichende intermolekulare Wechselwirkungen, die als Van-der-Waalssche Bindungen oder Nebenvalenzbindungen bezeichnet werden. Letztere sind für die Betrachtung der Wechselwirkung von Additiven mit Metalloberflächen von immenser Bedeutung. Van-der-Waalssche Bindungen spielen in der Natur generell eine sehr große Rolle [Tkat 14; Tkat 15].

Van-der-Waalssche Bindungen sind im Vergleich zu echten chemischen Bindungen – kovalente Bindungen (auch oft als Atombindungen bezeichnet) [Aman 72, Maie 93, Mort 96, Troo 80], ionische Bindung (Salzbindung) [Troo 80] und metallische Bindung – eher schwach. Sie beruhen also auf der elektrostatischen Wechselwirkung zwischen Molekülen mit permanenten oder temporären Dipolen. Die Wechselwirkung zwischen den Dipolen verursacht eine anziehende Kraft. Man unterscheidet zwischen drei verschiedenen Van-der-Waalsschen Wechselwirkungskräften **(Bild 7-1)** [Mass 07]; [Owen 69].

• Die **Keesom-Kraft** beschreibt die Wechselwirkung zwischen zwei Molekülen mit Dipolmoment. Im Vergleich zu den anderen Van-der-Waalsschen Wechselwirkungen ist sie die stärkste Nebenvalenzbindung (siehe **Tabelle 7-1**). Eine Anziehung erfolgt nur, wenn sich die Moleküle so ausrichten, dass die Dipole eine anziehende Wirkung ausüben können. Eine besondere Form der Keesom-Kraft stellt die Wasserstoffbrückenbindung dar, die zwei polare Moleküle durch ein Wasserstoffatom verbindet.

• Die **Debye-Kraft** tritt bei der Wechselwirkung zwischen einem Molekül mit und einem Molekül ohne Dipolmoment auf. Das Molekül mit Dipolmoment erzeugt im anderen Molekül ein temporäres Dipolmoment mit entgegengesetztem Vorzeichen, so dass eine Anziehung erfolgt.

• Die **London-Kraft** ist die schwächste, aber auch zugleich die wichtigste intermolekulare Wechselwirkung. Sie tritt als Folge der Wechselwirkung zwischen zwei Molekülen ohne permanente Dipole auf. Durch die Bewegung der Elektronen in den kovalenten Bindungen entstehen temporäre Dipolmomente, die im benachbarten Molekül ein temporäres Dipolmoment induzieren. Man nennt die London-Kräfte auch Dispersionskräfte. Sie sind z. B. für den Zusammenhalt zwischen den Molekülen gesättigter Kohlenwasserstoffe verantwortlich.

Bezeichnung	**Ursache**	**Bindungsenergie**	**Abstandsabhängigkeit**
Keesom	Dipol – Dipol	max. 50–60 kJ/mol	ca. $1 / r^3$
Debye	Dipol – ind. Dipol	max. 2–10 kJ/mol	ca. $1 / r^6$
London	ind. Dipol – ind. Dipol	max. 5–10 kJ/mol	ca. $1 / r^6$

Tabelle 7-1: Van-der-Waalssche Wechselwirkungen [Dilt 06]

Die Wechselwirkungskräfte, die durch permanente Dipole entstehen, werden häufig als polare Wechselwirkungen zusammengefasst [Aman 72, Owen 69]. Die London-Kräfte bezeichnet man hingegen als disperse Kräfte.

Den Wechselwirkungen von Additiven mit Metalloberflächen liegt eher das Prinzip nach Pearson [Pear 63] zugrunde. D. h. die Anziehung zwischen Elektronendonatoren und Elektronenakzeptoren, wobei aber nur adsorptive Bindungen ausgebildet werden. Somit sind die Wechselwirkungen eher physikalischer als chemischer Natur.

Die Ursachen für die Wirkung von Schmierstoffadditiven sind sehr vielfältig. Ein wesentlicher Mechanismus beruht auf den Van-der-Waalsschen Wechselwirkungen, die Schmierstoffadditive untereinander oder mit Oberflächen von benetzten Festkörpern eingehen [Rato 00]. Additive, deren Wirkungsprinzip überwiegend auf diesen rein physikalischen Interaktionen beruht und die bei ihrer Wirkung keine chemische Veränderung erfahren, nennt man polare Wirkstoffe [Bart 94, Mang 83].

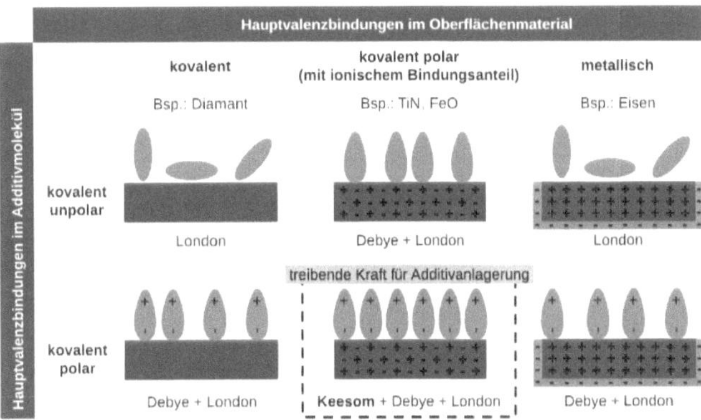

Bild 7-1: Van-der-Waalssche Wechselwirkungen zwischen Schmierstoffadditiven und Oberflächen von Umformwerkzeugen und Werkstücken [Mass 07]

Die Moleküle dieser Additive besitzen mindestens ein polares Ende, in dessen kovalenter Bindung aufgrund von Ladungsverschiebungen ein Dipol vorliegt. Die Wirkung von Schmierstoffadditiven mit polaren Eigenschaften spielt sich auf mehreren Ebenen ab. Zum einen sind die molekularen Vorgänge entscheidend, die eine adsorptive Anlagerung von Schmierstoffadditiven an den Oberflächen von Werkzeug und Werkstück hervorrufen. Zum anderen beeinflussen sie die makroskopischen Benetzungsvorgänge, welche die Ausbildung eines Schmierstofffilms auf Werkzeug und Werkstück und die Penetration in Mikrorisse (s. Rehbinder-Effekt) mitbestimmen. Außerdem ist die Polarität von Schmierstoffen entscheidend für die Löslichkeit von Gasen, die bei der Additivwirkung ebenfalls eine Rolle spielen [Beer 80, Schw 96].

Unter Adsorption versteht man eine Anlagerung von Molekülen (Adsorbat) aus der Gasphase oder der flüssigen Phase an einer festen, gelartigen oder flüssigen Oberfläche (Adsorbens). Bezogen auf Additive ist dabei die Anlagerung von Additivmolekülen an den Oberflächen von Werkzeug und Werkstück gemeint. Man spricht von Physisorption, wenn damit keine chemischen Veränderungen von Adsorbat und Adsorbens einhergehen [Aman 72]. Die Anbindung der Additive beruht ausschließlich auf Van-der-Waals-Kräften. Es sind also vor allem Additivmoleküle mit permanenten Dipolen, die physikalisch mit Oberflächen in Wechselwirkung treten:

Wenn nun, wie oben angeführt, Metalloberflächen mit hydroxidischen und/oder oxidischen an Metallatome gebundenen Gruppen bedeckt sind, können Additive auch nur mit diesen Gruppen in Wechselwirkung treten. Daraus ergeben sich dann drei mögliche Mechanismen.

Mechanismus 1 (M 1) – Wasserstoffbrückenbindung

Die Bindung baut sich zwischen den Wasserstoffatomen der Hydroxidgruppen und bevorzugt Sauerstoff- oder Stickstoff-Atomen von Additiven auf, die diese in gebundener Form beinhalten **[Bild 7-2]**. Schwefelatome sind aufgrund ihrer räumlichen Ausdehnung nur in sehr geringem Maße zur Ausbildung von Wasserstoffbrücken in der Lage. Dieser Unterschied wird beim Vergleich von Wasser und Schwefelwasserstoff augenfällig. Bei Raumtemperatur ist Wasser eine Flüssigkeit und Schwefelwasserstoff ein Gas.

Somit sollten alle Additive, die Sauerstoff enthalten (z. B. Alkohole, Fettsäuren, Ester, Glykole, gesättigte Phosphorsäureester und Ether) sowie Additive, die Stickstoff enthalten (z. B. Amine, Amide und Diazole) für den Mechanismus 1 prädestiniert sein.

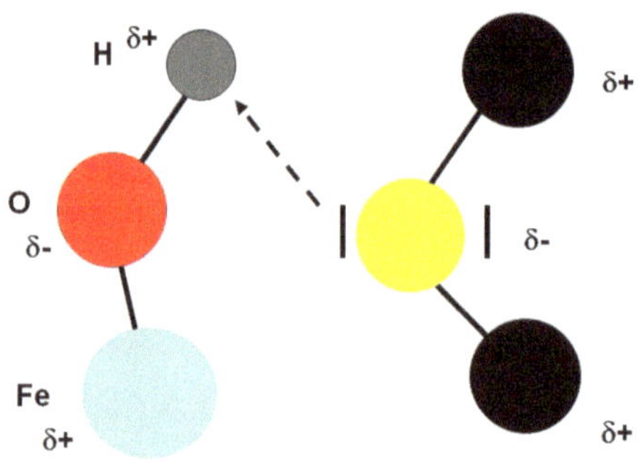

Bild 7-2: Mechanismus 1 (M 1) – Wasserstoffbrückenbindung am Beispiel Eisenhydroxid

Mechanismus 2 (M 2) – ionische Wechselwirkung

Diese Wechselwirkung findet an den Hydroxidgruppen tragenden Metallatomen statt. Der Sauerstoff in den Hydroxidgruppen ist wegen der deutlich höheren Elektronegativität partiell negativ geladen. Für das Metallatom, welches die Hydroxidgruppe trägt, ergibt sich daraus eine partiell positive Ladung. Es liegt ein Elektronenmangel vor, der die Metallatome zu Elektronenakzeptoren macht, die mit Elektronendonatoren (z. B. Anionen, Säuren und sauren Phosphorsäureestern) in Wechselwirkung treten können **[Bild 7-3]**. Die Stärke der Wechselwirkung wird dabei sowohl von der Elektronendichte im Elektronendonator als auch von dessen sterischer Ausdehnung bestimmt. Letztere entscheidet, inwieweit sich das Donatormolekül (Ion) dem hydroxidischen Metallatom annähern kann.

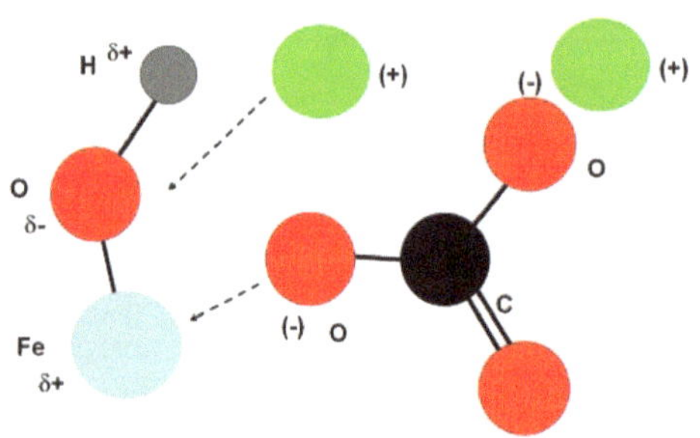

Bild 7-3: Mechanismus 2 (M 2) – ionische Wechselwirkung am Beispiel Eisenhydroxid und Natriumcarbonat

Mechanismus 3 (M 3) – Adsorption an oxidisch gebundene Metallatome

Liegen Metallatome in oxidischer Bindung vor (z. B. Eisenoxide, Nickeloxide, Aluminiumoxide und Chromoxide), so sind diese partiell positiv geladen, da die benachbarten Sauerstoffatome Elektronendichte abziehen. Der Elektronenmangel ist geringer als bei den hydroxidischen Metallatomen, wodurch die adsorptiven Kräfte nicht ausreichen, um ionische Gruppen anzuziehen. Moleküle, die Chlor- oder Schwefelatome beinhalten, sind aber durchaus in der Lage relativ starke Wechselwirkungen mit diesen oxidisch gebundenen Metallatomen einzugehen **[Bild 7-4]**. Chlorhaltige Verbindungen (z. B. Chlorparaffine) bilden, bedingt durch die höhere Elektronegativität des Chloratoms und der besseren sterischen Anordnung, verglichen mit Schwefelatomen, die stärkeren Wechselwirkungen aus.

Natürlich spielt die reine sterische Anordnung der Moleküle an sich und die Anordnung der aktiven Atome (Atome, die Elektronenüberschuss haben) eine Rolle bei der Ausrichtung der Additiv-Moleküle zur Metalloberfläche **(Bild 7-5)**. Wenn die aktiven Atome endständig sind, kann es zu einer „kammartigen“ aber auch zu einer „brückenartigen“ Anordnung kommen. Im Fall, dass die aktiven Atome mehr oder weniger mittelständig sind, kommt es zu einer „schmetterlingsartigen“ Anordnung. Liegt eine große Anzahl von aktiven Atomen in einem Molekül vor (z. B. in Komplexestern) kann es auch zu einer „flächigen“ Bedeckung der Oberfläche kommen. Dabei können auch elektronenakzeptierende Areale auf der Metalloberfläche mit überdeckt werden, ohne dass diese in die Wechselwirkung mit eingreifen.

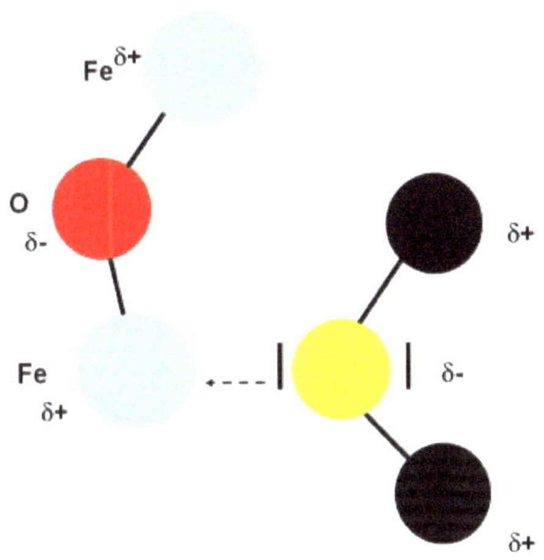

Bild 7-4: Mechanismus 3 (M 3) – Adsorption an oxidisch gebundene Metallatome am Beispiel Eisenoxid und schwefelhaltigem Additiv

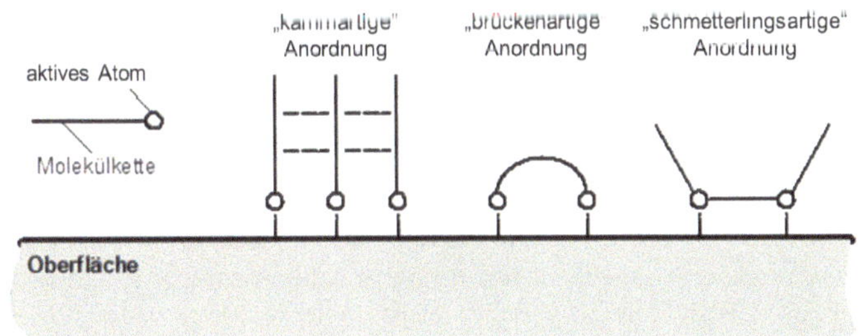

Bild 7-5: mögliche Ausrichtung von Additiven zur Metalloberfläche [Mass 07]

Die Anzahl an hydroxidischen und/oder oxidischen Gruppen auf einer Metalloberfläche ist natürlich endlich und damit begrenzt. Das hat die Konsequenz, dass nur eine endliche Anzahl von Additiven auf einer diskreten Oberfläche die Möglichkeit zum Wechselwirken hat. Liegen mehr polare Additive vor, als für die vollständige Bedeckung einer Oberfläche notwendig sind, wird eine Konkurrenzsituation entstehen. Diese führt dann dazu, dass entweder das Additiv mit dem größten Dipolmoment an die Oberfläche gelangt oder, im Fall dass eine zu große Anzahl von gleichartigen Molekülen vorliegt, sich keines der Moleküle im optimalen Abstand an die Oberfläche annähern kann.

Aus der Praxis sind solche Erscheinungen bekannt und werden als Antagonismus bezeichnet. Synergismus ist dagegen der optimale Zustand, wenn alle aktiven Gruppen auf der Oberfläche wechselwirken können, ohne dass es zu einer Überadditivierung kommt.

Die Stärke der Wechselwirkung von einem oder mehreren Additiv-Molekülen mit einer Metalloberfläche ist nur umständlich quantitativ zu berechnen, da viele Faktoren einfließen:

- Größe der Dipolmomente in den polaren Bindungen eines Additivmoleküls,
- Art des aktiven Atoms oder der aktiven Gruppe,
- Anzahl der polaren Atome je Additivmolekül,
- Grad der Molekülverzweigung bzw. Anzahl der Molekülketten.

Stattdessen wird ein praktikablerer Weg gewählt. Die Ursache für die Entstehung von Dipolen in Molekülen ist die unterschiedliche Elektronenaffinität verschiedener Atome. Je größer die Differenz zwischen zwei wechselwirkenden Atomen ist, umso größer ist auch deren Wechselwirkung und umso stabiler die entstehende adsorptive Schicht.

7.3 Benetzung von Oberflächen durch additivierte Schmierstoffe

Neben der Fähigkeit durch elektronische Wechselwirkungen Additivschichten auf einer Metalloberfläche aufzubauen ist die Fähigkeit zur Benetzung der Metalloberflächen von nicht zu unterschätzender Bedeutung. Denn nur wenn der Schmierstoff alle Täler einer Oberfläche vollständig ausfüllt, können die darin enthaltenen Additive auch mit den Strukturen auf der Oberfläche agieren. Die Oberflächenspannung eines Schmierstoffs ist hier eine entscheidende Größe. Darüber hinaus können Additive, die mit den unpolaren Kohlenwasserstoffresten mit der Schmierstoffmatrix (z. B. Grundöl) über Van-der-Waals-Kräfte verbunden sind, sicher dazu beitragen, dass der Schmierstoff als Gesamtkomposition eine Metalloberfläche benetzen kann.

Maßmann [Mass 07] hat sich in seiner Dissertation ausführlich mit der Benetzung von Oberflächen beschäftigt und auch versucht diese auf diskrete Additive herunterzubrechen. Nachfolgend sollen einige Abschnitte aus seiner Arbeit zitiert werden.

„Einfluss von Additiven auf die Oberflächenenergie von Schmierstoffen

*[**Bild 7-6**] zeigt die polaren und dispersen Oberflächenenergieanteile der ausgewählten Schmierstoffadditive (siehe **Tabelle 7-2**). Da die Methode des hängenden Tropfens (Messmethode s. [Mass 07]) wenigen Fremdeinflüssen unterliegt, können die Werte für die Gesamtenergie sl als zuverlässig erachtet werden. Die gesamte Oberflächenenergie sl liegt auf einem vergleichbaren Niveau zwischen 26,7 und 31,9 mN/m. Die höchsten Werte ergeben sich für den nativen Ester (POL1, sl = 31,9 mN/m) und das Emulgatorpaket (EM, sl = 30,6 mN/m). Hier liegen also die größten Kohäsionsenergien WK vor. Dies ist insofern plausibel, als dass Estern und Emulgatoren ein positiver Einfluss auf die Schmierfilmstabilität zugeordnet wird [Mang 83]. Anders verhält es sich hingegen bei den polaren und dispersen Energieanteilen, die anhand des liegenden Tropfens auf PTFE ermittelt wurden. Es fällt auf, dass diejenigen Additive eine niedrige polare Oberflächenenergie aufweisen, für die zuvor eine hohe Adsorptivität ermittelt*

wurde. Dies gilt z. B. für den nativen Ester (POL1) und das Chlorparaffin EP-C. Dieser zunächst widersprüchliche Effekt lässt sich wie folgt erklären:

• *Der Theorie zufolge ist PTFE ein rein disperser Stoff der Struktur $(CF_2)_n$. Es handelt sich um lange Kohlenstoffketten. An jedem Kohlenstoffatom sind zwei Fluoratome gebunden. Auch wenn das Dipolmoment zwischen Kohlenstoff und Fluor sehr hoch ist, gleichen sich die Dipole aus, da sie sich exakt gegenüberliegen.*

• *Wenn sich ein Molekül mit einem permanenten Dipol wie z. B. Chlorparaffin anlagert, so kann im PTFE-Molekül ein Dipol induziert werden. Dadurch entstehen Debye-Kräfte. Chlorparaffin besitzt bis zu sechs polare Enden und adsorbiert daher relativ gut auf PTFE und im Vergleich zu anderen Flüssigkeiten bildet sich ein flacher Tropfen aus.*

• *Den Berechnungsansätzen von Wu und Owens/Wendt [Wu 71, Owen 69] zufolge können nur die dispersen Oberflächenenergieanteile einer Flüssigkeit mit PTFE in Wechselwirkung treten. Demzufolge tragen nur London-Kräfte zur Additivanlagerung bei. Debyesche Wechselwirkungen werden vernachlässigt. Daher wird für das Chlorparaffin EP-C, das relativ stark an PTFE adsorbiert, eine hohe disperse Oberflächenenergie berechnet. Für die relativ unpolaren Polysulfide EP-S2 wird hingegen ein hoher polarer Anteil errechnet, da diese schlecht an PTFE adsorbieren und große Kontaktwinkel hervorrufen.*

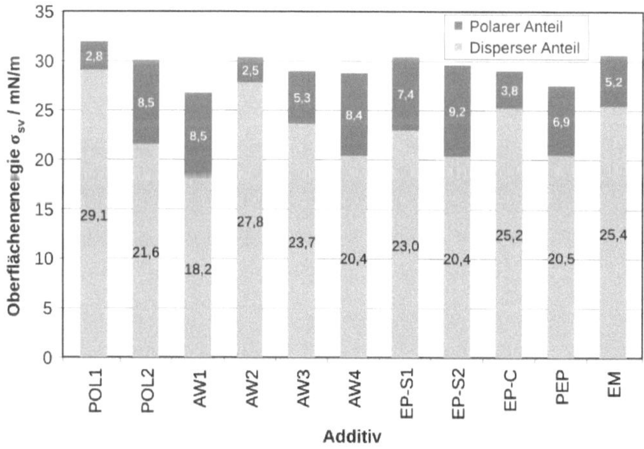

Bild 7-6: *Polare und disperse Oberflächenenergie der untersuchten Schmierstoffadditive [Mass 07]*

Die Messmethodik beinhaltet also zwei Vereinfachungen. Zum einen ist PTFE als rein disperser Referenzwerkstoff definiert. Zum anderen werden die Debyeschen Wechselwirkungen bei der Aufteilung in polare und disperse Wechselwirkungen vernachlässigt. Die polaren und dispersen Energieanteile der Flüssigkeiten sind daher als Hilfsgrößen zu verstehen. Durch sie werden die tatsächlichen physikalischen Wechselwirkungen zwar nicht richtig abgebildet, mit Hilfe der polaren und dispersen Oberflächenenergien lassen sich Kontaktwinkel aber richtig berechnen. Dies zeigen Vergleiche zwischen berechneten und gemessenen Kontaktwinkeln [Lugs 03].

Zusammenfassend kann festgehalten werden, dass die für die Additive ermittelten absoluten Oberflächenenergien in der gleichen Größenordnung liegen. Die leichten Unterschiede lassen sich teilweise nachvollziehen. Die polaren Energieanteile sind aufgrund der Randbedingungen der Benetzungstheorie jedoch nicht mit der Polarität bzw. Adsorptivität der Additivmoleküle vergleichbar. Anhand der Hilfsgrößen polarer und disperser Energieanteile können aber Benetzungskenngrößen berechnet werden, die das Benetzungsverhalten richtig vorhersagen [Lugs 03]. Es bleibt daher zu prüfen, inwiefern sich die Benetzungskenngrößen eignen, um das Adsorptionsverhalten von Additiven zu beurteilen.

Ein gewisses Problem entsteht allerdings dadurch, dass Außenelektronendichten und Dipolmomente nicht einfach in Übereinstimmung zu bringen sind. Es ist durchauch im Bereich des Möglichen, dass trotz eines hohen Dipolmoments ein hoher Shielding Effekt besteht."

Abk.	***Bezeichnung***	***Abk.***	***Bezeichnung***
BO	*unadditiviertes Basisöl*	*AW 4*	*Molybdändialkyldithiophosphat*
POL 1	*nativer Ester (Glycerintrioleat)*	*EP-S1*	*geschwefelter Fettester*
POL 2	*synth. Ester (TMP)*	*EP-S2*	*Polysulfid*
AW 1	*Phosphorsäureester*	*EP-C*	*Chlorparaffin*
AW 2	*Zinkdialkyldithiophosphat*	*PEP*	*überbasisches Calciumsulfonat*
AW 3	*Amoniumdialkyldithiophosphat*	*EM*	*Emulgatorpaket*

Tabelle 7-2: *Musterschmierstoffe gleicher Viskosität n = 100 mm²/s (bei 40 °C), bestehend aus 90 % paraffinbasischem Mineralöl und je 10 % Additiv*

Werden andere Oberflächen, anstelle von Teflon, für die Messung der Oberflächenenergie herangezogen, so ist zu beachten, dass die Rauigkeit der Oberfläche die Messergebnisse beeinflussen kann **(Bild 7-7).** Maßmann [Mass 07] schreibt dazu:

„Anders als die Oberflächenenergien von Flüssigkeiten werden die Oberflächenenergien von Beschichtungen nur indirekt ermittelt. Die Messgröße ist dabei der Kontaktwinkel zwischen der Schichtoberfläche und dem liegenden Tropfen einer Referenzflüssigkeit. Der sich einstellende Kontaktwinkel eines liegenden Tropfens hängt jedoch nicht nur von den Oberflächenenergien der beteiligten Stoffe, sondern auch von der Topografie der Festkörperoberfläche ab [Stei 01, Bobz 00]. Der Einfluss der Schichttopografie ist links in ***[Bild 7-7]*** *schematisch dargestellt. An der Flanke einer Rauheitsspitze bildet sich derselbe Kontaktwinkel aus wie an einer ideal glatten Oberfläche. Dadurch ist der gemessene Kontaktwinkel bei der rauen Oberfläche größer als bei der ideal glatten. Nach der Young'schen Gleichung (1):*

$$\sigma_{s\upsilon} = \sigma_{sl} + \sigma_{l\upsilon} \cos \Theta \quad (1)$$

ist die gemessene Oberflächenenergie der rauen Oberfläche in diesem Beispiel kleiner als die einer stofflich gleichen aber ideal glatten Oberfläche. In der Oberflächentechnik nutzt man diesen so genannten Lotuseffekt gezielt, um Schmutz- und Wasser abweisende Oberflächen herzustellen [Bart 98a]. Eine Aufrauung kann die Energie einer Oberfläche aber auch erhöhen, da die wahre Oberfläche je Flächeneinheit bei der Aufrauung vergrößert wird [Bart 98b].

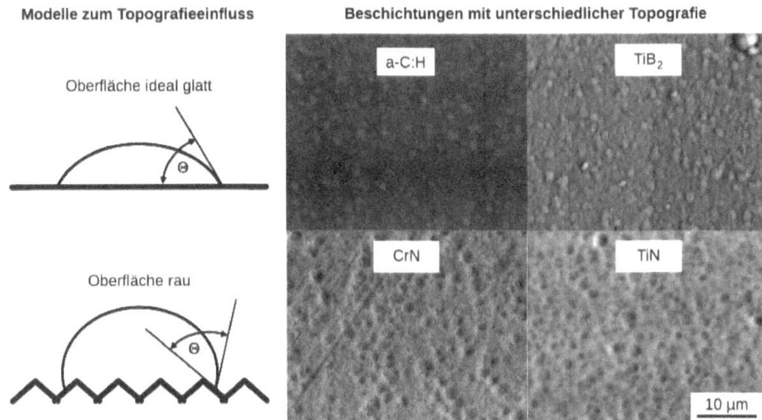

Bild 7-7: *links – Einfluss der Oberflächentopografie auf die Benetzung, rechts – REM Aufnahmen von Beschichtungsoberflächen (Draufsicht) [Mass 07]*

*Es lässt sich zusammenfassen, dass ein Vergleich gemessener Oberflächenenergien aufgrund des Topografieeinflusses nur für Schichten mit ähnlicher Topografie erfolgen darf. Rechts in [**Bild** 7-7] sind REM-Aufnahmen der vier untersuchten Beschichtungen zu sehen. Es ist zu erkennen, dass die Schichten a-C:H und TiB_2 eine andere Mikrotopografie aufweisen als die Schichten TiN und CrN. Während bei den beiden Nitriden nur flache Mulden in der Oberfläche vorliegen, sind die Topografiemerkmale der anderen beiden Schichten eher konvex, also nach außen gerichtet. ... Der ionische Bindungsanteil des Titannitrids ist größer als der des Chromnitrids. Da beide Schichten eine vergleichbare Oberflächentopografie aufweisen, besitzt Titannitrid, bedingt durch den höheren Wert für C_{ion}, eine höhere gesamte Oberflächenenergie als CrN. Der gleiche Zusammenhang kann bei TiB_2 und a-C:H beobachtet werden. Für die polierte Schnellarbeitsstahloberfläche wurde die sehr vereinfachende Annahme getroffen, dass sie zum überwiegenden Teil aus Eisenoxid besteht. Für das Oxid ergibt sich der im Vergleich höchste Wert für C_{ion}. Gleichzeitig wird hier die größte Oberflächenenergie ermittelt. Insgesamt belegt der Vergleich der gemessenen Oberflächenenergien ss mit dem jeweiligen ionischen Bindungsanteil C_{ion} die Annahme, dass die Oberflächenenergie eine Stoffeigenschaft ist. Die exakte messtechnische Erfassung ist aufgrund der beschriebenen Topografieeinflüsse jedoch schwierig".*

7.4 Einfluss oxidierter Oberflächen

In [Schu 18] konnte gezeigt werden, dass der unterschiedliche chemische Aufbau von Metalloberflächen massiv in das Wechselwirkungsgeschehen der Additive bzw. deren Mischungen eingreift. Jede diskrete Mischung liefert deutlich differenzierte Werte in Abhängigkeit des Charakters der Oberflächen. Es wird die Hypothese aufgestellt, dass der Anteil an oxydischen Gruppen auf einer Oberfläche dominierend ist. Eine weitere

Hypothese geht davon aus, dass der Schleifvorgang beim Brugger-Test Einfluss auf den oxidativen Zustand der Reibrolle hat. Durch das Schleifen mit Schleifpapier, gleich welcher Körnung wird die Metalloberfläche der Reibrollen oxydischer. Die Rauigkeit spielt eine eher untergeordnete Rolle. Die zweite Hypothese konnte durch XPS-Analysen an unterschiedlich geschliffenen Reibrollen belegt werden (**Tabelle 7-3**). Die Oberfläche der Reibrolle wird beim Schleifen mit Schleifpapier oxydischer, verglichen mit der mit dem Stein geschliffenen Oberfläche.

Probe	**Reibrolle**	
	geschliffen mit Schleifstein	**geschliffen mit 120'ger Schleifpapier**
chem. Zustand des Eisens	[%]	[%]
Fe (metal)	25	23
Fe_2O_3	27	32
FeO	20	21
Fe_3O_4	14	11
FeOOH	15	12

Tabelle 7-3: Ergebnisse der XPS-Analyse unterschiedlich geschliffener Reibrollen

Kritiker könnten nun natürlich einwerfen, dass die Unterschiede zwischen den Werten in **Tabelle 7-3** eher gering sind. Das mag auf den ersten Blick auch so sein. Es ist aber zu beachten, dass bei der XPS-Analyse eine ganze Fläche erfasst wird. Dagegen werden beim Schleifvorgang nur die Rauigkeitsspitzen erfasst. Nur letztere sind im Tribokontakt im Eingriff. D. h., die XPS-Analyse erfasst auch die Täler der Oberfläche und damit entsteht ein gewisser Basisbetrag, der tribologisch nicht von Belang ist. Dieser Basisbetrag „verfälscht" die Analyse.

Ziel der Untersuchung war es nun zu eruieren, welche Konsequenzen die unterschiedlichen oxidierten Oberflächen auf die Wirkung von Schmierstoffadditiven haben. Für die Untersuchungen wurde ein Brugger-Gerät gemäß DIN 51347 verwendet. Als Reibrolle wurde die Standardausführung – auf >60 HRC gehärteter X210CrW12 (1.2436) – zum Einsatz gebracht. Die Prüfkörper bestanden aus 100Cr6 (1.3505), ebenfalls auf 60 HRC gehärtet. Geschliffen wurden die Reibrollen (alle aus einer Produktionscharge) mit dem Standard SiC-Schleifstein, Körnung P 120 und Schleifpapier der Körnung 120.

Als untersuchte Substanzen kamen Mischungen aus den nachfolgend aufgeführten Additiven zur Anwendung: Grundöl (Mineralöl) / Additiv Typ M1 (Ester) zur Besetzung der Hydroxidgruppen / Additiv Typ M2 (Sulfonate) für den ionischen Anteil auf der Oberfläche und Additiv Typ M3 (Schwefelträger) zur Besetzung der oxydischen Gruppen. M1, M2 und M3 bedeutet Mechanismus 1, 2 bzw. 3 nach Kapitel 7.2. Um den Einfluss der Schleifzeit auf das Versuchsergebnis zu untersuchen, wurden Versuche durchgeführt, bei welchen die Zeit zum Schleifen der Reibrolle jeweils um fünf Sekunden verlängert wurde. Als Testfluid wurde das M3-Additiv verwendet, die Versuche wurden sowohl mit dem Schleifstein als auch mit Schleifpapier durchgeführt. Die Ergebnisse dieser Untersuchung sind in **Bild 7-8** dargestellt.

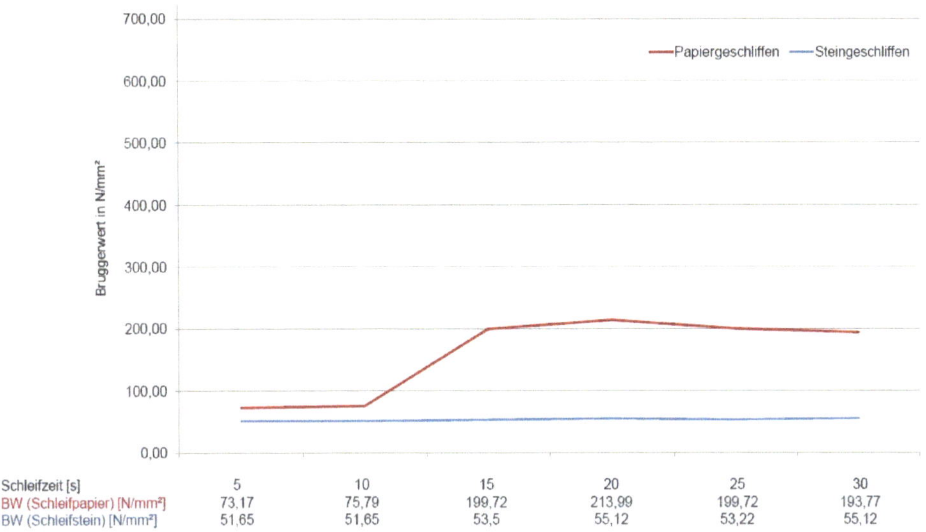

Schleifzeit [s]	5	10	15	20	25	30
BW (Schleifpapier) [N/mm²]	73,17	75,79	199,72	213,99	199,72	193,77
BW (Schleifstein) [N/mm²]	51,65	51,65	53,5	55,12	53,22	55,12

Bild 7-8: Ermittlung des Einflusses der Schleifzeit auf die Versuchsergebnisse [Zimm 18]

Bei den Versuchen, bei welchen die Reibrolle mit dem Schleifstein geschliffen wurde, bleiben die Werte recht konstant bei durchschnittlich 53,38 N/mm², so dass hier geschlussfolgert werden kann, dass die Schleifzeit bei Verwendung des Schleifsteins keinen Einfluss auf das Versuchsergebnis hat. Bei den Versuchen auf papiergeschliffener Metalloberfläche ist ein Anstieg des Brugger-Werts mit zunehmender Schleifzeit zu beobachten. So steigt der Brugger-Wert zwischen 10 und 15 Sekunden Schleifzeit von 75,79 N/mm² auf 199,72 N/mm² an und verbleibt auf diesem Niveau. Dieser Effekt lässt sich dadurch erklären, dass es einige Zeit braucht um die Oberfläche der Reibrolle vollständig aufzuoxidieren. Um dies zu berücksichtigen, wurde die Zeit beim Schleifen mit Schleifpapier auf 30 Sekunden normiert. Im Folgenden wurde für jeden der drei Mechanismen zur Wechselwirkung von Schmierstoffadditiven mit der Metalloberfläche, je ein Additiv pur getestet, um dessen Wirkung auf unterschiedlichen Metalloberflächen darzustellen. Für die Versuche wurden die Additive M1-a (synthetischer Ester), M2-a (überbasisches Sulfonat) und M3-a (Polysulfid 40) verwendet, die Ergebnisse sind in **Bild 7-9** dargestellt.

Das Additiv M1-a sollte hauptsächlich über Wasserstoffbrückenbindungen mit den Wasserstoffatomen der Hydroxidgruppen der Metalloberfläche wechselwirken. Bei dem Additiv M2-a handelt es sich um ein Additiv, welches über den Angriff von Ionen an den Atomen, welche die Hydroxidgruppen tragen, wirkt und welches somit ebenfalls primär mit den Hydroxidgruppen der Metalloberfläche wechselwirken sollte. Die Oxidation der Metalloberfläche führt zur Reduzierung der Hydroxidgruppen und damit zur Verringerung des Brugger-Wertes.

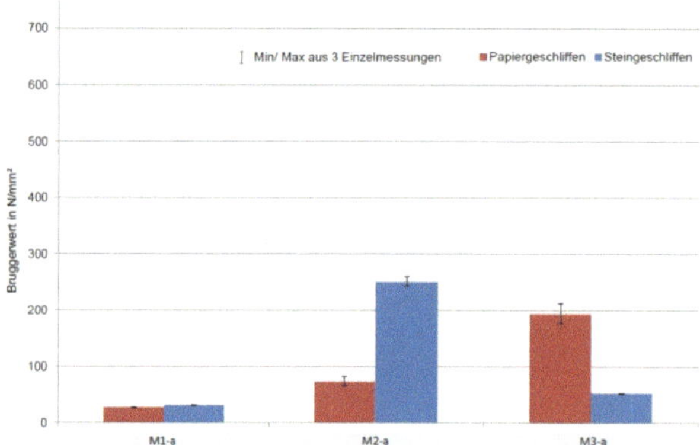

Bild 7-9: Ergebnisse zur Wirkweise der unterschiedlichen Additivtypen unter Einsatz der Additive M1-a, M2-a und M3-a [Zimm 18]

Im Gegensatz zu den vorherigen Additiven sollte das Additiv M3-a hauptsächlich über Adsorption mit den oxidischen Gruppen der Metalloberfläche wechselwirken. Da es, wie bereits erwähnt, durch das Schleifen mit Schleifpapier zu einer stärkeren Aufoxidierung der Metalloberfläche kommt als durch das Schleifen mit Schleifstein, sind auf der papiergeschliffenen Oberfläche höhere Brugger-Werte zu erwarten. Die gefundenen Werte bestätigen dieses.

7.5 Zusammenfassung

Die in diesem Kapitel gezeigten Modellvorstellungen ermöglichen es, auf Basis der Molekülstruktur eines Additivs zu beurteilen, wie sich dieses grundlegend verhält. Die physikalischen Mechanismen beruhen auf der Van-der-Waalsschen Wechselwirkung, deren Größe qualitativ durch die Elektronegativitätsdifferenz beschrieben werden kann. Durch die Mischung einzelner Additive kann die Wirkung insgesamt verbessert (Synergismus) oder verschlechtert (Antagonismus) werden, wobei das Gesamtoptimum in Abhängigkeit der beiden Oberflächen im Tribokontakt in Einzelversuchen zu ermitteln ist.

8 Rehbinder-Effekt

Joachim Schulz

8.1 Einleitung

Ein weiteres Modell zur Erklärung von Wirkungsweisen von Additiven stellt der sogenannte „Rehbinder-Effekt“ dar.

Rehbinder entdeckte die Verringerung des Kraftaufwands bei der Verformung von festen Körpern durch den Einfluss von oberflächenaktiven (grenzflächenaktiven) Stoffen. Dieser „Rehbinder-Effekt“, über den in diesem Kapitel näher berichtet werden soll, ist für die mechanische Bearbeitung und Verformung, nicht nur von Metallen, von großer Bedeutung. Leider ist das Wissen um diesen Effekt in den letzten Jahren mehr oder weniger in Vergessenheit geraten. Dabei spielt er nach wie vor eine der entscheidenden Rollen in der Metallbearbeitung.

Rehbinder selbst schreibt im Vorwort zu seiner Monografie: *„Bei diesen Untersuchungen gelang es, eine Reihe neuer Erscheinungen festzustellen, die durch die Wechselwirkung auf Grund von Adsorptionskräften zwischen einem verformten Metall und dem umgebenden Medium, das grenzflächenaktive Stoffe enthält, hervorgerufen wurden. Zu diesen Erscheinungen gehören: die Herabsetzung der Fließgrenze von metallischen Einkristallen, die eigentümlichen Strukturveränderungen des verformten Metalls, die Erhöhung der Fließgeschwindigkeit von Metallen, die Herabsetzung der Dauerfestigkeit und die Erleichterung der Verformung von Metallen durch Elektrokapillarwirkung.“* [Reh 64]. Der Effekt wirkt bei jeder Verformung, also auch bei der Zerspanung, bei der der abzutrennende Span so lange verformt wird, bis dieser bricht. Rehbinder und seine Mitarbeiter stellten fest, dass die Adsorption grenzflächenaktiver Stoffe, selbst wenn diese reversibel ist, die Verformung und den Bruch eines festen Körpers mehr beeinflussen kann als eine gewöhnliche chemische Reaktion. Durch die Adsorption werden schwache Stellen an der Oberfläche von festen Körpern, selbst bei sehr gut ausgebildeten Einkristallen, erzeugt.

Ähnliche Beobachtungen, allerdings mit Rapsöl, sind schon bei Gottwein [Gott 28] zu finden. Gottwein stellte fest, dass sich die Zerspankräfte dadurch verändern, wenn eine Metalloberfläche mit bestimmten Stoffen bestrichen wird. Dabei ist es nicht entscheidend, ob der Schneidkeil mit dem flüssigen Medium in Berührung kommt oder nicht. Im Kapitel zu den Schwefelverbindungen wird die Beeinflussung der Spanbildung (kurze oder lange Späne) näher erläutert.

Nachfolgend soll die Monografie von Rehbinder [Reh 64] dargestellt werden, um es dem Leser, auch ohne Einblick in das Original, zu ermöglichen den Rehbinder-Effekt zu verstehen.

8.2 Allgemeine Gesetzmäßigkeiten

8.2.1 Grundlagen

Die Versuche werden an Einkristallen durchgeführt. Zunächst wird beschrieben, wie die Einkristalle gezüchtet werden und welchen Einfluss die Art der Züchtung auf die mechanischen Eigenschaften hat. Im Kapitel II werden dann die Gesetzmäßigkeiten erläutert, die bei der Verformung von Metall-Einkristallen greifen. Die Einkristalle werden für die Versuche stets in drei gleiche Teile zerteilt. Ein Teil wird an Luft oder in einem unpolaren Medium (Paraffinöl) gedehnt. In vielen Versuchen weist Rehbinder nach, dass die so erhaltenen Ergebnisse identisch sind und ein unpolares Medium quasi keinen Einfluss hat. Der zweite Teil des Einkristalls wird in Gegenwart des grenzflächenaktiven Stoffes, gelöst in Paraffinöl, verformt. Das dritte Teilstück dient der Bestimmung der Gleitelemente, die am Verformungsprozess teilnehmen.

„Die mit konstanter Verformungsgeschwindigkeit ausgeführten Dehnungsversuche und auch das bei konstanter Spannung erfolgende plastische Fließen zeigten, dass bei Anwesenheit grenzflächenaktiver Stoffe die Widerstandskraft der Einkristalle gegenüber Verformung herabgesetzt wird. Die Fließgrenze wird etwa um das Zweifache erniedrigt und die Anfangsgeschwindigkeit des plastischen Fließens etwa um das 5- bis 10-fache erhöht. Gleichzeitig wurde die Abhängigkeit der Größe des Adsorptionseffektes und der Orientierung der Gleitelemente studiert. Der maximale Adsorptionseffekt wird bei Einkristallen bei einem Winkel von 45° beobachtet“. [Reh 64] Die Unterschiede zwischen verschiedenen Kristallsystemen und deren Einfluss auf den Verformungsprozess werden erläutert. Rehbinder spricht von der Ausbildung von sogenannten Gleitpaketen. *„Bei der Dehnung von Metallen haben die entstehenden Gleitpakete in der Regel eine verschiedene Dicke, was wahrscheinlich mit der statistischen Verteilung von Gitterfehlern zusammenhängt, die den Anstoß für Verschiebungen geben.“* [Reh 64] Sicher liegen die Gleitelemente in realen Metallen nicht so geordnet, wie in Einkristallen, vor. Die Orientierung der Gleitebenen wird sich wohl eher statistisch verteilen.

Die optimale Konzentration des grenzflächenaktiven Stoffs im Paraffinöl wird von Rehbinder mit 0,2 % angegeben. Bei diesem Wert erreichen sowohl die Fließgrenze, als auch der Verfestigungskoeffizient ihren kleinsten Wert. Bei höheren Konzentrationen steigen beide Werte wieder an. Die grenzflächenaktiven Stoffe lagern sich bei höherer Konzentration mit sich selbst zusammen. Dieser Vorgang wird Aggregation genannt. Das Phänomen wird auch von anderen Autoren beschrieben. In der modernen Literatur nennt man diesen Vorgang Bildung von Micellen. Er ist nur vom grenzflächenaktiven Stoff selbst und nicht von der Oberfläche, mit der er wechselwirken soll, abhängig. Die zuvor genannten Effekte werden an einigen Beispielen, verschiedene Metalle und verschiedene grenzflächenaktive Stoffe, belegt. In der Originalarbeit finden sich auch zahlreiche Bilder von mikroskopischen Aufnahmen der verformten Metalle. Die Gleitpakete sind deutlich erkennbar.

8.2.2 Einfluss von Temperatur und Verformungsgeschwindigkeit

Für die Untersuchungen werden Bleikristalle verwendet, es werden wieder Dehnungen vorgenommen. Als Maß für die Adsorption kommt die Erniedrigung der maximalen Zerreißspannung zur Anwendung. *„Bei Zimmertemperatur erreicht der Adsorptionseffekt nur in einem bestimmten Intervall der Verformungsgeschwindigkeit einen nennenswerten Betrag. Das Maximum des Effekts liegt bei etwa 200 bis 300 % pro Minute, und sowohl bei kleineren wie auch größeren Geschwindigkeiten nimmt der Einfluss der grenzflächenaktiven Stoffe auf die Festigkeit von Bleikristallen ab"*. [Reh 64] Eine Erhöhung der Temperatur bis 100 °C bewirkt eine Verschiebung der Abhängigkeit der Adsorption von der Verformungsgeschwindigkeit in Richtung größerer Geschwindigkeiten. Das Maximum liegt bei 100 °C in einem Intervall von 700–1100 % pro Minute. Ein ähnliches Verhalten wird auch für Zinnkristalle beobachtet. Die Ursache der Abhängigkeit von Temperatur und Verformungsgeschwindigkeit wird von Rehbinder darin gesehen, dass bei der plastischen Verformung der Einkristalle eine Verfestigung eintritt, welche die Bildung von Strukturdefekten begünstigt und dass gleichzeitig diese Defekte durch den Erholungsprozess wieder verschwinden. *„Je höher die Verfestigung ist und je weniger diese durch Erholung wieder rückgängig gemacht wird, umso mehr Defekte entstehen im Gitter und umso wahrscheinlicher wird die Bildung von Mikrorissen"*. [Reh 64] Am Rande dieses Abschnitts beschreibt Rehbinder einen Vergleich der Adsorptionswirkung von Ölsäure, Palmitinsäure und Palmetylalkohol auf Bleikristalle. Er kommt dabei zum Resultat, dass alle drei Stoffe ein Maximum der Adsorption bei der gleichen Verformungsgeschwindigkeit haben, woraus gefolgert wird, dass alle drei grenzflächenaktiven Stoffe nach dem gleichen Mechanismus wirken. Das ist umso erstaunlicher, da Öl- und Palmitinsäure eher nach Mechanismus 2 wirken könnten, während der Palmetylalkohol nur rein adsorptiv (Mechanismus 1) funktionieren kann. *„Die Tatsache, dass Säuren und Alkohole einen Adsorptionseffekt in gleicher Größenordnung aufweisen, zeigt, dass dieser auf die frisch gebildete oxidfreie Oberfläche beschränkt ist"*. [Reh 64]

Nur an den Stellen der Versetzungen passiert etwas. Die Adsorption wird somit von der elektrischen Doppelschicht (s. Kap. 6) gesteuert.

8.3 Spannungszustand und Adsorptionseffekt

Der Spannungszustand von Metallen ist eine der wichtigsten Kenngrößen für Umformvorgänge. Rehbinder kommt zu der Erkenntnis, dass die Gesetze bei unterschiedlichen Spannungen sehr komplex sind, und daher nur qualitativ durch Experimente beschrieben werden können. Es folgt eine eingehende Beschreibung von Verformversuchen an Kerbstäben. Auch der Einfluss von grenzflächenaktiven Stoffen wird untersucht. Die Fließgrenze wird in Gegenwart von grenzflächenaktiven Stoffen nicht in Richtung höherer Spannungen verschoben. Als Ursache wird angenommen, dass es durch die vermehrte Bildung von Verschiebungsebenen zu einem Spannungsausgleich über den gesamten Querschnitt des Einkristalls hinwegkommt. *„Durch Verkleinerung der Gleitpakete und durch den Druck der Adsorptionsschichten in den Mikrorissen werden alle Druckspannungen kompensiert, die bei einer Spannungskonzentration an der Oberflächenschicht zwangsläufig entstehen. Tiefer liegende Metallschichten stehen unter einer geringeren Spannung als die*

Oberflächenschichten und hemmen deshalb die plastische Verformung. Hierin liegt die Ursache für die Verschiebung der Fließgrenze in Richtung größerer Spannungswerte bei der Verwendung eines inaktiven Mediums. In Gegenwart grenzflächenaktiver Stoffe werden die inneren Schichten weitaus stärker beansprucht, als Folge der intensiv einsetzenden plastischen Deformierung, hervorgerufen durch eine Vielzahl neuer Gleitebenen, die unter gewöhnlichen Bedingungen unwirksam sind." [Reh 64]

8.4 Das Kriechen von Einkristallen

„Bekanntlich kann man bei allen Metallen (und auch anderen festen Körpern und Systemen mit kolloidaler Struktur), die unter einer konstanten Spannung stehen, als Ausdruck für die Relaxation ein so genanntes „Kriechen" beobachten. Dieses Kriechen äußert sich als ein langsames plastisches Fließen bei lang andauernder Wirkung der Spannungen, die bei einer kurzzeitigen Einwirkung nur elastische Verformung hervorrufen. Die in Metallen ablaufenden Kriechprozesse können am besten in einem Temperaturbereich beobachtet werden, in dem die Erholung und die Relaxation mit hinreichend großer Geschwindigkeit ablaufen. ...Bei niedrigen Temperaturen, bei denen die Erholung praktisch zu vernachlässigen ist, tritt nur das erste Stadium des Kriechens (das nichtstationäre Fließen, dessen Geschwindigkeit durch die eintretende Verfestigung des Metalls ständig abnimmt) auf. Infolge zunehmender Verfestigung sinkt die Fließgeschwindigkeit schließlich auf null ab." [Reh 64] Es folgt eine Ableitung des entsprechenden Formelsystems. Unpolare Kohlenwasserstoffe haben keinen Einfluss auf das Kriechen (als Beispiel führt Rehbinder Zinneinkristalle an). Bei grenzflächenaktiven Stoffen bestimmt allein die Natur der polaren Gruppen im Molekül die Stärke der zu beobachtenden Effekte. Anhand der aufgeführten experimentellen Ergebnisse kann gezeigt werden, dass es z. B. genügt eine Carbonsäuregruppe durch Veresterung mit einer Methylgruppe zu blockieren, um die Wirkung deutlich zu minimieren. *„Deshalb wächst z. B. auch bei der Einführung einer Doppelbindung in die Kohlenwasserstoffkette (die Doppelbindung spielt hier die Rolle einer polaren Gruppe) der Effekt beim Übergang von der Stearinsäure zur Ölsäure von 125 % auf 190 %. Die Länge der Kohlenwasserstoffkette hat keinen Einfluss auf die Größe des Effektes, sie bestimmt jedoch die molare Konzentration der Lösung, bei der das Maximum des Effekts erreicht wird*". [Reh 64] Der Effekt wird aber durch das Lösemittel, in dem sich der grenzflächenaktive Stoff befindet beeinflusst. Nimmt die Polarität zu, so nimmt der Effekt ab.

8.5 Polykristalline Systeme

Der entscheidende Unterschied zwischen mono- und polykristallinen Systemen hinsichtlich ihrer mechanischen Eigenschaften hängt von der Anzahl und der Art der inneren Grenzflächen zwischen den Kristalliten ab, die den Polykristall aufbauen, da die einzelnen Kristallite eine unterschiedliche Orientierung aufweisen. Besonders deutlich tritt der Unterschied bei Metallen zutage, die nur ein Hauptgleitebenensystem besitzen, z. B. Metalle mit hexagonalem Gitter. In kubischen Systemen mit mehreren gleichwertigen

Gleitsystemen tritt der Unterschied zwischen Mono- und Polykristallen nicht so stark hervor. Die Größe des Elastizitätsmoduls wird durch die inneren Grenzflächen nicht beeinflusst. Allerdings kommt es zu einer Vergrößerung der relativen Größe der elastischen Verformung. *„Wenn in Einkristallen die relative Größe der elastischen Verformung den Wert von 10^{-5}, d. h. 1/1000 %, nicht übersteigt, erreicht sie in Polykristallen mit mittlerer Dispersität der Mikrostrukturelemente schon den Wert von 10^{-2}, d. h. etwa 1 %, bei hoher Dispersität besitzt sie einen noch größeren Wert.“* [Reh 64]

Wird ein Polykristall verformt kommt es zu inneren Spannungen, die sich an der Peripherie der Kristalle konzentrieren, also in den Gebieten, die die einzelnen Kristalle voneinander trennen. *„Dadurch erklärt sich die Tatsache, dass sich bei der Rekristallisation neue Kristalle vor allem an schon vorhandenen Korngrenzen ausbilden.“* [Reh 64] Grenzflächenaktive Stoffe wirken sich bei der Verformung von Polykristallen dahingehend aus, dass unelastische Verformungen vor sich gehen und die sogenannte bleibende Verformung schon früher eintritt, als es bei Abwesenheit der grenzflächenaktiven Stoffe der Fall wäre. Diese These wird durch entsprechende Versuche untermauert.

Auch das Kriechen und die Zunahme der Verfestigung bei Verformung werden durch grenzflächenaktive Stoffe in hohem Maße beeinflusst.

In weiteren Kapiteln beschäftigt sich Rehbinder mit Korrosions- und Ermüdungserscheinungen und deren Beeinflussung durch grenzflächenaktive Stoffe sowie mit physikalisch-chemischen Erscheinungen beim Pressen und Sintern von Metallen.

8.6 Eigene Versuche

Um den Rehbinder-Effekt unter Praxisbedingungen selbst zu erleben, wurde eine Versuchsanordnung gewählt, die es ermöglichte, den zu prüfenden Schmierstoff so aufzubringen, dass er mit dem Werkzeug selbst nicht in Berührung kam. Dazu wurde eine Stahlwelle trocken nachgedreht, um einen möglichst vollkommenen Rundlauf zu garantieren. Im Anschluss wurde die Welle zu zwei Dritteln mit dem zu prüfenden Schmierstoff bestrichen. Die Bearbeitung (Gewindedrehen) erfolgte dann so, dass die Wendeschneidplatte im ungeschmierten Bereich ansetzte und deutlich unterhalb der geschmierten Metalloberfläche zum Eingriff kam. Dadurch konnte der Schmierstoff nur vor dem Span wirken. Hinter dem Span, also auf der Frei- und Spanfläche, kam kein Schmierstoff zum Einsatz, so dass die Verhältnisse hier dem Trockenschnitt entsprachen. Es konnten zwei Phänomene beobachtet werden. Erstens waren die Späne, die im geschmierten Teil erzeugt wurden, deutlich kürzer als die aus dem „trockenen“ Gebiet. Zweitens stiegen die Schnittkräfte im geschmierten Teil der Welle gegenüber dem ungeschmierten Teil deutlich an. Und zwar in der Reihenfolge mit der „Aktivität“ des Schmiermittels:

Basisöl mit 0,2 % Grundölschwefel < inaktiver Schwefelträger < Polysulfid in Mineralöl

Wie vorab ausgeführt, stabilisierte das aktivste Additiv „Polysulfid“ die Mikrorisse am schnellsten und stärksten, so dass hier die Späne am kürzesten ausfielen. Dadurch musste das Werkzeug immer wieder (deutlich mehr als in den anderen Versuchen) eingreifen, was zu einem Kraftanstieg führte. Diese Effekte sind auch in der Praxis zu beobachten (s. Kapitel 11), was dann zwar zu kurzen Spänen aber bei Stahl zu verringerter Werkzeugstandzeit führt. Die Beeinflussung des Spanbruchs und damit der Schneidkräfte sollte aber stets dem Anwender überlassen werden. Die Praxis zeigt, dass die Auffassungen, ob Späne in einer bestimmten Bearbeitung kürzer oder länger sein sollten, stark differieren. Hier sollte auch nur eine Möglichkeit der Steuerung der Spanlänge durch den Rehbinder-Effekt aufgezeigt werden.

Weitere Untersuchungen zum Rehbinder-Effekt wurden durch Hill [Hill 15] durchgeführt. Die gefundenen Ergebnisse bestätigen in vollem Umfang die Theorie der Wirkung von Mikrorissen nach Rehbinder. Hill findet eine Korrelation zwischen gemessenen Brugger-Werten (DIN 51347) und den gemessenen Zerspankräften: *„Je höher die Prozesskräfte sind, desto niedriger ist der Brugger-Wert. Auch die Spanbildung wird von den Additiven in den Kühlschmierstoffen beeinflusst. Diese Ergebnisse bestätigen die Beobachtungen von Gottwein aus dem Jahre 1928 [Gott 28]. Zudem untermauern die Ergebnisse die Mikrorisstheorie von Rehbinder. [Hill 15]“*

8.7 Zusammenfassung

Zusammenfassend ist festzustellen, dass es kaum ein Gebiet der Metallbearbeitung gibt, das nicht durch grenzflächenaktive Stoffe beeinflusst wird. Letztlich ist die Entstehung von elektrischen Doppelschichten (Kapitel 6) in Mikrorissen, Versetzungen oder an Grenzflächen zwischen Kristallen in polykristallinen Systemen die treibende Kraft für die Anlagerung (Adsorption) von polaren Additiven (grenzflächenaktiven Stoffen). Dadurch kommt es dann zu einer Stabilisierung bzw. Verhinderung des Ausheilens der Mikrorisse, was Zerspan- und Umformprozesse günstig beeinflusst. Hinsichtlich Korrosion und Ermüdung beschleunigen grenzflächenaktive Stoffe natürlich, was in der Praxis eher unerwünscht ist. Die Arbeit von Rehbinder ist durch zahlreiche Versuche illustriert, die es dem interessierten Leser sehr einfach machen die geschilderten Effekte nachzuvollziehen.

9 Metall-Additiv-Kontakt (allgemeine Betrachtungen)

Joachim Schulz

9.1 Einleitung

Die Metallbearbeitung (Zerspanung und Umformung) umfasst eine Vielzahl von Verfahren, mit denen eine sehr große Zahl verschiedenster Legierungen bearbeitet wird. Demgegenüber steht eine relativ kleine Auswahl von Stoffen, die in der Metallbearbeitung als Additive für Schmierstoffe (Metallbearbeitungsflüssigkeiten) einsetzbar sind. Zwar geht die Kombinationsmöglichkeit gegen unendlich, doch haben sich in der Praxis einige Grundprinzipien bei der Formulierung von Rezepturen durchgesetzt, die sich nur durch verschiedene Konzentrationen und auf die Bearbeitungsverfahren abgestimmte „Spezialadditive" unterscheiden. Allen gemein ist, dass es zu einer wie auch immer gearteten Wechselwirkung zwischen Additiv und Metalloberfläche kommen muss, damit ein für die Metallbearbeitung günstiger Effekt eintreten kann. Günstiger Effekt heißt: Verlängerung der Werkzeugstandzeiten, Verbesserung der Oberflächenqualitäten der bearbeiteten Werkstücke und Verhinderung von Eigenschaften, die die Lebensdauer der bearbeiteten Werkstücke beeinträchtigen. Darüber hinaus hat sich gezeigt, dass das „neue" Modell zur Wechselwirkung von Additiven mit Metalloberflächen auch auf alle anderen Gebiete anzuwenden ist, in denen ein flüssiger Schmierstoff zur Anwendung kommt.

Eines der Hauptanliegen der nachfolgenden Kapitel ist es, einige Prinzipien für die Wirkungsweise von Metallbearbeitungsflüssigkeiten herauszuarbeiten. Die aus der Literatur bekannten Theorien und Modelle zur Bildung von Reaktionsschichten erweisen sich in vielen Fällen als nicht tragfähig. Letztlich soll es aber dem Leser überlassen bleiben, welchem Modell er den Vorzug gibt, dem bisher bekannten oder dem nachfolgend diskutierten. Modelle können nur Teilaspekte der Realität widerspiegeln und dienen so lange dem Verständnis, bis ein neues daherkommt, welches mehr Phänomene zusammenfassend erklären kann als das alte. Für den Fortschritt ist es unabdingbar Theorien und Modelle miteinander zu vergleichen, zu relativieren und gegebenenfalls durch Synthese von zunächst widersprüchlich erscheinenden Modellen der Realität näher zu kommen. All das soll natürlich nicht Selbstzweck sein, sondern zur Verbesserung, in diesem Fall von Schmierstoffen für die Metallbearbeitung, beitragen.

9.2 Bowden und Tabor [Bow 59]

Wohl keine Monografie ist in der Chemie der Metallbearbeitung mehr zitiert worden als „Reibung und Schmierung fester Körper" von Bowden / Tabor [Bow 59]. Leider ist einiges, von dem Bowden und Tabor berichten, überlesen bzw. nicht ganz richtig wieder gegeben worden.

Um Klarheit in den Sachverhalt zu bringen, soll nachfolgend das entsprechende Kapitel „XI. Die Wirkungsweise von Hochdruckschmiermitteln" aus Bowden / Tabor [Bow 59] zitiert und, wenn nötig, kommentiert werden. Es wurde hier bewusst die deutsche Ausgabe gewählt, um auszuschließen, dass Übersetzungsfehler den Inhalt verzerren.

Es werden Metallchloridschichten durch Überleiten von trockenem Chlorgas über Stahl-, Kupfer- bzw. Kadmiumoberflächen erzeugt. Die so erzeugten Schichten werden tribologisch untersucht. Bis ca. 300 °C ergeben sich konstant niedrige Reibwerte. Ähnliche Werte sind bei der Beschichtung von Metalloberflächen mit in Ether gelöstem Eisenchlorid zu erzielen. Als besonders auffällig wird von Bowden und Tabor die Hydrolyseanfälligkeit der Chloridschichten beschrieben.

Weiterhin werden von den Autoren langkettige halogenierte Paraffinkohlenwasserstoffe (Octadecylchlorid, Cetylbromid und Cetyljodid) in ihrem Verhalten untersucht. *„Diese Verbindungen gaben in allen Fällen eine niedrige Reibung, und im festen Zustand schützen sie die Oberfläche vor nennenswerter Beschädigung; oberhalb ihrer Schmelzpunkte von rund 20 °C waren Reibung und Verschleiß jedoch größer. Das Verhalten unterscheidet sich von dem der einfachen Paraffine nur durch den etwas niedrigeren Reibungskoeffizienten. Es hat deshalb den Anschein, als ob unter den herrschenden Versuchsbedingungen keine Reaktion zwischen den Verbindungen und der Oberfläche zur Bildung einer Metallchloridschicht stattfand. Die Reibung bleibt selbst bei erhöhten Temperaturen relativ hoch, was wiederum andeutet, dass diese Verbindungen chemisch nicht reagieren."* [Bow 59] Chlorparaffine, wie sie in Metallbearbeitungsflüssigkeiten zum Einsatz kommen, haben eine ganz ähnliche, vergleichbare Struktur, wie die von Bowden und Tabor untersuchten Verbindungen. *„Langkettige Halogene wie beispielsweise Octadecylchlorid sind sogar bei 300 °C beständig, so dass keine Chloridschicht gebildet wird."* [Bow 59]

Metallsulfide auf Stahl-, Kupfer-, Silber- und Kadmiumoberflächen wurden durch Behandeln der Metalle mit Ammoniumpolysulfidlösungen oder Natriumsulfid erzeugt. Beide Verbindungen sind sehr reaktiv und bilden tatsächlich Sulfide. *„In Reibungsversuchen findet man, dass diese Schichten erst dann die größte Reibungsverminderung hervorrufen, wenn ihre Dicke rund 150 nm überschreitet."* [Bow 59]

Durch Erhitzen in Ölsäure bzw. Ceten gelöster **Elementarschwefel** ergab auf Stahl- und Silberoberflächen einen niedrigen Reibwert im Temperaturbereich von 20–300 °C und eine sichtbare Sulfidschicht.

Reine, langkettige Schwefelverbindungen *„weisen eine starke Polarität auf, sind aber in Paraffinöl leicht löslich, so dass sie gewöhnlich in einprozentiger Lösung geprüft wurden. Keiner der untersuchten Stoffe übte auf Platin- oder Silberoberflächen eine nennenswerte Wirkung aus; die Reibung blieb so hoch, wie wenn Paraffinöl alleine angewandt wurde."* [Bow 59] Das ist ein sehr wichtiger Befund, ist doch allgemein bekannt, wie schnell Silber durch Schwefelverbindungen verfärbt wird. *„Bei Stahl-, Kupfer- und Kadmiumoberflächen zeigte sich hingegen, dass die Verbindungen in drei Hauptgruppen unterteilt werden konnten. Die erste Klasse besteht aus langkettigen Sulfiden, Disulfiden und Thiocyanaten. Mit keiner dieser Verbindungen wurde eine Schmierwirkung erzielt, und es war offensichtlich, dass unter den herrschenden Versuchsbedingungen keine chemische Reaktion mit der Oberfläche erfolgte. Ähnliche Ergebnisse wurden mit zwei aromatischen Schwefelverbindungen erhalten, obschon* *einige Anzeichen dafür vorlagen, dass diese bei sehr viel höheren Temperaturen zerfielen und dann die Oberfläche angriffen, um das Metallsulfid zu bilden.*" [Bow 59] Leider wird von Bowden und Tabor an dieser Stelle nicht ausgeführt, was sie unter höheren Temperaturen verstehen.[2]

„Die zweite Klasse umfasst Schwefelverbindungen, die ein ersetzbares Wasserstoffatom enthalten. (Cetylmercaptan, Cetylsulfonsäure, Dithiotridecylsäure, α-Mercapto-palmitinsäure) Auch diese Stoffe zeigten kaum irgendwelche Spuren einer Reaktion mit der Metalloberfläche zur Bildung einer Sulfidschicht. Ferner waren sie als Schmiermittel auf Silber und Platin um nichts wirksamer als reines Paraffinöl, während sie auf Stahl-, Kupfer- und Kadmiumoberflächen für eine befriedigende Schmierung sorgten." [Bow 59] Bowden und Tabor gehen von einer ähnlichen Reaktion dieser Stoffe wie bei Fettsäuren aus.

„In die dritte Klasse gehören Verbindungen, die über kein ersetzbares Wasserstoffatom verfügen, wie beispielsweise Dithiocyanate. Dithiocyanstearinsäure, die aus Ölsäure und freiem Thiocyan präpariert wird, liefert auf Stahl eine sehr gute Schmierung; die Reibung bleibt bis auf 300 °C niedrig (DE KADT, unveröffentlicht). Die Zusammensetzung dieser Verbindung ist ungewiss, doch ist die CNS-Gruppe vorhanden. Auf Kupfer oder Kadmium ist sie unwirksam. Das Verhalten solcher Verbindungen – ähnliche Ergebnisse wurden auch mit einer aus Ceten und Thiocyan hergestellten Verbindung erhalten – ist offensichtlich nicht auf die Entstehung einer Sulfidschicht zurückzuführen, und die gefundenen Anzeichen deuten auf das Zustandekommen einer Eisencyanatschicht hin." [Bow 59]

Phosphoradditive werden nur sehr kurz und oberflächlich gestreift. Es wird nicht zwischen einzelnen Klassen differenziert, was bei der übergroßen Anzahl von möglichen Verbindungen durchaus angebracht wäre. *„Wahrscheinlich wirken die Phosphorverbindungen oft auf ähnliche Weise wie die Stoffe, die Schwefel oder Chlor enthalten; sie führen zum Aufbau schützender Schichten, die bei einigen Metallen außerdem eine niedrige Scherfestigkeit besitzen.*" [Bow 59]

Als Zwischenfazit kommen Bowden und Tabor zu folgendem Schluss: *„Es wird nicht behauptet, die in diesem und dem vorangegangenen Abschnitt beschriebenen Verbindungen stellen notwendigerweise gute Additive für hohe Beanspruchungen in der Praxis dar; aber die Wirkungsweise dieser Verbindungen ist ähnlich wie jene der handelsüblichen Additive.*" [Bow 59] Dieser Satz ist etwas irreführend, zeigen Bowden und Tabor doch selbst, dass langkettige Chlor- bzw. Schwefelverbindungen kaum reagieren. Letztere Verbindungen entsprechen aber, vom Aufbau her betrachtet, den in der Metallbearbeitung eingesetzten Stoffen.

Natürlich soll nicht die Schmierfähigkeit von Sulfiden, Chloriden und Cyanaten angezweifelt werden, sondern nur der Weg ihrer Entstehung. Bowden und Tabor selbst nutzen Reaktionswege, die so nicht in der Metallbearbeitung auftreten. Das schmälert nicht den Verdienst von Bowden und Tabor dahingehend, dass sie sehr sauber herausarbeiten konnten, bei welchen Temperaturen Chloride bzw. Sulfide tribologisch versagen. Diese jedoch auf Chlorparaffine, Schwefelverbindungen und Phosphoradditive einfach zu übertragen ist mehr als leichtsinnig.

---

2 (Sicher sind Temperaturen jenseits der 300 °C gemeint. /JS)

9.3 Kritische Anmerkungen zum Reibzahl-Temperatur-Diagramm

Das Reibzahl-Temperatur-Diagramm (**Bild 9-1**) erfreut sich nach wie vor großer Beliebtheit, wenn es um die Darstellung der Wirksamkeit bzw. den Wirkmechanismus von Additiven mit Metalloberflächen geht. Auch namhafte Anbieter von Additiven greifen immer noch gerne auf dieses Diagramm zurück. Das ist kaum verständlich, da doch seit der Erstausgabe dieses Buches (2010) über andere Wirkmechanismen diskutiert wird, die die Existenz von Reaktionsschichten in kurzzeitigen Prozessen wie der Metallbearbeitung widerlegt haben.

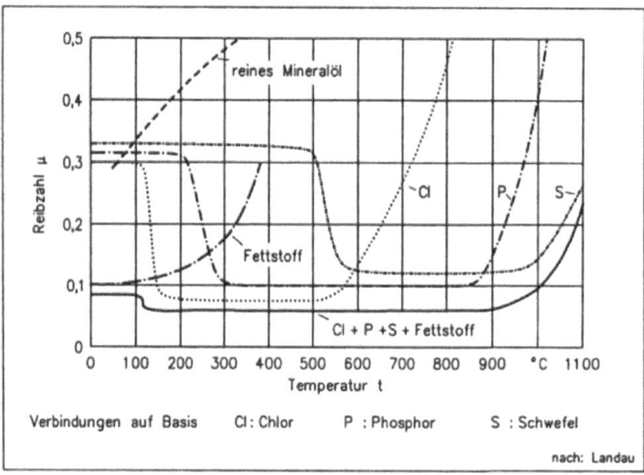

Bild 9-1: „Wirksamkeitsbereiche" von Additiven auf Metalloberflächen [Lan 86]

Bei einer längeren Einwirkung von Additiven auf Metalloberflächen ist die Bildung von Reaktionsschichten (siehe hierzu die Ausführungen in 9.8) sicher möglich bzw. nicht auszuschließen, wenn denn die richtigen Reaktionspartner unter geeigneten Randbedingungen zusammenkommen. Unter den Bedingungen der Umlaufschmierung (z. B. Hydraulik, Getriebe etc.) wäre es sicher gegeben. Doch gerade diese Schmierungszustände verbieten den Einsatz von reaktiven Additiven, da diese dann, unter den schon genannten langen Kontaktzeiten, zu einer chemischen Korrosion, also der Zerstörung der entsprechenden Bauteile, führen würde. Doch zurück zum Diagramm: Es ist uns nicht gelungen, auch nach jahrelanger Recherche, den Urheber des Diagramms zu ermitteln. Die Autoren Bowden und Tabor waren es jedenfalls nicht, wie vorstehend beschrieben, wenngleich sie wohl im übertragenden Sinne Pate gestanden haben, dazu aber später.

Zunächst soll mit Hilfe der Originalliteratur versucht werden, die Entstehung des Diagramms nachzuvollziehen. Dann sollen rein logische Gründe genannt und diskutiert werden, die das Diagramm in Frage stellen. Auch hier werden uns Bowden und Tabor behilflich sein.

Die linke Seite des Diagramms in (**Bild 9-1**) zeigt deutliche Ähnlichkeit mit einer Abb. aus Bowden und Tabor [Bow 54] (**Bild 9-2**).

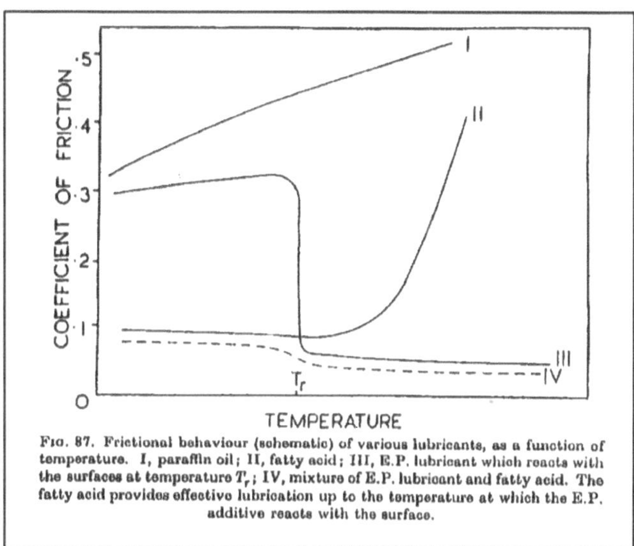

FIG. 87. Frictional behaviour (schematic) of various lubricants, as a function of temperature. I, paraffin oil; II, fatty acid; III, E.P. lubricant which reacts with the surfaces at temperature T_r; IV, mixture of E.P. lubricant and fatty acid. The fatty acid provides effective lubrication up to the temperature at which the E.P. additive reacts with the surface.

Bild 9-2: Reibungseigenschaften (schematisch) von verschiedenen Additiven als Funktion der Temperatur. I, Paraffin-Öl; II, Fettsäure; III, EP-Schmierstoff, der bei der Temperatur Tr mit der Metalloberfläche reagiert; IV, Mischung aus EP-Schmierstoff und Fettsäure. Die Fettsäure erbringt genug Schmierung bis zur Temperatur, an der das EP-Additiv mit der Oberfläche reagiert [Bow 54]

Bowden und Tabor beziehen sich in (**Bild 9-2**) nicht auf konkrete Klassen von Additiven, sondern haben versucht eine Generalisierung vorzunehmen. D. h., sie haben versucht ihre Erkenntnisse, die sie aus den Reibversuchen gewonnen haben, zu verallgemeinern. Eine Differenzierung in Chlor-, Schwefel- bzw. Phosphor-haltige Additive, wie in (**Bild 9-1**) gezeigt, wurde nicht vorgenommen.

Bowden und Tabor schreiben zur Erklärung des Diagramms selbst (Bow 54, Kapitel XI, S. 239): „*With many types of extreme pressure additives, reaction with the metal surface does not take place very rapidly at room temperature. Consequently, until the temperature of reaction is reached, these substances may prove relatively ineffective as boundary lubricants. For this reason, it is often advantageous to include in the lubricant a small quantity of fatty acid which may provide effective lubrication at temperatures below the reaction temperature of the additives.*" Auch im weiteren Text findet sich kein Hinweis auf ein spezielles EP-Additiv und schon gar nicht auf eine konkrete Aktivierungstemperatur oder einen Temperaturbereich. Auf in anderen Zusammenhängen in [Bow 54] genannte konkrete Temperaturen wird später noch ausführlich eingegangen.

Spannend in diesem Kontext ist allerdings, dass sich Bowden und Tabor auch schon der Tatsache bewusst waren, dass eine zu hohe Reaktivität der Additive zu (unerwünschten) Korrosionserscheinungen führen kann (Bow 54, Kapitel XI, S. 240).

Leider werden zum einen keine konkreten Beispiele gebracht und zum anderen hört es sich sehr vage (unentschlossen) an. Entweder gibt es eine chemische Reaktion oder nicht.

Einige Absätze weiter werden dann konkretere Angaben zu Schmierstoffen (Zusammensetzung) beim Zerspanen und Ziehen gemacht und deren Reibkoeffizienten bestimmt. Es werden aber nur Temperaturen bis max. 250 °C untersucht und auch keine wirklichen Korrelationen zu Praxisergebnissen gefunden.

Höhere Temperaturen, wie in (**Bild 9-1**) erwähnt, tauchen bei Bowden und Tabor nur im Zusammenhang mit Experimenten mit Chlor und Schwefelwasserstoff auf, nicht aber mit praxisnahen Additiven. D. h., der mittlere und rechte Teil des Diagramms (**Bild 9-1**) ist nur indirekt auf Bowden und Tabor zurückzuführen.

Möglicherweise sind Untersuchungen von Bowden und Young [Bow 51] mit in die Erstellung des Diagramms eingeflossen. Zum besseren Verständnis soll auf diese Experimente mit Chlor bzw. Schwefelwasserstoff näher eingegangen werden. Bowden und Young leiteten Chlor (gasförmig) bzw. Schwefelwasserstoff (gasförmig) über Metall-Prüfkörper, die sie vorab in eine sehr spezielle Apparatur eingebracht hatten. Es wurden unterschiedliche Metallpaarungen, unter anderem Eisen, Platin und Uran, im Vakuum in Anhängigkeit der Temperatur untersucht und verschiedene Reibkoeffizienten ermittelt. Anschließend wurden die schon erwähnten Gase, aber auch Wasserstoff, Sauerstoff, Wasserdampf und gasförmige Fettsäuren eingeleitet und die Reibkoeffizienten abermals bestimmt. Er wurden sehr interessante und grundlegende Ergebnisse ermittelt, die aber leider nicht auf die Praxis zu übertragen sind. Bowden und Young nutzten die Apparatur, die sie in [Bow 51] (**Bild 9-3**) zeigen.

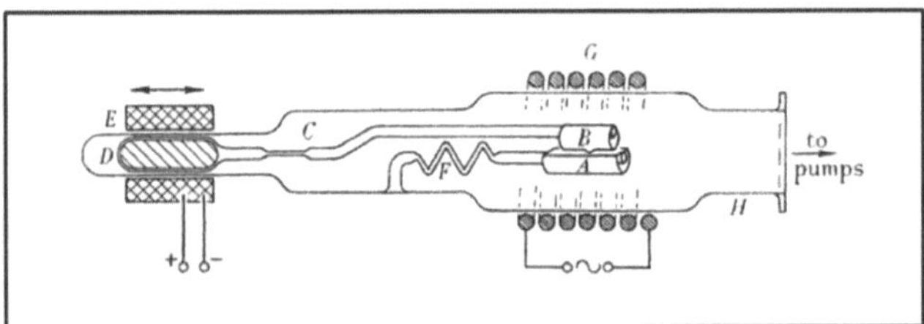

Bild 9-3: Apparatur von Bowden und Young aus [Bow 51]

Doch sollen die Autoren selbst zu Wort kommen:

„Hydrogen sulphide at a few millimeters of mercury pressure immediately reduced the friction from the point of seizure to $\mu = 1.0$, an effect comparable to that of water. Further similarity in behavior with water was shown by the fact that it could to some extent be reversibly desorbed, as shown in figure 8." (**Bild 9-4**)

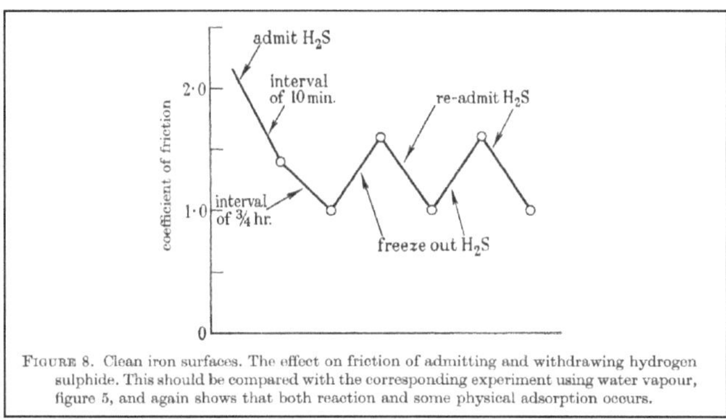

FIGURE 8. Clean iron surfaces. The effect on friction of admitting and withdrawing hydrogen sulphide. This should be compared with the corresponding experiment using water vapour, figure 5, and again shows that both reaction and some physical adsorption occurs.

Bild 9-4: Einwirkung von Schwefelwasserstoff (gasförmig) auf eine Eisen-Oberfläche [Bow51]

Die Autoren führen weiter aus: „Some chemical reaction was apparent, however, as a spot test for sulphide carried out on the specimens after the experiment was positive." [Bow 51] [...] *Chlorine has a much more profound effect on clean iron, as shown in figure 10."* [Bow 51] (**Bild 9-5**)

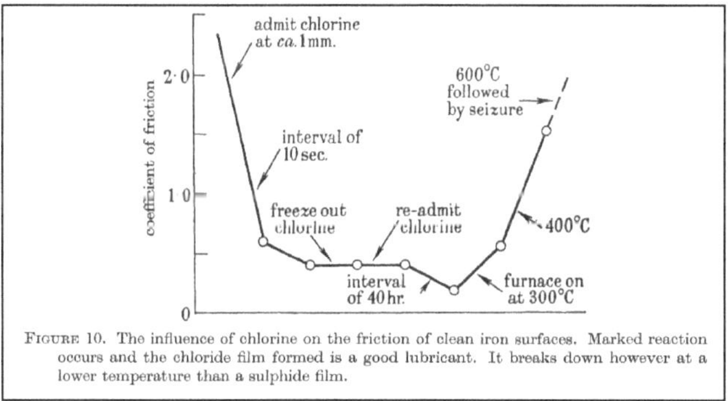

FIGURE 10. The influence of chlorine on the friction of clean iron surfaces. Marked reaction occurs and the chloride film formed is a good lubricant. It breaks down however at a lower temperature than a sulphide film.

Bild 9-5: Einwirkung von Chlor (gasförmig) auf eine Eisen-Oberfläche [Bow51]

"The friction falls from the point of seizure to μ = ca. 0.4 immediately on admitting [...]. *This compares well with atmospheric experiments by Gregory (1948). After some hours very good lubrication indeed was observed. The effect was not reversed at all by withdrawing the gas, indicating marked chemical reaction. [...] The chloride film was much less resistant to high temperatures than the sulphide film. At 300° C the friction suffers a marked increase, and not far above 400° C complete seizure occurs. The probable cause is a melting and evaporation of the iron chloride film." [Bow 51]*

In **Bild 9-4** und **Bild 9-5** handelt es sich um Eisen-Oberflächen. Bowden und Young untersuchten darüber hinaus aber auch Platin, also ein eher reaktionsträges Metall (**Bild 9-6**) und kommen zu dem Schluss, dass es sich bei der reibmindernden Schicht wohl eher um Adsorptionen handelt.

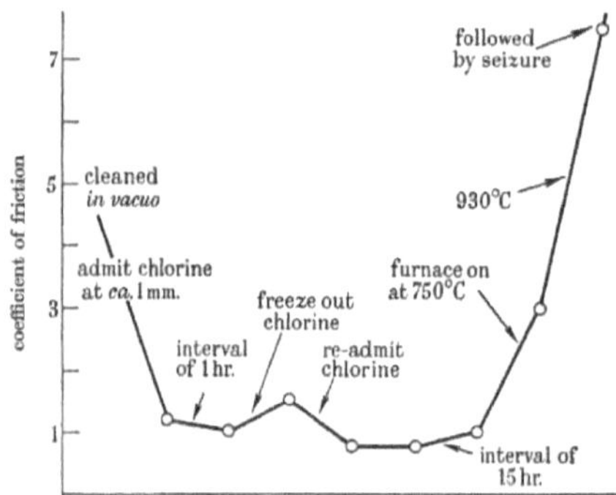

FIGURE 11. Chlorine on clean platinum surfaces. Reaction is less marked than on iron and there is evidence that physical adsorption is significant. The chloride formed has some resistance to increasing temperature.

Bild 9-6: Einwirkung von Chlor (gasförmig) auf eine Platin-Oberfläche [Bow51]

Es sind also Temperaturen weit ab von denen in **Bild 9-1** dargestellten Werten ermittelt worden.

Reibkoeffizienten von Metallchloridschichten kleiner $\mu < 0{,}3$ sind in [Bow 54], (Kapitel XI, S. 229) erwähnt (**Bild 9-7**). Diese Schichten wurden durch Überleiten von trockenem Chlor (gasförmig) über Eisen, Kupfer und Kadmium erzeugt. **Bild 9-7** zeigt die Eisen-Experimente. Dass es hier zu einer Eisen(III)chloridbildung gekommen ist, kann mit einiger Sicherheit angenommen werden, da der Reibkoeffizient jenseits von 300 °C (Schmelzpunkt von Eisen(III)chlorid) ansteigt. Der Eisenchloridfilm (Kurve I in **Bild 9-7**) muss sich wohl während des Experimentes erst ausbilden, da ein separat hergestelltes und aufgetragenes Eisenchlorid gleich einen sehr niedrigen Reibkoeffizienten zeigt, der ebenfalls jenseits von 300 °C ansteigt (Kurve II und III in **Bild 9-7**).

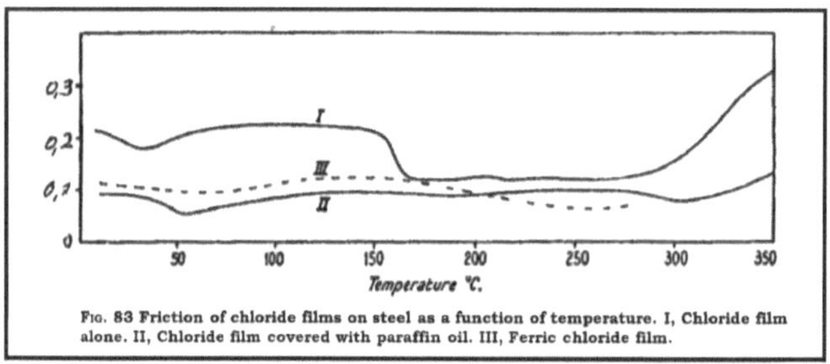

FIG. 83 Friction of chloride films on steel as a function of temperature. I, Chloride film alone. II, Chloride film covered with paraffin oil. III, Ferric chloride film.

Bild 9-7: Reibung von Chlorid-Schichten [Bow 54]: Reibung von Chloriden auf Stahl als Funktion der Temperatur. I Chloridfilm allein, II Chloridfilm überdeckt mit Paraffinöl, III Eisen-Chloridfilm

Im Vergleich zeigten langkettige Halogenkohlenwasserstoffe (Verbindungen, die den aktuell eingesetzten Chlorparaffinen sehr nahestehen) übrigens in diesen Versuchen sehr schlechte Reibkoeffizienten. D. h., die Bildung von Eisenchlorid kann wohl ausgeschlossen werden.

Anders sieht es mit chlorhaltigen Verbindungen aus, die wie das untersuchte Dichlor-Diorgano-Selenid ab einer bestimmten Temperatur zur thermischen Zersetzung neigen und dann reaktives Chlor freisetzen (**Bild 9-8**). Möglicherweise hat genau dieses Experiment Bowden und Tabor zur Darstellung von Kurve III (EP-Schmierstoff) in **Bild 9-2** inspiriert.

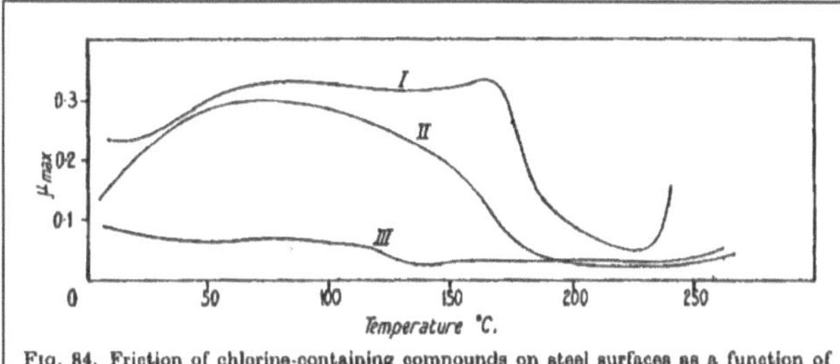

Bild 9-8: Reibung von chlorhaltigen Additiven [Bow 54]: Reibung von chlorhaltigen Verbindungen auf einer Stahl-Oberfläche als Funktion der Temperatur. I 0,1-prozentige Lösung von A in Paraffinöl, II 1,0-prozentige Lösung von A in Paraffinöl, III 1-prozentige Lösung von A in Paraffinöl + 1-prozentige Lösung von Stearinsäure in Paraffinöl, A = b,b'- dichlor-diacetyl-selenium-dichlorid

Fazit: Bowden und Tabor bzw. deren Mitarbeiter können als Quelle für **Bild 9-1** ausgeschlossen werden. Eine nähere Beschäftigung mit den Originalarbeiten von Bowden und Tabor legt eher nahe, dass das Diagramm (**Bild 9-1**) nicht stimmen kann.

Versuchen wir uns nun dem Diagramm durch rein logische Betrachtungen zu nähern, wenn schon die Suche nach der Quelle erfolglos ist. Die Frage die zunächst überhaupt zu stellen ist, ist, ob das Diagramm auf realen Messwerten basiert oder ob es aus rein theoretischen Überlegungen entstanden ist. Für letztere Annahme spricht einiges.

Aus dem Diagramm (**Bild 9-1**) geht nicht hervor, welche Materialpaarung zur Ermittlung der Reibkoeffizienten Anwendung fand. Ja es ist nicht einmal erwähnt, welches Metall die dargestellten Additiv-Metall-Verbindungen bilden, die in den angegebenen Temperaturintervallen wirksam sein sollen. Ganz zu schweigen von der Chemie der Additive selbst. Um die Angelegenheit näher zu klären, wird es somit unumgänglich sein, einige Annahmen zu treffen.

Bowden und Tabor [Bow 54] definierten, dass eine chemische Verbindung, die aus Metall und Additiv entstanden bzw. in Substanz aufgetragen ist, solange tribologisch wirksam ist (niedrige Reibkoeffizienten), bis ihr Schmelzpunkt erreicht ist. Oberhalb des Schmelzpunktes verliert sie ihre Wirksamkeit.

Die Wirksamkeitsbereiche im Diagramm (**Bild 9-1**) sind für:

- Mineralöl: keine wirkliche Wirksamkeit
- Fettstoffe: bis ca. 150 °C, dann langsames Versagen
- Chlor-Verbindungen: von 130 °C bis 600 °C, Ende bei 700 °C

- Schwefel-Verbindungen: von 540 °C bis ca. 1000 °C
- Phosphor-Verbindungen: von 250 °C bis ca. 900 °C

Allgemein wird das Diagramm (**Bild 9-1**) so interpretiert, dass die Ergebnisse auf das Metall Eisen bezogen sein sollen und die entstehenden Metall-Additiv-Verbindungen dann entsprechend Eisenchlorid, Eisensulfid, Eisenphosphat und Eisen-Fettsäure-Verbindungen sind. Das hieße dann, dass die Schmelzpunkte der genannten Eisen-Verbindungen den Versagensgrenzen (Anstieg der Reibkoeffizienten) entsprechen müssten. Dieser Punkt soll deswegen näher betrachtet werden. In die Betrachtungen sollen dann auch die Metalle Kupfer und Aluminium mit einbezogen werden, da ja schon festgestellt wurde, dass nicht klar definiert ist, welches Metall im Diagramm (**Bild 9-1**) betrachtet wird. Auf rostfreien Stahl wird in der nachfolgenden Besprechung verzichtet, da dieser so reaktionsträge (inhibiert) ist, dass eine chemische Reaktion ausgeschlossen werden kann.

Der Begriff Fettstoffe ist ein alter Begriff in der Schmierstoffindustrie. Er umfasst sowohl native und synthetische Ester als auch Fettsäuren.

Ester sind chemisch relativ stabile Verbindungen aus Säuren und Alkoholen, die in einer Vielzahl von möglichen Kombinationen in der Natur vorkommen, aber auch synthetisch hergestellt werden können. Wenn der Einfluss von Wasser ausgeschlossen werden kann (mit Wasser besteht die Möglichkeit der hydrolytischen Spaltung), handelt es sich bei Estern um relativ stabile Verbindungen. Ester wechselwirken mit Metalloberflächen ausschließlich durch Adsorption, also rein physikalisch. Wie stark oder schwach diese adsorptiven Kräfte sind, hängt von der Anzahl der möglichen Bindungen im Ester und deren sterischer Hinderung ab. Auf die möglichen Mechanismen soll später noch eingegangen werden. Klar ist auf jeden Fall, dass die Adsorption temperaturabhängig ist, d. h., mit steigender Temperatur wird die Adsorption schwächer, solange bis sich kein Molekül mehr an der Metalloberfläche halten kann. Diese Vorgänge sind von der Metalloberfläche (solange diese nicht kontaminiert ist), also von der Art des Metalls nahezu unabhängig. Die Natur des Metalls bestimmt allerdings die Stärke der adsorptiven Bindung. Unter diesen Annahmen ist die Kurve für die Fettstoffe (**Bild 9-1**) gut interpretierbar.

Etwas komplexer wird die Angelegenheit, wenn wir annehmen, dass es sich bei den Fettstoffen um Fettsäuren handelt. Fettsäuren sollen mit Metallen so genannte Metallseifen (organische Salze von Metallen) bilden, die dann die Schmierung positiv beeinflussen (niedrige Reibkoeffizienten). Im chemisch strengen Sinne betrachtet, handelt es sich um eine Säure-Metall-Reaktion, d. h., die Säure spaltet ein Wasserstoffatom ab und bindet sich an ein Metallatom. Wenn die Säurestärke nicht ausreicht, wird diese Reaktion sicher nicht oder nur sehr unvollständig ablaufen, das Wasserstoffatom wird nicht wirklich abgespalten und der Vorgang ähnelt eher der Adsorption eines Esters. Neben der Säurestärke ist hier natürlich die Natur des Metalls von entscheidender Bedeutung. In der Spannungsreihe der Elemente (Metalle) reagieren edlere Metalle deutlich langsamer als unedlere. Somit ist davon auszugehen, dass es sich wohl eher um Vorgänge im Bereich der Adsorption handelt und somit angenähert das gleiche Verhalten für Fettsäuren wie für Ester gilt.

An dieser Stelle soll noch nicht diskutiert werden, ob Metallchloride bei der Metallbearbeitung entstehen oder nicht. Gehen wir hier einfach davon aus, dass bei der Verwendung von Chlorparaffinen Metallchloride gebildet werden.

Bowden und Tabor [Bow 51; Bow 54] setzten gasförmiges Chlor ein und erhielten zweifelsfrei Eisen(III)chlorid, Schmelzpunkt 300 °C [Remy 73]. Das entspricht genau der Versagenstemperatur, die von Bowden und Tabor bestimmt wurde. Das Diagramm (**Bild 9-1**) legt aber eine Versagenstemperatur der Metallchloridschicht zwischen 600 und 700 °C nahe, was in etwa dem Schmelzpunkt von Eisen(II)chlorid entspricht. Eisen(II)chlorid ist in Gegenwart von Luft eine eher kurzlebige Substanz, da sie augenblicklich in Eisen(III)chlorid oxidiert wird. Auch die Darstellung im Labor ist aus diesem Grunde nicht ganz einfach.

Das vorab Festgestellte ist somit ein starkes Indiz, dass der Wert für das Metallchlorid in **Bild 9-1** (unter der Annahme es handelt sich um Eisenchlorid) ein rein theoretischer Wert ist. In der Praxis wird immer, wenn die chemischen Voraussetzungen überhaupt vorhanden sind, nur Eisen(III)chlorid entstehen können. D. h., die Versagenstemperatur liegt bei 300 °C und nicht zwischen 600 und 700 °C.

Doch sollen andere mögliche Metallchloride nicht unberücksichtigt bleiben, hier eine kleine Auswahl der Schmelztemperaturen, also der Temperatur, bei der der Reibkoeffizient ansteigen würde: Kupfer(II)chlorid: 498 °C; Aluminium(III)chlorid: 193 °C. Beide Temperaturen entsprechen nicht der Temperatur in **Bild 9-1**.

Die gleichen Unstimmigkeiten sind für die Temperatur zu konstatieren, bei der die Bildung des Metall(Eisen)-Chlorids beginnen soll (130 °C). In der Literatur finden sich ganz verschiedene, von den 130 °C abweichende Temperaturen.

Fazit: Selbst unter der Annahme, dass sich beim Einsatz von Chlorparaffinen Metallchloride bilden, ist der Kurvenverlauf in **Bild 9-1** in dieser Form nicht richtig.

Es gibt eine Vielzahl von Schwefel enthaltenden Verbindungen, die in der Schmierstoffindustrie als Additive zur Anwendung kommen. Eine sehr gute Übersicht zur Literatur und zur Synthese von Schwefelträgern ist in [Rud 17] zu finden. Heutigen Tages kommen folgende Typen von Schwefelträgern zum Einsatz: geschwefelte Isobutene, geschwefelte Olefine, geschwefelte native bzw. synthetische Ester, geschwefelte Gemische aus Estern und Olefinen sowie Elementarschwefel in Mineralöl gelöst. Geschwefelte chlorhaltige Verbindungen sind kaum noch im Einsatz. Die Schwefelungen können so gesteuert werden, dass sowohl aktive als auch inaktive Schwefelträger entstehen können. „Aktiv" und „inaktiv" bezieht sich auf die Reaktivität der Schwefelträger gegenüber Buntmetallen. Als „inaktiv" werden Verbindungen betrachtet, die Buntmetalle auch bei längerem Kontakt nicht verfärben (angreifen). So zeigen Verbindungen, in denen der Schwefel ausschließlich an Kohlenstoffatome (-C-S-C-) gebunden ist, und auch Disulfide (-C-S-S-C-) „inaktives" Verhalten. Im Gegensatz dazu sind alle Verbindungen mit drei und mehr Schwefelatomen in der Schwefelkette (-C-S-S-S-C-) als „aktiv" zu bezeichnen. Eine weitere Klasse von Schwefelträgern sind Verbindungen mit endständigen Schwefel-Wasserstoff (Thiolgruppen – S-H). Selbst dem chemischen Laien ist bei dieser Vielzahl wohl offensichtlich, dass all die chemisch unterschiedlichen Verbindungen nicht bei ein und derselben Temperatur aktiv werden können. Hinzu kommt, dass auch elementarer Schwefel als Additiv genutzt wird, bei dem dann keine Schwefel-Kohlenstoff-Bindung aktiviert werden muss. D. h., die Schwefelkurve in **Bild 9-1** kann hinsichtlich der Aktivierungsenergie nicht für Schwefel-Verbindungen allgemein gültig dargestellt werden.

Metallsulfide selbst haben sehr hohe Schmelzpunkte, die in etwa der Versagenstemperatur in **Bild 9-1** entsprechen. Das macht es in diesem Fall natürlich schwer zu entscheiden, ob reale Messwerte zugrunde liegen oder ob die Autoren des Diagramms (**Bild 9-1**) nur die Schmelzpunkte von Metallsulfiden der Literatur entnommen haben. Im Falle der Metallchloride und, wie wir noch sehen werden, auch der Metallphosphate ist letzteres ganz offensichtlich der Fall. Auf jeden Fall weichen die Reibkoeffizienten und auch der gesamte Kurvenverlauf deutlich von denen, von Bowden und Tabor [Bow 51; Bow 60] veröffentlichten Werten (**Bild 9-4** und **Bild 9-9**) ab.

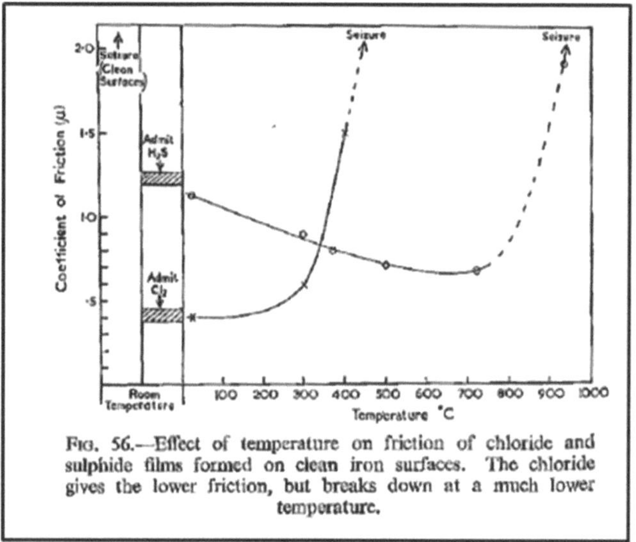

Bild 9-9: Reibwerte von Eisenchlorid bzw. Eisensulfid; (Quelle: Bowden, F.P.; Tabor, D.: Friction and Lubrication, Methuen's Monographs on Physical Subjects, 1960 [Bow 60])

Gerade diese Untersuchungen, bei denen unstrittig Metallsulfid erzeugt wurde, sind ein starker Hinweis, dass die Kurve für die Metallsulfide in **Bild 9-1** wohl eher theoretischer Natur ist.

Bei der Verwendung von phosphorhaltigen Additiven wird es nun noch etwas schwieriger. Im Gegensatz zu chlor- und schwefelhaltigen Additiven, in denen die „aktiven" Elemente ausschließlich kovalent gebunden sind, gibt es bei Phosphor-Verbindungen auch ionisch aufgebaute Additive, z. B. saure Phosphorsäureester. Auch kann der Phosphor selbst in verschiedenen Oxidationsstufen vorkommen und Sauerstoffatome, die am Phosphor hängen, durch Schwefel ersetzt werden. Hauptzweck einer Phosphoradditivierung ist der Verschleißschutz. Gemäß der Auffassung von einigen Autoren grenzen sich die Verschleißschutzadditive von den so genannten Hochdruckadditiven (EP-Additives) dadurch ab, dass sie im Bereich hoher Belastung einige Schwächen haben sollen. Nach Forbes [Forb 73] ist der „AW-Bereich" weitgehend durch Adsorption gekennzeichnet, während im „EP-Bereich" eine Reaktion des „reaktiven“ Elements mit der Metalloberfläche stattfinden soll. Ob diese Abgrenzung von Additiven überhaupt sinnvoll ist, sei dahingestellt. Letztlich ist es sicher eine reine Frage der Bedingungen im Tribokontakt und vor allem der Zeit, wie sich Additive verhalten. Das tritt bei den Verschleißschutzadditiven umso mehr hervor, da diese sowohl in der Umlaufschmierung, als auch in der Metallbearbeitung zum Einsatz kommen. Und von den konkreten Bedingungen ist, wie schon festgestellt, in **Bild 9-1** nichts zu erfahren. Auf der einen Seite (Umlaufschmierung) stehen sehr lange „Aktions-Zeiten“ und damit die Möglichkeit zum Aufbau von Schichten zwischen den Tribo-Partnern, auf der anderen Seite (Metallbearbeitung) sehr kurze „Aktions-Zeiten“ und Wechselwirkungen mit Additiven, die kaum in der Umlaufschmierung Verwendung finden.

Doch ziehen wir uns wieder auf die Annahme zurück, dass tatsächlich Phosphate entstehen. Im Falle der sauren Phosphorsäure- bzw. Thiophosphorsäure-Ester liegt eine ionische Bindung vor, die keinerlei Aktivierungsenergie bedarf, um eine stabile Verbindung mit einer Metalloberfläche einzugehen. Ebenso verhält es sich bei den Zinkdithiophosphaten. Bei den neutralen Phosphorsäure- bzw. Thiophosphorsäure-Estern müsste zunächst eine Esterbindung gespalten werden, damit der verbleibende Rest als Phosphat reagieren kann. Dazu bedarf es bestimmt einer Aktivierungstemperatur, die dann aber aufgrund der Vielzahl von Möglichkeiten der Phosphor-Chemie stark variieren dürfte. Das gleiche gilt für die Versagenstemperatur. Eisen(III)phosphat hat einen Schmelzpunkt von ca. 500 °C, oberhalb dieser Temperatur kommt es zur Zersetzung zu Eisen(III)oxid. Damit wird die Versagenstemperatur der P-Kurve in **Bild 9-1** deutlich unterboten.

Fazit: Wie vorstehend gezeigt wurde, kann das Diagramm (**Bild 9-1**) auch unter der Annahme, dass tatsächlich Eisenchloride, -sulfide bzw. -phosphate entstehen bei Abgleich mit anderen Werten zu diesen Verbindungen und auch aus rein logischen Gründen, also ohne die Tribochemie zu bemühen, nicht stimmen.

Zusammenfassend muss festgestellt warden, dass die Entstehung des Diagramms (**Bild 9-1**) nicht geklärt werden konnte. Sicher sind Ergebnisse und Erkenntnisse von Bowden und Tabor bei der Erstellung herangezogen worden. Leider wurden gerade diese grundlegenden tribologischen Erkenntnisse nicht sauber interpretiert bzw. nur sehr oberflächlich übernommen.

Das Diagramm beruht offensichtlich auf theoretischen Annahmen und zum Teil falschen Voraussetzungen, die dann zu falschen Aussagen hinsichtlich der Wirkungsbereiche führen. Die deutlich unterschiedliche Chemie von Schmierstoffadditiven bleibt komplett unberücksichtigt. Somit ist auch eine Interpretation zur Wirkung von Additiven aus dem Diagramm heraus mehr als bedenklich.

9.4 Bearbeitungszeiten

Chemische Reaktionen können auf verschiedenen Wegen stattfinden. Zu den „schnellen“ Reaktionen zählen radikalische und ionische Reaktionen. Müssen während einer chemischen Reaktion zunächst Bindungen zwischen Atomen gespalten und anschließend mit den

Atomen des Reaktionspartners neu kombiniert werden, so braucht es deutlich mehr Zeit. Hinzu kommen Adsorptions- und Desorptionsvorgänge, die ebenfalls etwas Zeit benötigen.

Nun stellt sich die Frage, wie viel Zeit einem Additivmolekül in der Metallbearbeitungsflüssigkeit bleibt, im eigentlichen Prozess der Metallbearbeitung mit der Metalloberfläche in Wechselwirkung zu treten. Entscheidend ist dabei die Bedeckung von während der Bearbeitung frisch entstehenden Metalloberflächen, also Oberflächen im Stadium des Entstehens (statu nascendi).

Die durchschnittliche Bearbeitungsgeschwindigkeit hängt vom Verfahren ab. Räummaschinen arbeiten mit 6–30 m/min, Drehmaschinen mit 100 m/min, Schleifmaschinen haben Umfangsgeschwindigkeiten von 100 m/s und mehr. Draht- und Rohrzug laufen mit > 50 m/min. Das bedeutet eine durchschnittliche Bearbeitungsgeschwindigkeit von 60 m/min vorausgesetzt, dass 1 mm Oberfläche 1 ms im Eingriff ist, wenn das Werkzeug einen Querschnitt von 1 mm hat. In einer ms entsteht also 1 mm frische Oberfläche. Mit den genannten Bezugsgrößen ändert sich natürlich auch die Eingriffszeit und damit die Fläche in statu nascendi.

Die klassischen Regeln der Reaktionskinetik lassen sich nur begrenzt auf die Metallbearbeitung anwenden. Dort heißt es, dass mit der Konzentration der Reaktionspartner (Edukte) und mit steigender Temperatur die Reaktionsgeschwindigkeit zunimmt. Ein Edukt ist die aktivierte Metalloberfläche (Mikrorisse, Versetzungen, frische Oberflächen durch Abspanen bzw. Oberflächenvergrößerung beim Umformen), das andere Edukt sind die Additive in Metallbearbeitungsflüssigkeit. Der erste Schritt in Richtung einer möglichen Reaktion ist die Adsorption der Additive an die Metalloberfläche. Hier kommt es auf die Art der molekularen Struktur der Metalloberfläche und die Art der Additive an (Kapitel 3), ob die entsprechende Additivklasse eine „Andock-Stelle“ findet oder nicht. Auch herrscht zwischen den Additiven, die nach dem gleichen Grundprinzip funktionieren, wie schon beschrieben, eine Art Konkurrenzsituation, so dass sich die Additive gegenseitig behindern. Hinzu kommt, dass Adsorption und Desorption von der Temperatur abhängig sind, d. h., mit steigender Temperatur nimmt die Neigung von adsorbierten Molekülen zur Desorption zu. Letztlich ist die elektrische Doppelschicht für die Polarisierung von Additiven und damit für die Adsorption verantwortlich. Wie in den weiteren Kapiteln gezeigt wird, ist der Ablauf einer „echten“ chemischen Reaktion für die Metallbearbeitung selbst sekundär.

Die Aufklärung der wirklichen Vorgänge, wird auch dadurch erschwert, dass die Additive deutlich nach dem eigentlichen Bearbeitungsschritt (Millisekunden später) immer noch eine aktivierte Metalloberfläche vorfinden, mit der sie agieren können. Eine der wenigen Arbeiten, die diesen Umständen Rechnung trägt, ist die von Batchelor et al. [Batch 85]. Batchelor et al. stellt eine Apparatur (**Bild 9-10**) vor, die es ermöglicht, definierte Mischungen auf eine frische Oberfläche (statu nascendi) aufzubringen und kurz danach (im Millisekundenbereich) wieder abzureinigen. Das System ist beheizbar, so dass verschiedene Temperaturbereiche untersucht werden können, und es kann unter Schutzgas betrieben werden. Die Bearbeitungsgeschwindigkeiten können zwischen 1 und 10 m/s (entspricht 60–600 m/min, also sehr praxisnah) variiert werden. Durch den Abstand zwischen Bearbeitung und Reinigung sind minimale Reaktionszeiten von 3–120 ms realisierbar (geringere Zeiten gibt die Apparatur nicht her). Unter diesen Bedingungen zeigt elementarer Schwefel in Hexadecan erst ab Temperaturen größer 100 °C eine Reaktion. Dibenzyldisulfid zeigt unter vergleichbaren Bedingungen keinerlei Reaktion.

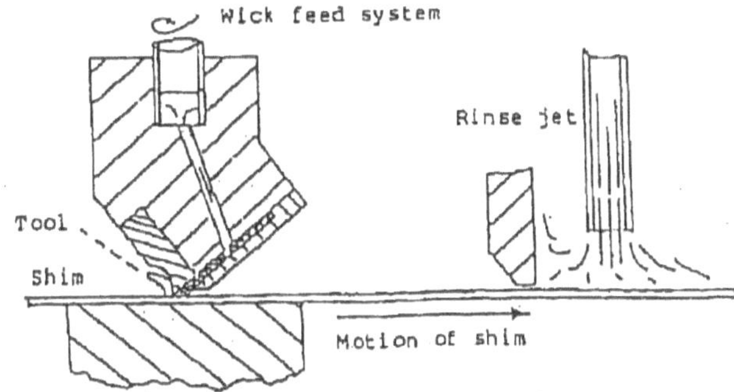

Bild 9-10: Apparatur nach Batchelor et al. (Quelle: [Batch 85])

9.5 Wie stark sind Adsorptionsschichten

Gehen wir bei unseren Betrachtungen von einer durchschnittlichen Molekülgröße (Länge) von 1–3 x 10^{-9} m aus (Ölsäure (**Bild 9-11**) ca. 1 x 10^{-9} m) – die funktionelle Gruppe, also der Teil des Moleküls, der wirklich in Wechselwirkung tritt, hat einen Durchmesser von ca. 3 x 10^{-10} m – so dürfte die sich in kürzester Zeit bildende monomolekulare Schicht, nicht viel stärker als eine Moleküllänge sein. Sicher können sich an und auf dieser ersten Moleküllage weitere Schichten anlagern. Auch hier besteht das Problem, dass es kaum möglich ist, die Adsorptionsschichten in statu nascendi zu messen, sondern erst in einer endlichen Zeit danach. Die meisten Messungen sind mit Verschleißschutzadditiven durchgeführt worden. Näheres ist dazu im entsprechenden Kapitel zu finden.

Das Adsorptionsphänomen wurde und wird schon lange von verschiedensten Autoren untersucht. In [Bow 59] wird dazu über die frühen Arbeiten ein ausführlicher Überblick gegeben. In den dort zitierten Arbeiten bzw. den eigenen Untersuchungen von Bowden und Tabor zeigte sich, dass eine vollständige Bedeckung einer definierten Oberfläche in Abhängigkeit zur Temperatur einiger Stunden bedarf.

Auch die Adsorption von Wasser bzw. Dampf ist in [Bow 59] erwähnt. Die Dicke solcher Schichten wird mit zwei Wasser-Moleküllagen auf sehr sauberen Oberflächen angenommen. Liegen Verunreinigungen der Oberfläche vor, kommt es zu größeren Ansammlungen von Wasser. *„Dieses Wasser kann eine Reihe von physikalischen und chemischen Eigenschaften der Oberflächen beeinflussen und kann deshalb auch für die Reibung und Schmierung wichtig sein. Es hat zum Beispiel wahrscheinlich direkt mit der Schmierung von Metallen durch Fettsäuren zu tun.“* [Bow 59]

Die „Sperrschicht" des Wassers kann auch die Wirksamkeit anderer Additive mehr oder weniger beeinflussen, d. h., deren Wechselwirkungsmöglichkeiten stark einschränken.

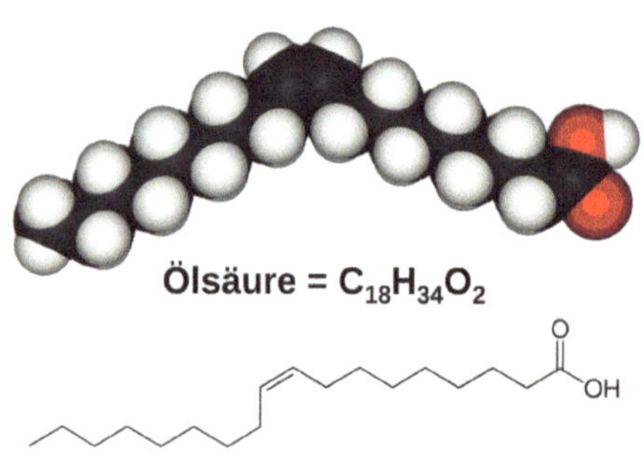

Bild 9-11: Ölsäure (Quelle: *CVUA Karlsruhe*)

Eine jüngere Arbeit [DGMK 86] beschäftigt sich mit der „Untersuchung der simultanen Chemisorption unterschiedlich polarer EP-Additive an Eisen". Es wird festgestellt, dass das Ergebnis von Adsorptionsuntersuchungen entscheidend von der Qualität des eingesetzten Metallpulvers abhängt. Die Herstellung des Metallpulvers in reproduzierbarer Aktivität ist für das Versuchsergebnis von immenser Bedeutung. Im DGMK-Projekt 337 [DGMK 86] ist das nur zum Teil gelungen. Trotzdem sind die Ergebnisse insofern bemerkenswert, da die Adsorption von mehr als einer oberflächenaktiven Verbindung, also die Mischchemisorption untersucht wurde, wie sie auch in realen Metallbearbeitungsflüssigkeiten vorkommt. Diese Mischchemisorption konnte bei 110 °C bei gleichzeitiger Verwendung von Polyisobutylen und geschwefeltem Ölsäuremethylester eindeutig nachgewiesen werden. Untersuchungen mit Mischungen von Schwefel- und Phosphorverbindungen wurden bei 80 °C durchgeführt. Unter den gegebenen Bedingungen verhielt sich Triphenylphosphat vollkommen inert. n-Butyl-Zinkdithiophosphat trat mit der Schwefelverbindung in Wechselwirkung. Bei Einsatz von Phosphorsäure-Dithiosäuredisulfid war eine starke Wechselwirkung zu verzeichnen. Es werden synergistische Effekte vermutet.

Bowden und Tabor [Bow 59] gehen sogar so weit, dass sie glauben, dass der Zusatz von Ölsäure zu anderen Additiven gelöst in Mineralöl einen hilfreichen Einfluss dahingehend hat, dass zunächst die Ölsäure adsorbiert, bei steigender Temperatur desorbiert und damit die Oberfläche für die anderen EP-Additive frei gibt.

Letztlich sind die Adsorption bzw. Chemisorption der Schritt (hinsichtlich sowohl Vollständigkeit der Bedeckung als auch der Geschwindigkeit, mit der dies geschieht), der darüber entscheidet, ob Werkzeug- und Werkstückmaterial so voneinander getrennt werden bzw. bleiben, dass es zu keinen Prozessstörungen kommt.

9.6 Betrachtungen zu Temperaturen

9.6.1 Hot Spots - Blitztemperaturen

Die Frage nach den Temperaturen, die bei der Berührung von zwei Flächen auftreten können, und die Zeitdauer dieser „erhöhten" Temperatur ist eine der, in der Tribologie der Metallbearbeitung, am häufigsten diskutierten Fragen. Zum einen gehen viele Autoren davon aus, dass Additive von Schmiermitteln eine Aktivierungsenergie benötigen, um mit der Metalloberfläche zu reagieren. Zum anderen sollte aber in Betracht gezogen werden, dass Reaktionsschichten, wenn sie denn entstehen, nur bis zu ihrem Schmelzpunkt wirksam sind. Hinzu kommen die schon angesprochenen Diffusionseffekte, die durch höhere Temperaturen begünstigt werden.

Bowden und Tabor [Bow 59] haben auch hinsichtlich der „Hot Spots" Pionierarbeit geleistet und viele Materialpaarungen mit und ohne Schmierstoff untersucht. Die Ermittlung der Temperaturen erfolgte mit einer speziellen Versuchsanordnung auf thermoelektrischem Wege direkt an den reibenden Schichten selbst. Sie ermittelten, dass bei der trockenen Reibung von zwei Festkörpern die maximal erreichbare Temperatur stets dem Schmelzpunkt des am niedrigsten schmelzenden Körpers entspricht. *„Man nimmt dabei keine augenscheinlichen Anzeichen dieser Erwärmung wahr: die Metallkörper fühlen sich ganz kühl an, und die größte Hitze ist auf dünne Schichten und die tatsächlich reibenden kleine Bezirke beschränkt".* [Bow 59] Bowden und Tabor gehen davon aus, dass nur die Flächen (Rauigkeitsspitzen) erwärmt werden, die in direktem Kontakt zueinanderstehen, und durch die Reibung erhitzt werden. Alle anderen Metallteile werden nicht erwärmt. Somit ist auch der zeitlich oszillierende Verlauf der Temperatur zu erklären. Bowden und Tabor ermittelten bei Gleitgeschwindigkeiten von 3 m/s Schwankungen von kleiner 10^{-4} Sekunden. Die Versuche wurden mit verschiedenen Schmiermitteln wiederholt. Die Schmierfilmdicke soll sich nach Meinung von Bowden und Tabor in molekularen Dimensionen bewegt haben. Somit lag eine klassische Grenzreibung vor. Es wird davon ausgegangen, dass die adsorbierte Schicht während der Gleitversuche fortwährend zerstört und wiederaufgebaut wurde. *„Die Tatsache, dass das Reiben eine elektromotorische Kraft entwickelt, liefert einen Beweis dafür, dass durch die schmierende Grenzschicht hindurch rein metallische Berührung stattfindet. [...] Diese Versuche lassen deutlich erkennen, dass sehr hohe Oberflächentemperaturen auch in Gegenwart von Schmierfilmen entwickelt werden können, wobei schon bei verhältnismäßig kleinen Normalkräften und Geschwindigkeiten Werte von mehreren hundert Grad überschritten werden. Wiederum ist zu betonen, dass sich die Erwärmung der Metalle nicht im Großen bemerkbar macht. Die Oberflächen gleiten, wie es bei guter Schmierung üblich ist und die Probekörper bleiben kühl."* [Bow 59] Die Fläche eines Hot Spots wird von Bowden und Tabor in vielen Versuchen unter unterschiedlichsten Bedingungen mit 10^{-3} cm^2 (also 100 µm x 100 µm) bestimmt.

Die spannende Frage ist, ob die Temperaturen und Zeiten eines Hot Spots ausreichen, um eine chemische Reaktion von Additiven auszulösen, wie diese üblicherweise in der Metallbearbeitung eingesetzt werden. Im Kapitel XVI. „Chemische Reaktion infolge von Reibung und Stoß" gehen Bowden und Tabor dieser Frage nach [Bow 59]. Für Explosivstoffe, die ja bekanntlich über relativ labile Molekülstrukturen verfügen, wird die Frage eindeutig positiv beantwortet. Bowden und Tabor nehmen an, dass allein die entstehenden Temperaturen ausreichen. Da unter den gegebenen Bedingungen langkettige chlor- bzw. schwefelhaltige Paraffine keine Reaktion zeigen (s. oben), scheint es aber darauf anzukommen, ob eine leicht abspaltbare Molekülgruppe vorliegt oder nicht. Auch ist wohl die Zeit von immenser Wichtigkeit. Anderenfalls ist es nicht zu erklären, dass Prozesse wie die Hochgeschwindigkeitsbearbeitung oder auch das adiabatische Feinschneiden komplett ohne Schmierung funktionieren und es trotz der relativ großen Wärmeentwicklung nicht zum Aufschweißen von Werkstückmaterial auf den Werkzeugoberflächen kommt. Letztlich, und das stellten auch schon Bowden und Tabor fest, spielt die Wärmeleitfähigkeit der Reibungspartner eine nicht zu unterschätzende Rolle. Stoffe, die die Wärme sehr gut leiten, verteilen die Wärme, die durch die Hot Spots entsteht, natürlich schneller.

Barcroft [Bar 60] greift die „Hot Spot-Idee“ von Bowden und Tabor auf und unternimmt Untersuchungen von Additiven an beheizten Edelstahldrähten. Dabei wird der aufgeheizte Draht in das zu prüfende Öl getaucht und die Änderung des elektrischen Widerstands gemessen. Die Versuchsdauer betrug ca. 10 Minuten. Neben den Drähten aus Edelstahl werden auch solche aus Stahl, reinem Eisen, reinem Kupfer und reinem Silber untersucht. Der Effekt war aber mit Edelstahl am größten. Das ist ganz erstaunlich, sollten doch alle genannten Metalle deutlich reaktiver sein als Edelstahl. Es sollen hier auch nicht die Messergebnisse angezweifelt werden. Sicher ist eine Veränderung des Widerstands gemessen worden. Dieser Effekt könnte auch durch Ablagerung von Zersetzungsprodukten auf der Drahtoberfläche erklärt werden. Möglicherweise ist auch tatsächlich eine „Reaktion“ vor sich gegangen, 10 Minuten sind eine lange Zeit, die zu einer Gefügeveränderung und damit zu einer Veränderung des Widerstands geführt hat. Das erklärt aber immer noch nicht, warum gerade Edelstahl die größten Effekte zeigen soll.

Ein anderer Aspekt im Zusammenhang mit der Zeitdauer der Temperaturentstehung und -erhaltung ist die Möglichkeit einer „Nachreaktion“ von Additiven auf Oberflächen. Unter der Annahme, dass die Zeitdauer relativ kurz ist und die Temperatur auf engen Flächen begrenzt ist, ist kaum anzunehmen, dass eine „Nachreaktion“ stattfinden wird. Anders sieht es natürlich aus, wenn einer der Reibpartner die erhöhte Temperatur über einen längeren Zeitraum hält, z. B. in der Zerspanung, wenn das Werkzeug länger im Eingriff ist (**Bild 9-12**).

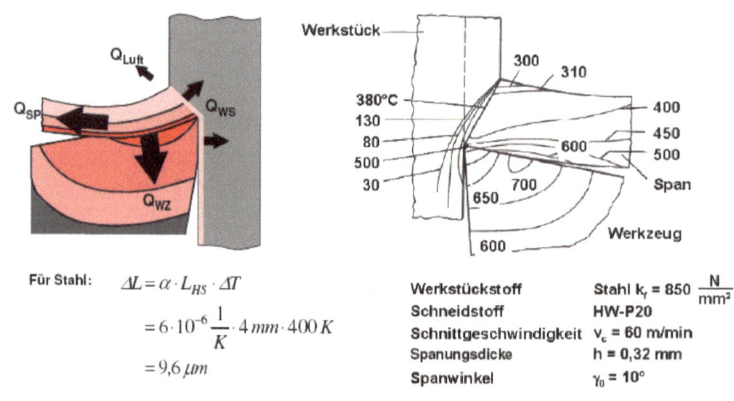

Bild 9-12: Temperaturverteilung beim Zerspanvorgang (Quelle: [Klocke 08])

Am Werkzeug speziell an der Schneidenspitze kann es zu Aufschweißungen (Aufbauschneiden) kommen. Allerdings gelangt an diese Stelle, wie schon diskutiert, kaum Schmierstoff, so dass auch kein Schmierstoffadditiv reagieren kann. Bei einer Umlaufschmierung, mit ständig an der gleichen Stelle wiederkehrenden Hot Spots, sind Reaktionen über die Zeit nicht auszuschließen.

9.6.2 Wärmeentwicklung in der Umformung

In der klassischen Kaltumformung, also Prozessen, die etwas „langsamer" ablaufen als Zerspanvorgänge, werden drei Quellen für die Erhöhung von Temperaturen diskutiert:

- Umformenergie selbst, d. h., die plastische Arbeit, die zur Umformung des Werkstücks selbst notwendig ist, wird zu mehr als 80 % in Wärme umgewandelt. Der eigentliche tribologische Kontakt ist durch die Wärmeleitung im Werkstück davon betroffen.
- Die makroskopische Reibung zwischen Werkzeug- und Werkstückoberfläche erzeugt ebenfalls Wärme.
- Atomare Reibung durch wechselseitige Anregung im Metallgitter [Hayd 87; Krim 96; Sant 99]

Raedt [Raedt 02] beschäftigt sich in seiner Dissertation ausführlich mit der Temperaturentstehung in der Kaltumformung. Er nimmt Messungen an einem Stift-Scheibe-Tribometer mit einem speziell präparierten Reibstift vor (**Bild 9-13**).

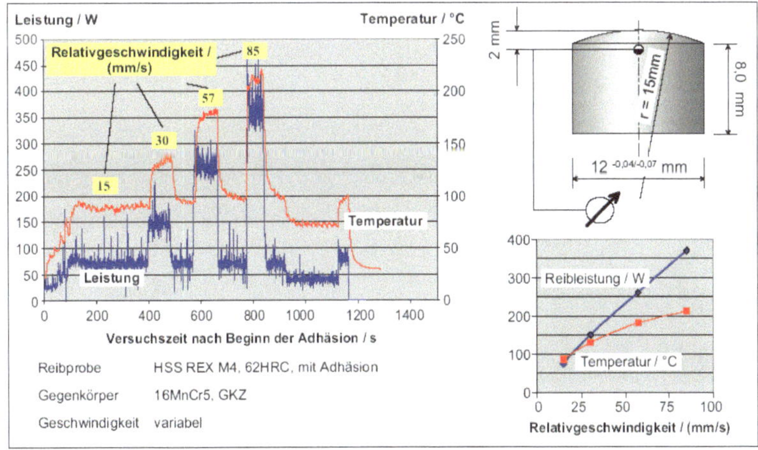

Bild 9-13: Temperaturverlauf am Stift-Scheibe-Tribometer (Quelle: [Raedt 02])

Er ermittelt so Spitzentemperaturen von ca. 210 °C bei einer Relativgeschwindigkeit von 8,5 cm/s. Bei kleineren Geschwindigkeiten entsteht weniger Temperatur. Ob die so gemessene Temperatur der realen, also an der wirklichen Reibstelle auftretenden Temperatur entspricht, ist schwierig zu sagen, da 2 mm Metall zwischen der Reib- und der Messstelle liegen. In einer FEM-Simulation ermittelt Raedt [Raedt 02] Temperaturen von 160 °C für die Kontaktfläche. Mit der gleichen Simulation werden für das Napfrückwärtsfließpressen Spitzentemperaturen von 372 °C und für das Feinschneiden von max. 136 °C berechnet [Raedt 02]. Letztere Temperaturen beziehen sich auf das Temperaturfeld, welches sich im Prozess einstellt. Aber auch für den Mikrobereich berechnet Raedt keine wesentlich höheren Temperaturen. „*Aus diesen Berechnungen im Mikrobereich im hier vorliegenden Werkzeugstahl-Einsatzstahlkontakt oder Werkzeugstahl-Beschichtungskontakt ergeben sich durch die Reibvorgänge keine wesentlichen Temperaturerhöhungen. Ein Auftreten von Blitztemperaturen, wie sie in der Literatur häufig beschrieben werden, kann hier durch die thermische Rechnung nicht bestätigt werden. Die Temperaturen bewegen sich in der Größenordnung, wie sie auf der makroskopischen Ebene berechnet werden.*" [Raedt 02] Raedt sieht vielmehr in der Scherung die eigentliche Wärmequelle.

Dazu im Gegensatz stehen die Beobachtungen von Maßmann [Mass 07] und Kuwer [Kuw 07], die bei ihren Versuchen am Stift-Scheibe-Tribometer Aufschmierungen bzw. sogar Aufschweißungen von Material der Scheibe auf die Stiftoberfläche feststellten (**Bild 9-14**). Und zwar immer dann, wenn der Schmierstoff keine ausreichende Trennung gewährleistete. Es muss zu lokalen Temperaturen gekommen sein, die sehr nahe an der Schmelztemperatur des Scheibenmaterials gelegen haben. Eine ganz ähnliche Beobachtung wurde auch schon von Bowden und Tabor [Bow 59] beschrieben. Sie stellten fest, dass es bei den trockenen Gleitversuchen zu sehr dünnen Metallüberzügen des am ehesten schmelzenden Reibpartners auf den zweiten Reibpartner kommt.

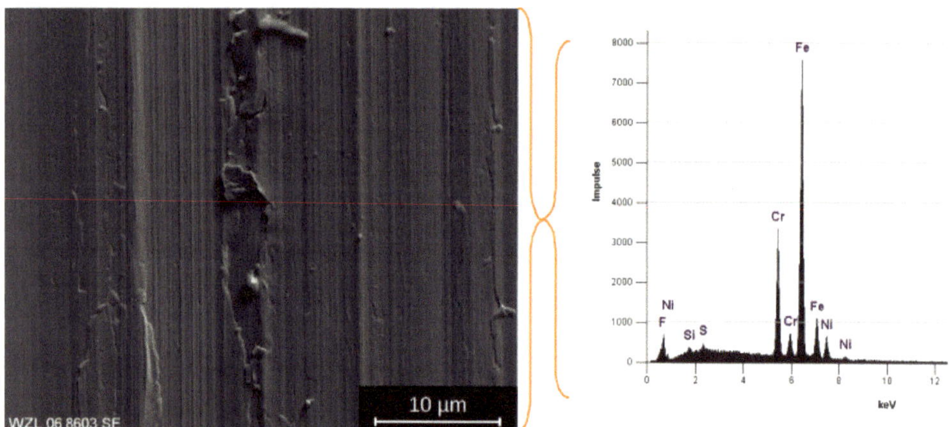

Bild 9-14: Stiftoberfläche (1.2379) nach Reibversuch auf 1.4301 – Scheibe bei ungenügender Schmierung (Quelle: [Kuw 07])

9.7 Oberflächenvergrößerung im Umformvorgang

In der Metallbearbeitung kommt es immer zur Schaffung neuer reaktiver Oberflächen, im Fall der Umformvorgänge oft auch zur Vergrößerung von Oberflächen. „Neue" und erst recht sich vergrößernde Oberflächen haben eine sehr große Adhäsionsneigung. Der Schmierstoff sollte so aufgebaut sein, dass die Adhäsion möglichst vollständig verhindert wird. Raedt untersuchte die Oberflächenvergrößerung am Beispiel des Napfrückwärtsfließpressens und des Feinschneidens [Raedt 02].

„Durch Eindrücke mit einem Körner werden Markierungen auf der Stirnseite des Ausgangszylinders markiert. Die Versuche werden mit MoS_2 geschmiert, da ansonsten pro Versuch ein Stempel durch adhäsiven Verschleiß ausfallen würde. Die Eindrücke sind nach dem Umformvorgang noch deutlich zu erkennen und die Oberflächenvergrößerung lässt sich berechnen. ***[Bild 9-15]*** *stellt die Oberflächenvergrößerung an verschiedenen Stellen beim Napfrückwärtsfließpreßprozess dar. Die Gesamtoberfläche des Bauteils vergrößert sich auf 250 %. Der Bereich am Außenmantel des Bauteils erfährt dabei aber nur eine Vergrößerung auf 214 %, während der Innenbereich eine Oberflächenvergrößerung auf 800 % aufweist.“* [Raedt 02]

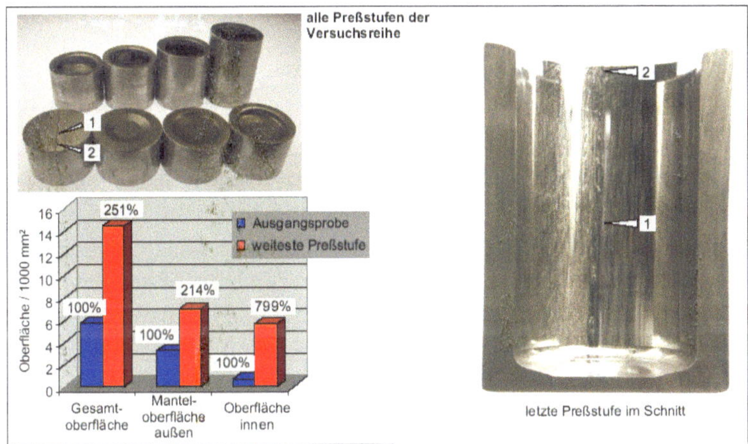

Bild 9-15: Vergrößerung der Oberfläche an Näpfen – Vergleich der Gesamt-, Außenmantel- und Innenoberfläche (Quelle: [Raedt 02])

„Beim Feinschneiden ist die Oberflächenvergrößerung ungleich größer als beim Napfrückwärtsfließpressen. Die Bereiche, die einer Oberflächenvergrößerung unterliegen, sind aber so klein, dass eine Messung über eine Vormarkierung der Oberfläche mit anschließender Auswertung der veränderten Abstände nicht möglich ist. Im Wesentlichen vergrößert sich die Oberfläche, die sich im und in geringen Ausmaßen um den Schneidspalt befindet. Diese Oberfläche wird bis auf die gesamte Blechdicke aufgeweitet und bildet am fertigen Schnittteil die Schnittfläche. Eine überschlägige Rechnung ergibt damit eine Oberflächenvergrößerung um den Faktor 50–200, je nachdem wie viel Fläche in der Nähe des Schnittspaltes mit in die Vergrößerung einbezogen wird. Dies ist 6-25-mal so viel wie der Maximalwert beim Napfrückwärtsfließpressen.“ [Raedt 02]

9.8 Wo kann ein Schmierstoff in der Bearbeitung angreifen?

Diese Frage ist durchaus nicht so trivial, wie sie sich anhört. Die Antwort auf diese Frage trägt sicher auch dazu bei, zu klären, ob Reaktionsschichten während der Metallbearbeitung, aber auch generell in der Schmierung entstehen oder nicht.

Hier erscheint es sinnvoll noch einmal zu definieren, was unter einer Reaktionsschicht zu verstehen ist und was nicht, da es bei Verwendung des Begriffes „Reaktionsschicht" unterschiedliche Interpretationen gibt. Einige Autoren verstehen unter Reaktionsschicht alles, was nach dem tribologischen Vorgang auf der Oberfläche eines oder beider Tribopartner zu finden ist, gleich ob eine echte Additiv-Metall-Verbindung vorliegt oder nur Reaktions-(Zersetzungs-)Produkte der Schmierstoffe ohne Metall von den Tribopartnern. Eine solche Vermischung ist für eine saubere Klärung von Vorgängen auf Metalloberflächen wohl eher suboptimal.

Als Reaktionsschicht sollte ausschließlich das Entstehen einer echten Additiv-Metall-Verbindung oder eine chemische Veränderung der Metalloberfläche an sich (z. B. Metalloxidbildung) angesehen werden (z. B. Metallchloride beim Überleiten von Chlorgas über Metalle). Reaktions-(Zersetzungs-)-Produkte der Schmierstoffe ohne Metall (z. B. Zersetzungsprodukte von Zinkdithiophosphat) sind keine Reaktionsschichten, da hier die Metalloberfläche nicht verändert wird.

Wie oben schon erwähnt, bedarf es einer endlichen Zeit, damit eine chemische Reaktion ablaufen kann. Diese Zeit ist in der Metallbearbeitung (im Prozess selbst) nicht vorhanden. Bei Umlaufschmierung steht zwar genug Zeit zur Verfügung, doch hier wären echte Reaktionsschichten, mit Ausnahme von festen Metalloxiden, kontraproduktiv. Denn wenn sich Additiv-Metall-Verbindungen bilden würden, lägen diese zunächst auf der Metalloberfläche. In der Literatur werden solche Schichten als weicher, als die darunterliegende Metallschicht beschrieben, so dass in einem Tribokontakt die Additiv-Metall-Verbindung abgeschert würde und die freie Metalloberfläche zutage treten würde, die dann wieder eine Additiv-Metall-Verbindung bilden kann. Das Abscheren einer Additiv-Metall-Verbindung bedeutet Metallverlust, zumindest in der obersten Lage. Wenn sich der Vorgang wiederholt, wie bei einer Umlaufschmierung üblich, würde also Additiv-Metall-Verbindung um Additiv-Metall-Verbindung abgetragen werden. Das ist mit chemischer Korrosion gleichzusetzen und sollte tunlichst vermieden werden. Das hatten auch schon Bowden und Tabor [Bow 54] erkannt: (Bow 54, Kapitel XI, S. 240*): „The reactivity of the additive will, of course, depend largely on the type of operation for which it is being used. It is clear that for such processes as cutting and drawing a relatively unstable compound may be used, since corrosion is not of a very great importance. In a running machine, however, an additive which is too unstable under running conditions may do more harm than good if the high reactivity of the additive results in excessive chemical corrosion."* Und weiter im gleichen Absatz: *"The stability of the additive must be so chosen that under mild conditions there is adequate chemical reaction without excessive corrosion."* Mit anderen Worten: Echte Reaktionsschichten in Umlaufschmiersystemen sollten besser nicht auftreten.

Doch zurück zur Metallbearbeitung: In irgendeiner Form müssen die Additive wirken, sonst wären letztere komplett überflüssig. In der Umformung kann die Wirkung von Additiven noch relativ leicht erklärt werden, auch mit dem Reaktionsschichtmodell. Der Schmierstoff ist während des Umformprozesses zwischen Werkzeug und Werkstück eingeklemmt und die Additive könnten theoretisch mit beiden Oberflächen des Tribokontakts Reaktionsschichten ausbilden, wenn denn die Zeit reicht. Nicht zu erklären ist dann allerdings, warum auch Tribo-Systeme mit rostfreiem, also inertem Material und beschichteten Werkzeugen funktionieren. Beide Oberflächen lassen keine Reaktion in endlicher Zeit zu, trotzdem funktionieren die Umformungen. Kritiker könnten jetzt einwenden, dass dieses zuletzt genannte System eine Ausnahme von der Regel darstellen würde. Ein Gegenindiz stellt die Umformung von Buntmetallen mit hochgeschwefelten Schmierstoffen dar. Wird nach der Umformung schnell genug gereinigt, ist keinerlei Entstehung von Kupfersulfid zu beobachten, also keine Reaktionsschicht. Hinzu kommt, dass immer mehr Werkzeuge, auch in der Umformung von Kohlenstoffstählen, beschichtet werden, weil dann eine höhere Produktivität im Vergleich zu unbeschichteten Werkzeugen erreicht wird. Auch diese Beobachtung passt nicht so recht ins Bild der Reaktionsschichten.

Nun zur Zerspanung, auch hier wird es zunächst „philosophisch". An welcher Stelle im Tribosystem Zerspanung wirkt der Schmierstoff wie? Stellen wir uns einmal den idealen Schneidkeil vor **(Bild 9-16).**

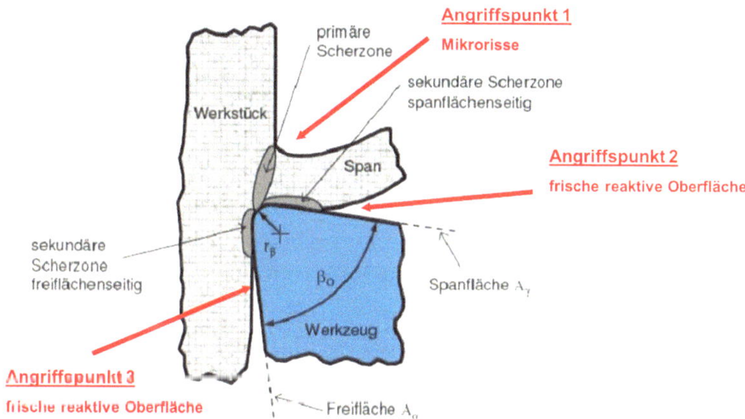

Bild 9-16: Idealer Schneidkeil mit Angriffspunkten für den Schmierstoff

Der Schmierstoff kann nur an den im **Bild 9-16** genannten Angriffspunkten in das System eingreifen. Im Angriffspunkt 1, vor dem Span, herrscht eine moderate Temperatur und kein Druck. Es liegen allerdings Mikrorisse vor, die für den Rehbinder-Effekt hilfreich sind. Im Angriffspunkt 2 und 3, wenn sich der Span von der Spanfläche des Werkzeugs bzw. die abgespante Fläche von der Freifläche des Werkzeugs trennt, liegen frische reaktive Oberflächen und hohe Temperaturen vor. Also nahezu ideale Bedingungen für die Ausbildung einer Reaktionsschicht. Ob sich wirklich eine solche Schicht ausbildet, ist auch nur durch Indizien belegt. Aber selbst, wenn das der Fall sein sollte, hätte eine Reaktionsschicht an diesen Punkten für den Zerspanprozess keine Relevanz mehr, da beide Angriffspunkte der primären und den sekundären Scherzonen nachgelagert sind. Somit bleibt der Angriffspunkt 1 für die Zerspanung entscheidend. Unglücklicherweise sind in allen Untersuchungen zum Tribosystem Zerspanung ausschließlich die Spanrückseite und die abgespante Fläche untersucht und für die Erklärung der tribologischen Vorgänge am Schneidkeil herangezogen worden.

9.9 Zusammenfassung

Metallbearbeitungsprozesse sind mehr oder weniger schnell, d. h., die Zeit für chemische Reaktionen von Additiven aus Metallbearbeitungsflüssigkeiten mit Metalloberflächen ist relativ kurz. Auch die oben beschriebenen hohen Temperaturen haben nur Einfluss auf das Geschehen, wenn sie lange genug einwirken können. Selbstverständlich sind ionische oder radikalische Mechanismen schnell genug, um Wechselwirkungen mit der Metalloberfläche zu erklären. Liegen jedoch Additive mit eher kovalenten Bindungscharakter im Molekül vor, wie z. B. langkettige Chlorparaffine oder Schwefelverbindungen, ist es tatsächlich eine Zeitfrage, was auf der Metalloberfläche im Tribokontakt passiert.

10 Chlorparaffine

Joachim Schulz

10.1 Einleitung

Auch wenn in den letzten 30–35 Jahren viele Anstrengungen zur Ablösung von Chlorparaffinen in Metallbearbeitungsölen, und hier speziell in Umformprodukten, unternommen wurden, verläuft eine vollständige Ablösung doch sehr zögerlich. Trotz der im Vergleich zu chlorfreien Ölen hohen Entsorgungskosten und den Aufwendungen zur Beseitigung von Schäden durch Chlorkorrosion erscheint für viele Anwender der Einsatz von chlorhaltigen Ölen immer noch kostengünstiger. Die Werkzeugstandzeit ist für den Anwender das entscheidende Kriterium. Chlorfreie Öle sind inzwischen in der Lage die gleichen Standzeiten zu erzielen wie chlorhaltige Produkte bzw. in einigen Fällen auch zu übertreffen. Allerdings hindern die reinen Einstandskosten. Möglicherweise wird die aktuelle Gesetzgebung ein Umdenken erzwingen. Tribologisch sind Chlorparaffine, gerade wegen ihrer guten Wirkung auf rostfreien Materialen interessant, da eine relativ einfache Struktur vorliegt, die sich für Modelluntersuchungen hervorragend eignet.

Im Brandfall können Salzsäure sowie möglicherweise Dioxine entstehen. Chlorparaffinhaltige Abfälle müssen daher als Sondermüll entsorgt werden. Chlorparaffine sind wie die anderen chlorierten Kohlenwasserstoffe sehr langlebig (in Standardtests biologisch nicht abbaubar) und fettlöslich. Sie reichern sich im Fettgewebe, in der Niere und in der Leber an. Die akute Toxizität von Chlorparaffinen ist gering. Die chronische Toxizität nimmt mit fallender Kohlenstoff-Kettenlänge zu.

Chlorparaffine neigen in Gegenwart von Luftfeuchtigkeit zum Abspalten von Chlorwasserstoff, der sich mit der Feuchtigkeit zu Salzsäure verbindet. Diese Produkte haben neben der allgemein bekannten Chlorkorrosion an Maschinen, Werkzeugen und Werkstücken natürlich auch Einfluss auf den Organismus der Mitarbeiter, die mit den chlorhaltigen Ölen arbeiten. Hier sollte besonders der Langzeiteinfluss (chronische Toxizität) beachtet werden. [Gestis]

Weniger bekannt, deswegen aber nicht ungefährlicher, ist die Tatsache, dass im Umform- und Feinschneidprozess im Falle der Verwendung von chlorhaltigen Ölen Dioxine entstehen können. In Betrieben, in denen mit chlorhaltigen Ölen gearbeitet wird, sind in den Absauganlagen Dioxine nachgewiesen worden. Dass die Dioxinbildung möglich und auch wahrscheinlich ist, ist in der BGI 722 Dioxine [BGI 722] beschrieben. Die früher bei Metallverarbeitern weit verbreitete Chlorakne ist wahrscheinlich auf das Einatmen von Dioxinen zurückzuführen [Gestis]

Aus den zuletzt genannten Gründen wird weiter am Ersatz von chlorhaltigen Ölen gearbeitet, wobei der ökonomische Aspekt nicht aus den Augen verloren werden darf.

10.2 Besonderheiten von chlorhaltigen Ölen

Zunächst ist zu bemerken, dass die meisten chlorhaltigen Praxisöle neben den Chlorparaffinen noch andere Additive, wie sie auch in chlorfreien Ölen eingesetzt werden, enthalten. In der Literatur wurde das mit der geringen Adsorptionsfähigkeit der Chlorparaffine selbst erklärt [Mould 73]. Zusätzliche Additive sollen die Adsorptionsfähigkeit verbessern. Das steht aber im Widerspruch zum Verhalten auf austenitischen Stählen. Hier zeigen bisher auch Öle, die ausschließlich mit Chlorparaffinen additiviert sind, ganz deutlich bessere Leistungen als viele chlorfreie Additivkombinationen. (Inzwischen gelten Chlorparaffine als polare Additive mit einer ausgeprägten Adsorptionsneigung.)

Bei den zu beobachtenden Effekten, die mit volladditivierten Praxisölen zustande kamen, sind daher immer Syn- oder Antagonismen zwischen den Additiven mitzubedenken. Nichtsdestotrotz funktionieren chlorhaltige Öle bei allen Umformvorgängen und allen Materialien, speziell auch bei hochlegierten austenitischen Stählen. Das ist selbst dann der Fall, wenn das Öl, z. B. beim Rohr- und Stangenzug, erst unmittelbar vor dem Ziehring aufgebracht wird und die Ziehgeschwindigkeit sehr hoch ist. Die meisten chlorfreien Öle haben da so ihre Probleme, auch wenn ihnen eine längere Reaktionszeit eingeräumt wird. Bei der Bearbeitung von hochlegierten austenitischen Stählen tritt bei Verwendung von chlorhaltigen Ölen kaum Adhäsionsverschleiß auf, der bei vielen chlorfreien Ölen die Hauptursache für das vorzeitige Werkzeugversagen ist.

10.3 Zur Reaktionsweise von chlorhaltigen Verbindungen (Literaturauswertung)

Die frühe Literatur beschäftigt sich weniger mit Chlorparaffinen als mit definierten chemischen Verbindungen, wie z. B. Tetrachlorkohlenstoff, Chloroform oder definierten organischen Chloriden. Die Vorgehensweise erscheint auf den ersten Blick sehr sinnvoll, sollte es doch bei definierten Verbindungen einfacher sein, den Reaktionsmechanismus zu ergründen. Die Gefahr besteht aber darin, dass sich definierte Verbindungen aufgrund ihrer chemischen Struktur doch merklich in ihren Eigenschaften von, in der Praxis eingesetzten Rohstoffen unterscheiden können. Doch lassen Sie uns einen Blick in die veröffentlichten Ergebnisse werfen.

Eine der frühesten Arbeiten wurde von W. Davey [Dav 45] publiziert. Er nutzte für seine Versuche den Shell-Vier-Kugel-Apparat und kam nach seinen Experimenten zu dem Schluss, dass sich Eisenchloride als reibungsmindernde Schichten ausgebildet haben müssten. Er ging dabei davon aus, dass sich aus chlorhaltigen Additiven Chlor abspaltet, das dann mit der Metalloberfläche reagiert.

Bowden und Tabor [Bow 59] erzeugten Metallchloridschichten durch Überleiten von Chlorgas über Metalloberflächen. Das ist ein gesicherter Reaktionsweg, der über alle Zweifel erhaben ist. So sind denn auch die ermittelten tribologischen Daten zweifelsfrei richtig. Bowden und Tabor konnten nachweisen, dass der Reibwert erst ab ca. 300 °C ansteigt, was mit dem Schmelzpunkt von Eisenchlorid in Zusammenhang gebracht wird.

Zum Vergleich werden Messungen mit Eisenchlorid vorgeführt, dass separat hergestellt und in einer Etherlösung auf die zu prüfende Oberfläche aufgebracht wurde. Es wurden die gleichen Reibwerte ermittelt. Die Untersuchungen wurden dann mit drei verschiedenen langkettigen, halogenierten Paraffinkohlenwasserstoffen (**Bild 10-1**) wiederholt. Diese Verbindungen ähneln den zurzeit noch eingesetzten Chlorparaffinen. Die drei Prüfsubstanzen in **Bild 10-1** haben einen Schmelzpunkt von ca. 20 °C. Im festen Zustand (also unterhalb von 20 °C) haben die Verbindungen in allen Fällen eine niedrige Reibung: *„Oberhalb ihrer Schmelzpunkte von rund 20 °C waren Reibung und Verschleiß größer. Das Verhalten unterscheidet sich von dem der einfachen Paraffine nur durch den etwas niedrigeren Reibungskoeffizienten. Es hat deshalb den Anschein, als ob unter den herrschenden Versuchsbedingungen keine Reaktion zwischen den Verbindungen und der Oberfläche zur Bildung einer Metallchloridschicht stattfand. Die Reibung ist selbst bei erhöhten Temperaturen relativ hoch, was wiederum andeutet, dass diese Verbindungen chemisch nicht reagieren."* [Bow 59] Im Weiteren werden Versuche mit organischen Selendichloriden beschrieben. Diese doch etwas instabilen Verbindungen zeigen bei den Versuchen zwischen 150 und 180 °C eine starke Verminderung des Reibungskoeffizienten. Was Bowden und Tabor auf die Bildung einer Eisenchloridschicht zurückführen.[3] Erstaunlich, auch für Bowden und Tabor, ist allerdings die Tatsache, dass bei Verwendung von Kupfer bzw. Kadmiumoberflächen zwar ein Effekt erzielt wird, der aber deutlich unter den Werten für Stahl bleibt. In der Praxis sind Selendichloride natürlich nicht einsetzbar und haben mit Chlorparaffinen bis auf das Element Chlor nichts gemein.

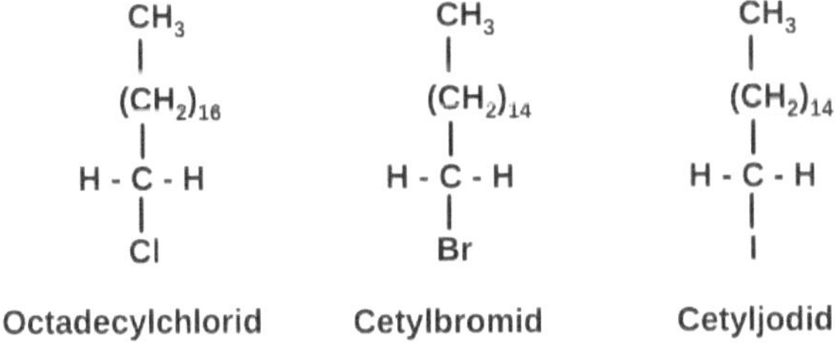

Bild 10-1: langkettige, halogenierte Paraffinkohlenwasserstoffe (Quelle: [Bow 59])

Zur Stabilität der Metallchloride, wenn diese denn vorhanden sind, schreiben Bowden und Tabor: *„Doch erfüllen sie ihre Aufgabe nur im wasserfreien Zustand richtig. Eine Hydrolyse infolge allfällig anwesender Feuchtigkeit verursacht rasch eine Verschlechterung ihrer Schmiereigenschaften. [...] Die Schmierwirkung organischer Stoffe, die Chlor enthalten, variiert mit der Stabilität der Verbindungen und mit der Natur der betreffenden Metalloberflächen. Langkettige Halogene wie beispielsweise Octadecylchlorid sind sogar bei 300 °C beständig, so dass keine Chloridschicht gebildet wird."* [Bow 59]

Kohn [Koh 65] kommt in Auswertung seiner Versuche mit einem „slow speed shear tester" zu dem Schluss, dass Tetrachlorkohlenstoff (CCl_4) Mikrorisse im Metall stabilisiert und

3 (Das soll an dieser Stelle auch nicht angezweifelt werden. /JS/)

somit zu einer Versprödung der Metalloberfläche führt, was eine Zerspanung erleichtern sollte. Kohn glaubte ebenfalls, dass die Bildung von Eisenchloriden notwendig sei. (Auf die Bedeutung von Mikrorissen für die Zerspanung und Umformung wird bei der Diskussion des Rehbindeeffekts näher eingegangen.)

Usui, Gujral und Shaw [Usu 61] untersuchten den Einfluss von CCl_4 auf die Zerspanung von Kupfer. Sie stellten fest, dass sich die Zerspankräfte erniedrigen, wenn CCl_4 auf die Rückseite des Spans, also die Seite, die gar nicht mit dem Schneidkeil in Berührung kommt, appliziert wird (**Bild 10-2**).

Eine ganz ähnliche Beobachtung, allerdings mit Rapsöl, ist schon bei Gottwein [Gott 28] zu finden.

Cassin und Boothroyd [Cass 65] definieren, neben der Stabilisierung der schon erwähnten Mikrorisse, auch eine Diffusion der Moleküle durch das Material, wenn die Moleküle nur klein genug sind. Es wird eine Reihe von realen Zerspanversuchen an Kupfer mit CCl_4 und anderen niedermolekularen Halogenverbindungen untersucht. Leider gibt die Literaturstelle keine Angaben über den zeitlichen Verlauf der Untersuchungen her (von der Zerspanung selbst abgesehen). Es ist somit für den Leser schwer zu beurteilen, wann Reaktionen zwischen dem Kupfer und den Halogenverbindungen aufgetreten sind, bei der Zerspanung selbst oder erst im Anschluss an diese.

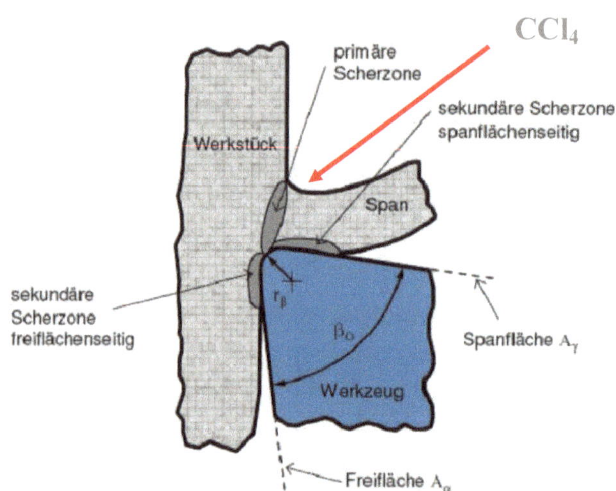

Bild 10-2: Schneidprozess (Quelle: WZL Aachen)

Mould et al. [Mould 72/II; Mould 73] untersuchten eine Reihe von definierten Chlororganischen Verbindungen. Sie erzeugten „Reaktionsschichten", indem sie Metall (Eisen) mehrere Stunden mit den zu untersuchenden Substanzen auf 200 °C erhitzten. Somit wurden grundsätzlich andere Bedingungen, im Vergleich zu denen, die bei der Metallbearbeitung (sehr kurze Zeiten und andere Temperaturen) herrschen, geschaffen. Zusätzlich wurde für die Experimente der Vier-Kugel-Apparat (VKA) und der Tapping-Torque-Test verwendet. Mould et al. stellten relativ gute Korrelationen zwischen den einzelnen Testen fest und erklärten alles mit der sich bildenden

Eisenchloridschicht.[4] In der Versuchsreihe wurde Tetrachlorkohlenstoff (CCl_4) mit betrachtet. Auffällig war dabei, dass die Späne, welche mit CCl_4 erzeugt wurden, Verschleißmarken zeigten, die mit den anderen Chlorverbindungen bzw. deren Abmischungen nicht auftraten. Dieser Punkt könnte zumindest ein Hinweis sein, dass kein einheitlicher Wirkmechanismus vorliegt. Allerdings erwies sich auch CCl_4 als sehr effizientes Additiv, was mit früheren Untersuchungsergebnissen anderer, schon genannter Autoren, übereinstimmt. Die Aktivität der untersuchten Chloride nimmt in folgender Reihe ab: Benzyl > CCl_4 > tertiäre Reste > sekundäre Reste > primäre und Aryl-Reste, wobei das s-Butylchlorid innerhalb dieser Untersuchungen eine Ausnahme bildete. Ein in dieser Reihe mit betrachtetes kommerziell verfügbares Chlorparaffin verhielt sich wie ein sekundäres Alkylchlorid. Bis auf die Ausnahme des s-Butylchlorids stimmt die ermittelte Reihe gut mit den allgemeinen elektronischen Eigenschaften von organischen Substituenten überein, je mehr Elektronendichte am Chloratom vorhanden ist (Elektronen schiebende oder ziehende Effekte der Substituenten), umso größer ist die Effizienz der Verbindung. Mould et al. sprechen von Reaktivität und versuchen sich in einer Theorie zur Eisenchloridbildung. Es wird auch der Versuch unternommen, eine Erklärung dafür zu finden, dass Chlorverbindungen im Gegensatz zu Schwefelverbindungen auch in Abwesenheit von Sauerstoff tribologisch funktionieren.

Dieses Phänomen wurde schon von Godfrey [God 62] diskutiert. Eine Erklärung sehen Mould et al. in der Bildung der Eisenchloridschichten, deren Entstehungsmechanismus keinen Sauerstoff benötigt. Die „Reaktionsschichten", die durch Organo-Schwefel-Verbindungen entstehen, werden als eine Mischung von Eisen-Sauerstoff- und Eisen-Schwefel-Verbindungen betrachtet (nähere Informationen und Diskussionen im Abschnitt zu den Schwefel-Additiven).

Ob und wie sich eine Eisenchloridschicht ausbildet, wird einige Absätze später diskutiert.

In einer späteren Arbeit [McCar 78] wurden die Versuche aus [Mould 73] wiederholt und die Metalloberflächen respektive die „Reaktionsschichten" mit Auger-Spektroskopie untersucht. Im Ergebnis dieser Untersuchungen konnten an der Oberfläche hohe Konzentrationen an Chlor gefunden werden, die dann mit der Tiefe rapide abnahmen. Benzylchlorid zeigte eine höhere Oberflächenkonzentration als das kommerzielle Chlorparaffin.[5]

Eine jüngere Arbeit [Lara 96] beschäftigt sich mit der Wachstumskinetik von Eisenchloridschichten durch die thermische Zersetzung von CCl_4 an Eisenoberflächen. Auch hier

4 (Diese ist unter den drastischen Bedingungen (200° C) und der langen Zeit (6 Stunden) möglicherweise auch entstanden. Sicher aber nicht im Tapping-Torque-Test direkt beim Versuch, doch dazu später. /JS)

5 (Auch dieses Ergebnis steht mit den schon erwähnten elektronischen Effekten in den untersuchten Molekülen im Einklang. Eine hohe Konzentration eines Elements an der Oberfläche kann auch durch Adsorption hervorgerufen werden, ohne dass eine wirkliche „Reaktionsschicht" vorliegt. Gerade Atome von chemischen Elementen mit hoher Elektronegativität, also verfügbaren Elektronenpaaren am Atom, wie zum Beispiel Chlor, aber auch Sauerstoff und Schwefel, weisen eine sehr starke Affinität zu Metalloberflächen auf. Die dann wirkenden Kräfte sind im Bereich der Van-der-Waalsschen Wechselwirkungen zu suchen. Diese werden im Vergleich mit einer echten chemischen Bindung zwar als eher schwach eingeschätzt, doch sind sie speziell bei sehr kleinen Abständen zwischen den agierenden Atomen bzw. Molekülen nicht zu unterschätzen. Hinzu kommt, dass Van-der-Waalssche Wechselwirkungen eines der Grundprinzipien in der Natur darstellen und speziell in der Biochemie als die entscheidende Kraft betrachtet werden. /JS)

kommen wieder sehr lange Reaktionszeiten und hohe Temperaturen zum Einsatz. Die experimentell sehr sauber durchgeführte Arbeit beweist, dass die Schichtbildung von Eisenchloriden eine Funktion der Zeit und der Temperatur ist. Höhere Temperaturen und längere Zeiten führen zu dickeren Eisenchloridschichten.

Mit dem vorstehenden Abschnitt soll nicht in Abrede gestellt werden, dass Chlorverbindungen mit Metallen reagieren können, sondern nur dass, wie schon angesprochen, die Bedingungen in der Metallbearbeitung (Zerspanung / Umformung) grundsätzlich andere sind. Das trifft im Übrigen auch auf die anderen Additiv-Klassen zu, doch das soll dann in den entsprechenden Abschnitten besprochen werden. Allerdings setzen sich die meisten Autoren über diese Tatsache einfach hinweg und gestalten ihr Versuchsdesign weit weg von der Praxis. Die nächste hier vorgestellte Arbeit [Petr 00] ist dafür ein Beispiel.

Es werden Ergebnisse aus Streifenziehversuchen, die dem Abstreckziehen entsprechen, mit Versuchen verglichen, in denen die Metalle, die im Edelstahl AISI 304 (1.4301) vorkommen als Reinsubstanzen zur Reaktion gebracht werden. Jeder Wissenschaftler, der sich mit Metallen beschäftigt weiß, dass Eisen, Nickel und Chrom nicht als reines Element auf der Oberfläche von 1.4301 sondern Nickel und Chrom als Oxide vorliegen, die als eine „feste“ Schutzschicht dem Edelstahl seine nichtrostenden Eigenschaften verleihen. Diese Oxide sind im Vergleich zu den reinen Elementen relativ reaktionsträge.

Bei den Abstreckziehversuchen konnte gezeigt werden, dass Chlorparaffin eine glatte Oberfläche erzeugt, während Dialkypolysulfid die Oberfläche stark aufraut. Die gezogenen Edelstahlstreifen wurden dann mit XPS untersucht. Schwefel und Chlor konnten eindeutig nachgewiesen werden. Allerdings auch Sauerstoff, der sicher zum Teil aus den Oxiden stammt. Der „überzählige“ Sauerstoff wird durch adsorptive Effekte der Reinigungsflüssigkeit mit der Metalloberfläche erklärt. Um auszuschließen, dass die Chlor- bzw. Schwefeladditive auch nur durch Adsorption auf der Metalloberfläche bleiben, wurden Streifen mit den Additiven beschichtet und dann ohne Abstreckversuch wieder gereinigt und untersucht. Auch in diesen Versuchen konnte Schwefel oder Chlor auf der Oberfläche nachgewiesen werden. Allerdings beobachten Petrushina et al. eine leichte Verschiebung der Signale der Bindungsenergie, was mit einer chemischen Reaktion der untersuchten Additive mit der Metalloberfläche erklärt wird.[6] Anschließend werden mittels Differenz-Thermo-Analyse (DTA) die reinen Metalle mit den EP-Additiven behandelt. Hierbei werden tatsächlich chemische Reaktionen beobachtet. Leider sind die Bedingungen ganz andere als in der Praxis (reine Metalle und keine Oxide, sehr lange Zeiträume und sehr hohe Temperaturen). Die Ergebnisse, so schön diese auch sind, sollten in Bezug auf Praxisvorgänge eher mit großer Vorsicht betrachtet werden. Zum Ende der Arbeit werden noch drei AES-Sputter Profile gezeigt, in denen allerdings nur die Elemente Eisen, Chrom und Sauerstoff gezeigt

6 (Die gefundenen Unterschiede sind relativ gering und könnten auch anders erklärt werden, nämlich einfach mit einer Veränderung im EP-Additiv-Molekül selbst. Würde Schwefel reagieren und wäre eine wirkliche Metall-Sulfid-Schicht entstanden, wäre es wohl kaum zu einer so starken Aufrauung der Metalloberfläche gekommen, wie diese gefunden wurde. Außerdem erwähnen Petrushina et al. eine Pittingkorrosion der Metalloberfläche mit den Polysulfiden, die aber erst nach längerer Lagerzeit beobachtet wurde. Im Falle einer Reaktion während der Ziehversuche, hätte ein solcher Vorgang auch schon zu beobachtet werden können. /JS)

werden. Es werden jeweils die Profile vor dem Abstreckziehen und danach vorgeführt. In allen drei Fällen, Ziehen nur mit Mineralöl, mit Polysulfid bzw. Chlorparaffin, nimmt der Sauerstoffgehalt an der Oberfläche zu und folglich der Eisengehalt ab. Am stärksten ist dieser Effekt mit Chlorparaffin ausgeprägt. Auch wenn Petrushina et al. wieder chemische Reaktionen zur Erklärung bemühen, kommen sie doch zu dem Schluss, dass wahrscheinlich Restrukturierungen im gezogenen Material einen erheblichen Einfluss haben sollten und der hohe Sauerstoffanteil mit einer erneuten Passivierung der Oberfläche einhergeht. Vermutlich ist das die korrekte Erklärung, denn speziell beim Abstreckziehen kommt es zu einer Oberflächenvergrößerung aus dem Material heraus, die umso größer ist, je leistungsfähiger der Schmierstoff ist.

Eine der letzten Arbeiten, die sich mit chlorierten Additiven beschäftigen, ist die von Furlong et al. [Fur 08]. Hier werden Additive sowohl im Hochvakuum als auch unter Druck untersucht. Leider bleiben Furlong et al, trotz weitschweifiger Erläuterung ihrer sehr aufwendigen Versuchsapparatur, dem Leser die Erklärung schuldig, wie sie es fertigbrachten, im Hochvakuum von 5 x 10^{-5} Torr leichtflüchtige Substanzen wie CH_2Cl_2, $CHCl_3$ und CCl_4 dazu zu veranlassen, sich nicht fein in der Apparatur zu verteilen, sondern genau auf den Prüfkörper zu setzen. Das erschwert die Interpretation der Messergebnisse ungemein, so dass diese Arbeit nicht weiter ausgewertet werden, sondern nur als Beispiel dienen soll, wie weit es möglich ist, sich von der Realität (Praxis) zu entfernen.

Auch andere Autoren erklären die Wirkungsweise von Chlorparaffinen durch Bildung einer Metallchloridschicht. Zur Metallchloridbildung sind in der Literatur sehr unterschiedliche Angaben, sowohl zum Mechanismus als auch zu den Metallchloriden selbst, zu finden. Die Wirksamkeit von Chlorparaffinen als EP-Wirkstoff beruht nach Landau [Lan 86] auf der Eigenschaft bei Temperaturbeanspruchung Chlorwasserstoff abzuspalten. Die Abspaltungstemperaturen liegen (lt. Literatur) zwischen 180 und 230 °C. Der Chlorwasserstoff reagiert mit der Metalloberfläche und bildet einen Film von Metallchlorid. *„Im Falle von Eisen bildet sich primär ein Eisen-II-Chloridfilm, dessen Schmelzpunkt bei 670 °C liegt.“ [Lan 86]*

Nach Bowden und Tabor sind die Grenzschmierfilme infolge ihrer relativ geringen Scherfestigkeit durch niedrige Reibungsbeiwerte ausgezeichnet. Bowden und Tabor haben nachgewiesen, dass die Grenzschmierfilme dann in ihrer trennenden Wirkung versagen, wenn sie in den flüssigen Zustand übergehen, also oberhalb ihres Schmelzpunktes [Bow 59 / Bar 60].

An anderer Stelle [Frei 95] werden, je nach Stabilisierung der Chlorparaffine, Temperaturen für die Abspaltung von Chlorwasserstoff von ca. 100 °C genannt. Oft wird als erster Schritt der Chlorwasserstoff-Abspaltung eine Hydrolyse durch Luftfeuchtigkeit postuliert [Mang 83]. In jüngeren Arbeiten [Frei 95 / Mang 83 / Möll 87] wird, im Fall einer Eisenoberfläche, von der Bildung einer Eisen-III-Chloridschicht ausgegangen, die dann bis zu einer Temperatur von 300–400 °C wirksam sein soll.[7] Nach [Möll 87] entsteht bei der Reaktion von wasserfreiem Chlorwasserstoff mit Eisen Eisen-II-chlorid, das in salzsaurer Lösung unter

7 (Der Schmelzpunkt von rhomboedrischem schwarzbraunem Eisen-III-chlorid beträgt ca. 300 °C. Das monokline gelbbraune Hexahydrat des Eisen-III-chlorids ist stark wasseranziehend und schmilzt bereits bei 35 °C./JS)

Einwirkung von Luftsauerstoff allmählich zum Eisen-III-chlorid oxidiert wird. **Bild 10-3** gibt einen kurzen Überblick über die vorab genannten Reaktionswege.

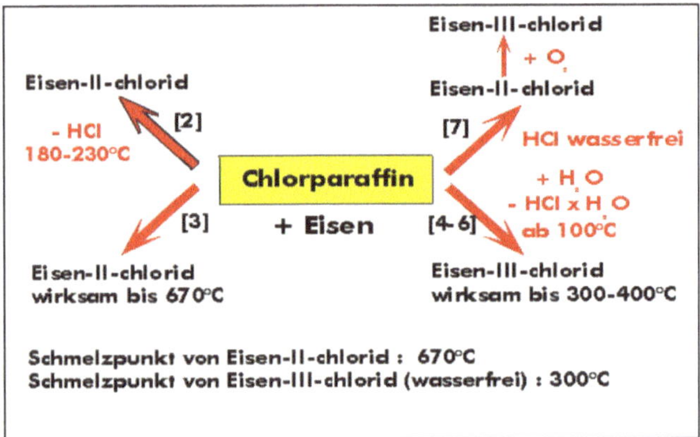

Bild 10-3: In der Literatur diskutierte Reaktionswege von Chlorparaffinen

Kuwer [Kuw 07] findet in seinen Experimenten (Stift-Scheibe-Tribometer) mit verschiedenen Materialien auf rostfreiem Stahl (1.4301) nur bei der Verwendung von 1.2379, als Stiftmaterial, Eisenchlorid-Schichten auf dem Stift selbst (**Bild 10-4; 10-5**). Auch nach Versuchslaufzeiten von 20 Minuten und einem hochchlorhaltigen Öl ist in keinem Fall Chlor auf dem 1.4301 nachzuweisen (**Bild 10-6**).

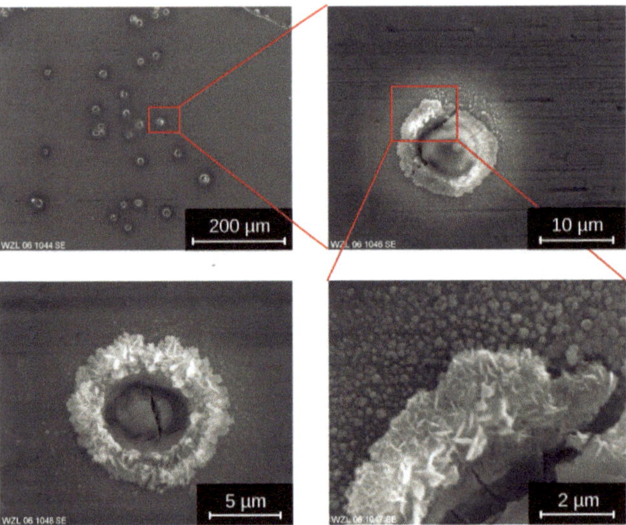

Bild 10-4: Chlorkorrosion auf 1.2379-Stift nach Reibversuch (Stift-Scheibe) auf 1.4301-Scheibe (Quelle: Kuwer (WZL Aachen) [Kuw 07])

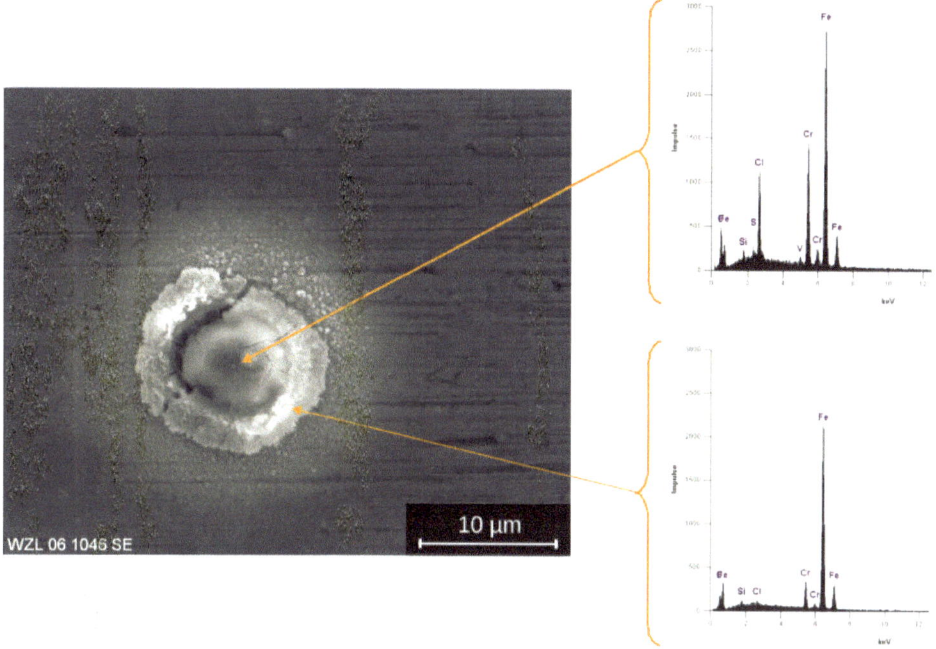

Bild 10-5: Chlorkorrosion auf 1.2379-Stift nach Reibversuch (Stift-Scheibe) auf 1.4301-Scheibe (Quelle: Kuwer (WZL Aachen) [Kuw 07])

In den Bildern sind die Eisen(III)chlorid-Kristalle zum Teil sehr gut zu erkennen, aber auch schon das Zerfließen unter dem Einfluss der Luftfeuchtigkeit.

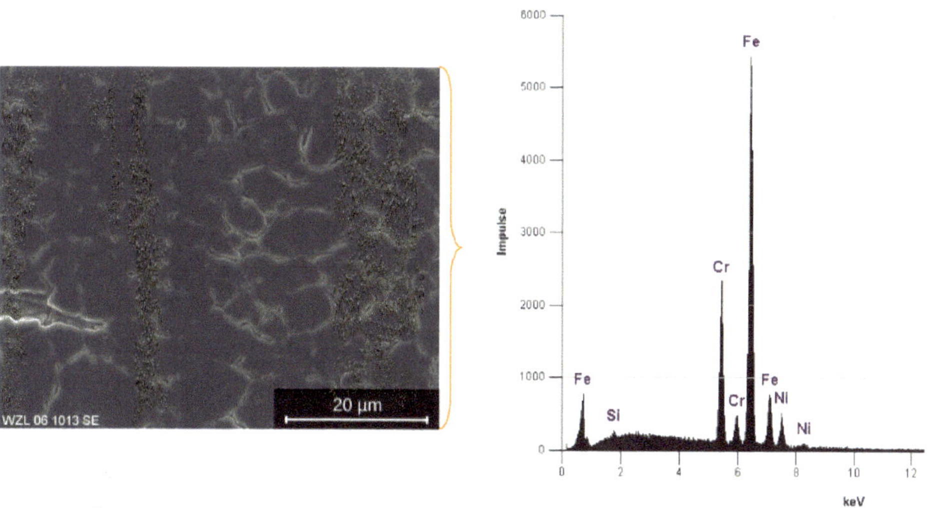

Bild 10-6: 1.4301 in der Reibspur nach 20 Minuten, Stift nach Reibversuch (Stift-Scheibe) auf 1.4301-Scheibe (Quelle: Kuwer (WZL Aachen) [Kuw 07])

10.4 Eigene Laboruntersuchungen

Chlorhaltige Öle zeigen auf Laborprüfmaschinen ein scheinbar widersprüchliches Verhalten. Jedem Schmierstoffchemiker ist bekannt, dass chlorhaltige Öle die besten Werte im VKA-Kalottenverschleißtest zeigen. Die VKA-Schweißkräfte nehmen sich dazu im Vergleich eher dürftig aus. Auch die Reibquotienten von chlorhaltigen Ölen auf dem Stift-Scheibe-Tribometer sind nicht die allerbesten. Diese Ergebnisse gelten für DIN-gemäße Prüfkörper aus 100Cr6. Werden Prüfkörper aus hochlegierten austenitischen Stählen eingesetzt sind chlorhaltige Öle mit an der Spitze, was den Verschleißschutz angeht, zu finden. In die nachfolgenden Untersuchungen wurden auch andere Additive mit einbezogen, auf die an dieser Stelle nur am Rande eingegangen wird.

10.4.1 Stift-Scheibe-Versuche

1.2379-Stift (unbeschichtet / beschichtet) auf 16MnCr5-Scheibe

Ausgehend von der Arbeitshypothese, dass Chlorparaffine in erster Linie mit den oxidisch gebundenen Metallatomen wechselwirken, wurden zunächst noch einmal die in [Schu 06] beschriebenen Versuche gründlich ausgewertet. In [Schu 06] sind nur Stift-Scheibe-Versuche mit der Paarung unbeschichteter Werkzeugstahl / 16MnCr5 beschrieben. Die ermittelten Reibquotienten der chlorhaltigen Produkte sind deutlich schlechter als die der chlorfreien Öle. Die Oberflächen der Reibstifte sehen bei den chlorhaltigen besser aus (**Bild 10-7**). Wahrscheinlich lagen auf der Oberfläche der verwendeten Reibstifte mehr Oxide vor, so dass es für die Chlorparaffine gute Andockmöglichkeiten gab und die darunter liegende Oberfläche geschützt war. Die Oberflächentopografie bleibt also erhalten und der Verlauf ist eher etwas „holprig“, was in den relativ großen Reibquotienten (**Tabelle 10-1**) zum Ausdruck kommt. Trotzdem kommt es zu keiner Beschädigung der Metalloberflächen. Die chlorfreien, schwefelhaltigen Produkte führen zur Bildung von weichen Reibbelägen, wodurch die Oberfläche eingeglättet und ein niedriger Reibquotient erzielt wird.

Je Muster wurden 3 Reibversuche auf Reibspuren mit Radien von 70, 80 und 90 mm durchgeführt. Die in **Tabelle 10-1** aufgelisteten Werte stellen die Mittelwerte dar. Bewertet wurden der Reibwert sowie der gravimetrische Stiftverschleiß, der sowohl abrasiv (Gewichtsabnahme) als auch adhäsiv (Gewichtszunahme) ausfallen kann. Im Falle starken Adhäsionsverschleißes, der bei völligem Versagen des Schmierfilms eintritt, kommt es zu einer Art Aufbauschneidenbildung, die in **Tabelle 10-1** als „Fresser“ bezeichnet wird. Dabei ist zu bemerken, dass die ersten Platzierungen bezüglich Verschleißverhalten durch eine Gewichtsabnahme (überwiegend abrasiver Verschleiß) zustande kommen und auch die nachfolgenden Plätze in den tatsächlichen Verschleißwerten nur sehr schwach variieren.

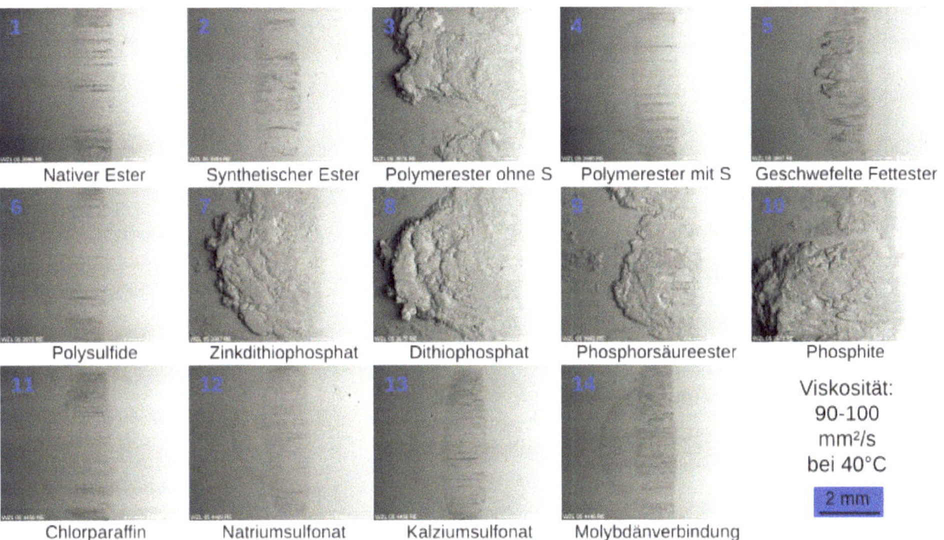

Bild 10-7: REM-Aufnahmen der Reibstifte, 1.2379-Stift nach Reibversuch, Stift-Scheibe auf 16MNCr5-Scheibe (10 % Additiv in Mineralöl) (Quelle: Maßmann (WZL Aachen) [Mass 07])

Nr.	Grundöl	Additiv (10 %)	Brugger 100Cr6	Platz	Brugger 1.4301	Platz
1	Mineralöl	Native Ester	21	27	13,5	27
2	Mineralöl	Synthetische Ester	21,3	26	14,6	26
3	Mineralöl	Polymerester ohne Schwefel	26,3	25	17,3	20
4	Mineralöl	Polymerester mit Schwefel	55,3	17	19,2	12
5	Mineralöl	Geschwefelte Fettester	66,3	13	20	10
6	Mineralöl	Polysulfide	115,6	5	25,7	3
7	Mineralöl	Zinkdithiophosphat	53,1	18	16,4	21
8	Mineralöl	zinkfreie Dithiophosphate	55,8	16	16,3	22
9	Mineralöl	Phosphorsäureester	44	23	18,4	17
10	Mineralöl	Phosphite	47,7	21	17,6	19
11	Mineralöl	Chlorparaffine	99,3	7	30,4	2
12	Mineralöl	Überbasische Sulfonate (Natrium)	56	15	15,9	24
13	Mineralöl	Überbasische Sulfonate (Calcium)	35,3	24	14,7	25
14	Mineralöl	Molybdänverbindungen	47,5	22	16,1	23
15	Mineralöl	S-Träger / Polymerester	49	20	18,9	13

16	Mineralöl	Aktive S-Träger / ungesättigte Ester	124	3	21,03	6
17	Mineralöl	S-Träger / Overbased Technologie	112,7	6	20,1	9
18	Mineralöl	S-Träger / Phosphorsäureester	55,3	17	21,1	5
19	Mineralöl	S-Träger / Zn-haltige Produkte	69,5	11	21,3	4
20	Mineralöl	S-Träger / Zn-freie Produkte	60,8	14	20,4	8
21	Praxisprodukt – chlorhaltig		214	1	39,9	1
22	Praxisprodukt – PEP-Schwefel-Technologie		117,1	4	20,5	7
23	Praxisprodukt – neue Technologie		139	2	19,3	11
24	Mineralöl	S-Träger / Zinkdithiophosphat	69,5	11	20,1	9
25	Mineralöl	S-Träger / Phosphit	52,4	19	18,8	14
26	nat. Ester	S-Träger / Zinkdithiophosphat	76,4	8	19,2	12
27	nat. Ester	S-Träger / Phosphit	66,5	12	18,2	18
28	synth. Ester	S-Träger / Zinkdithiophosphat	72,6	9	18,7	15
29	synth Ester	S-Träger / Phosphit	71	10	18,5	16

Tabelle 10-1: Ergebnisse des Stift-Scheibe-Versuchs nach Reibversuch, Stift-Scheibe auf 16MNCr5-Scheibe [Schu 06]

10.4.2 Beschichtungen auf den Stiften

Um zu erforschen, wie sich die unterschiedlichen Additivierungen beim Einsatz verschiedener PVD-Beschichtungen auswirken, wurden beschichtete Reibstifte aus Schnellarbeitsstahl mit einer Anpresskraft von 10 kN und einer Relativgeschwindigkeit von 50 mm/s für 30 min gegen massive Scheiben aus 16MnCr5 GKZ gerieben. Die Verläufe der Reibquotienten zeigen alle einen nahezu konstanten Verlauf. Starke Anstiege des Reibquotienten treten nicht auf. Bei ausreichender Auflösung der Messwerte zeigen sich jedoch reproduzierbare Unterschiede im Niveau des Reibquotienten. In **Bild 10-8** ist ein Vergleich der über die Zeit gemittelten Reibquotienten für die Kombination der 3 untersuchten Schmierstoffe mit 4 verschiedenen PVD-Beschichtungen dargestellt. Es ist hier zu beachten, dass volladditivierte Praxisprodukte getestet wurden. Dadurch sind syn- und antagonistische Effekte, welche die Messergebenisse beeinflussen, nicht auszuschließen. Während die Neuentwicklung und das chlorhaltige Produkt die Bildung von Aufschmierungen fast vollständig unterdrücken, bilden sich bei Verwendung der PEP-Schwefel-Technologie dünne Beläge in der Reibspur am Stift (**Bild 10-9**). Die Beläge bestehen überwiegend aus Eisen, Sauerstoff und den Additivelementen Schwefel und Kalzium. Die Beschichtungen zeigen untereinander auch Unterschiede, die sich sowohl im Reibquotienten als auch in der Belagbildung äußern. Die besten Ergebnisse wurden hinsichtlich beider Kriterien mit der TiCN-Beschichtung erzielt. Hier werden die niedrigsten Reibquotienten gemessen. Eine

Belagbildung findet nur in sehr geringem Maße beim Einsatz der PEP-Schwefel-Technologie statt.

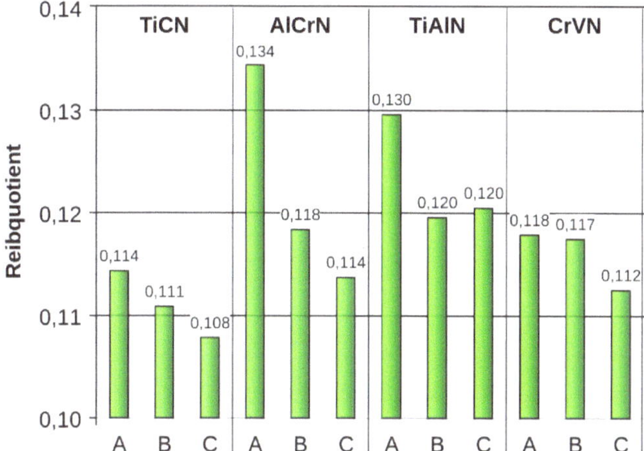

Bild 10-8: Mittlerer Reibquotient für verschiedene PVD-Beschichtungen in Kontakt mit 16MnCr5, A: chlorhaltig, B: PEP-Schwefel-Technologie, C: Neuentwicklung (Quelle: [Maas 07])

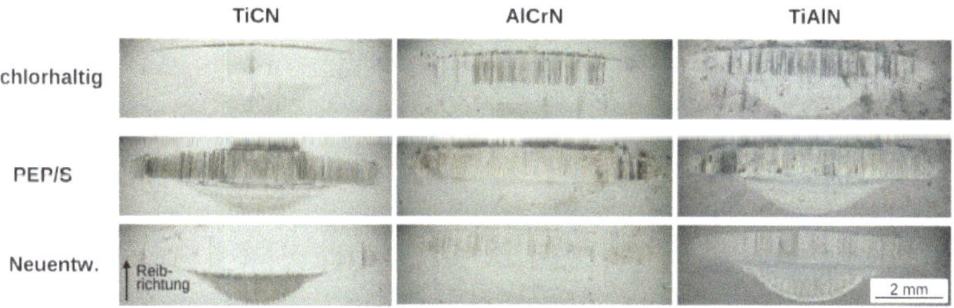

Bild 10-9: REM-Aufnahmen der Reibstifte (beschichtet) Stift, nach Reibversuch, Stift-Scheibe, auf 16MNCr5-Scheibe (formulierte Öle) (Quelle: Maßmann (WZL Aachen) [Mass 07])

10.4.3 Brugger-Werte

In den nachfolgend beschriebenen Brugger-Versuchen zeigt sich sehr deutlich, welchen Einfluss die Wahl der Oberflächen im Tribokontakt hat. Wird sowohl für den Prüfkörper und als auch für die Reibrolle ein austenitisches Material gewählt, versagt ein System, das der Hypothese nach eher chemisch wirkt, wie die PEP-Schwefel-Technologie komplett. Das erhärtet die Theorie, dass rostfreie Oberflächen inert sind. **Tabelle 10-2** zeigt die Kalottenwerte für verschiedene Materialpaarungen.

In **Bild 10-10** sind die Reibrollen aus 1.4301 nach dem Versuch abgebildet. Während die Reibspur beim chlorhaltigen Öl und der Neuentwicklung eher schmal ist und wie poliert erscheint, führt die PEP/S-Technologie zum Versagen der Schmierung, was sich in der rauen und sehr breiten Reibspur äußert. Auf dem relativ reaktionsträgen 1.4301 kann sich die Chemie der PEP/S-Technologie kaum entfalten und damit die Oberfläche auch nicht wirksam schützen. So können Reibrolle und Prüfkörper miteinander verschweißen und sich durch die Kraft der Prüfmaschine wieder voneinander trennen, was zur Aufrauung der Oberfläche führt.

Ganz ähnlich scheint der Vorgang beim Stift-Scheibe-Versuch (keramischer Stift gegen 1.4301-Scheibe) im nächsten Abschnitt zu erklären zu sein.

Material der Reibrolle	Material des Prüfkörpers	Bruggerwert [N/mm²]		
		chlorhaltiges Öl.	PEP / S-Technologie	Neuentwicklung
X210CrW12 1.2436 (60 HRC gehärtet)	100Cr6 1.2067	214	117,1	142
X210CrW12 1.2436 (60 HRC gehärtet)	X8CrNiS18-9 1.4305	39,9	20,5	30,5
X5CrNi18-10 1.4301	X8CrNiS18-9 1.4305	128,6	16,3	128,6

Tabelle 10-2: Bruggerwerte mit verschiedenen Materialpaarungen

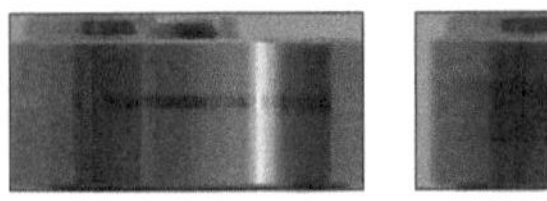

chlorhal. Produkt

PEP/S-Technologie

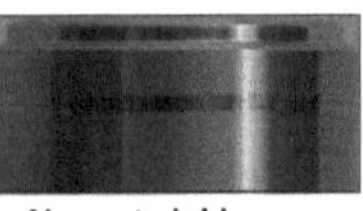

Neuentwicklung

Bild 10-10: Brugger-Reibrollen aus 1.4301 nach dem Versuch

10.4.4 Stift-Scheibe-Versuche - keramischer Stift auf 1.4301-Scheibe

Für die Untersuchung zur Substitution chlorhaltiger Schmierstoffe wurde Si_3N_4 (Siliziumnitrid) als Werkzeugwerkstoff gewählt. Dieser Werkzeugwerkstoff hat sich bei Anwendern der Tiefziehbranche in der Verarbeitung austenitischer, rostfreier Chrom-Nickel-Stähle bereits etabliert. Die Versuche sind jeweils mit einer Versuchsdauer von 20 Minuten sowie einer Normalkraft von 2 kN und einer Relativgeschwindigkeit von 15 mm/s durchgeführt worden. In **Bild 10-11** ist zu erkennen, dass das chlorhaltige Praxisprodukt nahezu keine Verschleißerscheinungen zeigt.

Auch das umgeformte Blech im Querschliff lässt erkennen, dass keine oberflächennahe Gefügeänderung vorhanden ist. Daraus ist zu schließen, dass eine optimale Materialtrennung zwischen Grund- und Gegenkörper mit diesem Schmierstoff erreicht wird. Die beiden vorgestellten Alternativen, PEP-Schwefel-Technologie und Neuentwicklung zeigen eklatante Unterschiede. Die Neuentwicklung verhält sich in Bezug auf den Verschleiß am Stift genauso wie das chlorhaltige Schmiermittel. Die PEP-Schwefel-Technologie hingegen versagt komplett. Nicht nur, dass ein erheblicher adhäsiver Verschleiß am Stift zu beklagen ist, auch der Werkstückwerkstoff ist einer nicht unerheblichen Gefügeänderung unterworfen. Im oberflächennahen Bereich ist die Kornstruktur nahezu vollständig zerstört. Neben den dargestellten Verschleißerscheinungen und Gefügeänderungen zeigen sich auch signifikante Unterschiede in den gemessenen Reibquotientenverläufen der beiden analysierten Alternativen zum chlorhaltigen Produkt, siehe **Bild 10-12**. Der Reibquotientenverlauf der Neuentwicklung liegt nahezu deckungsgleich mit dem des chlorhaltigen

Schmierstoffes bei einem Wert von 0,1. Die PEP-Schwefel-Technologie versagt auch hier. Der Reibquotient steigt in den ersten 4 Minuten der Versuchsdauer auf ein Maximum von knapp 0,6, um dann sukzessive wieder abzufallen. Das Abfallen der Kurve kann damit erklärt werden, dass sich die Aufschmierungen auf dem keramischen Grundkörper mit dem Gegenkörper „einschleifen" und somit die Reibung reduziert wird.

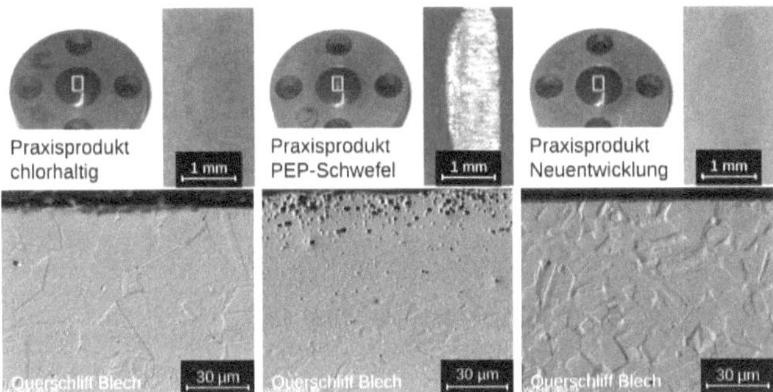

Bild 10-11: Ergebnisse der Tribometertests: Si_3N_4 im Kontakt mit X5CrNi18-10 (1.4301) mit unterschiedlichen Schmierstoffen (Quelle: Kuwer (WZL Aachen) [Kuw 07])

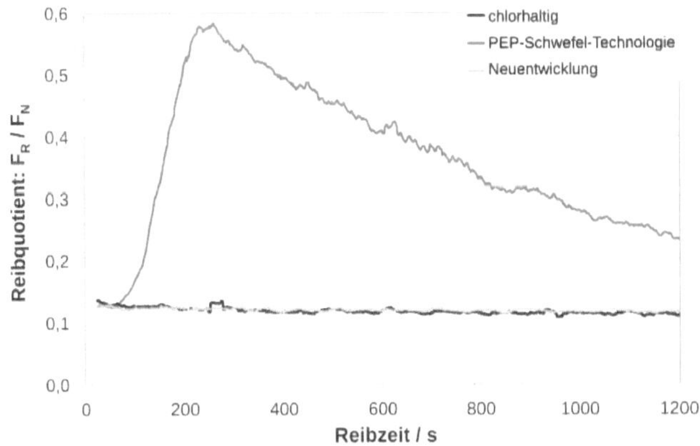

Bild 10-12: Reibquotientenverläufe der Tribometertests, Si_3N_4 gegen X5CrNi18-10 (1.4301) (Quelle: Kuwer (WZL Aachen) [Kuw 07])

10.5 Wie funktionieren Chlorparaffine wirklich? - Versuch einer Erklärung zur Wirkungsweise

Befreien wir uns zunächst einmal von allen vorstehend aufgeführten Beobachtungen und betrachten das Molekül „Chlorparaffin" an sich und denken über seine Wirkungs-„Reaktions-Möglichkeiten nach.

Bild 10-13 zeigt ein typisches mittelkettiges Chlorparaffin mit 16 Kohlenstoffatomen in der Kette.

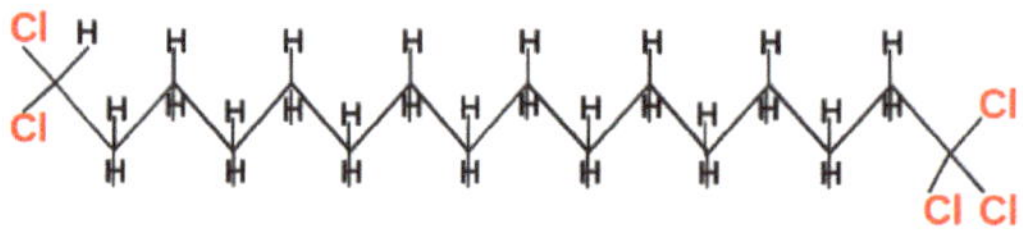

$C_{16}H_{29}Cl_5$ = 44 % Chlor/Molekül - 5 reaktive Zentr
$C_{16}H_{28}Cl_6$ = 49 % Chlor/Molekül - 6 reaktive Zentr

(% Chlor auf die Molekülmasse bezogen)

Bild 10-13: Chlorparaffin (mögliche Struktur)

Dem Chemiker fallen bei so einem Molekül drei Möglichkeiten der Wirkungsweise auf:

1. Abspaltung von Chlorwasserstoff,
2. Abspaltung von Chlorid- bzw. CCl_3-Radikalen,
3. Reine Adsorption aufgrund der relativ hohen Elektronegativität der Chloratome im betrachteten Molekül,

Alle drei Möglichkeiten werden sicher unter entsprechende Bedingungen eintreten können. Wie sieht es aber bei der Metallbearbeitung aus?

Fest steht, das chlorhaltige Öle, also Öle, die mit Chlorparaffinen additiviert worden sind, auf oder mit allen Metallen hervorragende Bearbeitungsergebnisse erbringen, die erst in jüngster Zeit durch chlorfreie Systeme erreicht bzw. übertroffen werden konnten [Schu 08]. Der molekulare Aufbau der Metalloberfläche spielt demnach keine Rolle, da selbst reaktionsträge Systeme, wie rostfreie Stahlqualitäten, ohne Probleme, auch bei hohen Geschwindigkeiten, bearbeitbar sind. Chemische Spezies, wie Tetrachlorkohlenstoff (CCl_4), Chloroform ($HCCl_3$) oder Methylenchlorid (CH_2Cl_2) werden aus Arbeitsschutzgründen nicht mehr eingesetzt.

Doch sollen jetzt die einzelnen Möglichkeiten mit Blick auf die Praxis der Metallbearbeitung genauer untersucht werden. Die zur Verfügung stehende Zeit in der Metallbearbeitung bewegt sich im Millisekunden-Bereich, ist also sehr kurz. Die Zeit nach der Bearbeitung, also die Zeit in der die Bearbeitungsflüssigkeit immer noch im innigen Kontakt mit der Metalloberfläche steht, ist dagegen sehr lang. Dieser Punkt ist ganz wichtig, da wir nur den Wirkmechanismus in der Bearbeitung selbst untersuchen wollen. Sekundärreaktionen, nach der Bearbeitung, können das Bild stark verfälschen. Allerdings stehen wir hier vor dem Problem, wie schon einleitend bemerkt, dass wir es in der Metallbearbeitung mit einem komplexen Geschehen zu tun haben. Einfache Modelle, so schön diese auch sind, können diese Komplexität kaum erfassen. Sicher laufen mehrere Mechanismen parallel ab und greifen vielleicht auch ineinander. Doch sollen hier zunächst die „reinen“ Mechanismen vorgestellt und diskutiert werden.

10.5.1 Abspaltung von Chlorwasserstoff

Wie schon vorab beschrieben, werden in der Literatur verschiedene Möglichkeiten der Chlorwasserstoffabspaltung diskutiert. Letztlich könnte auch ein Radikalmechanismus (gleichzeitige Abspaltung von Chlor- und Wasserstoff-Radikalen und deren anschließende Vereinigung) zur Chlorwasserstoffbildung führen. Der Radikalmechanismus kann in sehr kurzer Zeit ablaufen, während eine Hydrolyse sicher länger dauern wird. Gehen wir also rein hypothetisch gesehen davon aus, dass es möglich ist, innerhalb kürzester Zeit Chlorwasserstoff (als das entscheidende Agens) zu erzeugen.

Bei ferritischen Materialien ist es durchaus vorstellbar, dass sich dann in der schon angesprochen Zeit das Eisen mit dem Chlorwasserstoff zu Eisenchlorid als gleitaktive Schicht verbindet. Zumindest kann auf bearbeiteten Teilen Eisenchlorid nachgewiesen werden (es ist aber nicht bekannt, nach welcher Zeit die bearbeiteten Teile abgereinigt wurden). Bei hochlegierten austenitischen Stählen oder Buntmetallen greift diese Erklärung jedoch nicht. Austenitische Stähle sind passiviert (Chrom- und/oder Nickeloxide), Buntmetalle sind durch Chlorwasserstoff aufgrund ihrer Stellung in der elektrochemischen Spannungsreihe zu edel und reagieren deshalb nicht. (Der von Cassin [Cass 65] bei der Bearbeitung von Kupfer mit CCl_4 beobachtete dunkle Rückstand (Kupferchlorid?) kann also nicht durch die Reaktion mit Chlorwasserstoff entstanden sein).

Aus der Praxis ist bekannt, dass die so genannte Chlorkorrosion nicht sofort nach dem Bearbeitungsvorgang zu beobachten ist. Diese tritt erst Stunden später ein. Ein „zeitnahes" Abreinigen der mit chlorhaltigen Ölen umgeformten Teile kann die Chlorkorrosion sicher verhindern. In vielen Fällen werden auch so genannte Inhibitoren zur Anwendung gebracht, die den Chlorwasserstoff schon im Stadium seines Entstehens binden und damit unschädlich machen. Wenn aber, wie zuletzt geschildert, kein Chlorwasserstoff frei werden kann (zu kurze Zeit bzw. augenblickliches Abreagieren mit dem Inhibitor), ist auch eine Bildung von weichen Eisenchloridschichten unmöglich. Und trotzdem funktionieren inhibierte chlorhaltige Öle in der Praxis sehr gut. Auch bei sehr schnellen Umformungen, z. B. beim Rohr- und Stangenzug, wenn das Bearbeitungsmedium erst unmittelbar vor dem Ziehring aufgebracht wird und die Ziehgeschwindigkeit sehr hoch ist, funktionieren chlorhaltige, inhibierte Systeme einwandfrei. Viele chlorfreie Öle haben da so ihre Probleme, auch wenn ihnen eine längere „Reaktionszeit" eingeräumt wird.

Wahrscheinlich hielten die oben angeführten Autoren die gefundene Eisenchloridschicht für ein primäres Reaktionsprodukt des Umformprozesses und nicht für eine sekundäre Erscheinung. Natürlich kann die Bildung einer Eisenchloridschicht auf dem unbeschichteten Werkzeug nicht ausgeschlossen werden, da dieses ja längere Zeit im Eingriff ist und der in dieser Zeit eventuell entstehende Chlorwasserstoff mit dem Metall des Werkzeugs eine Reaktion eingehen kann. (Bei beschichteten oder keramischen Werkzeugen kann dies ausgeschlossen werden.) Allerdings würde die so entstandene Eisenchloridschicht unter dem Einfluss der Luftfeuchtigkeit allmählich zerfließen und damit unwirksam werden.

10.5.2 Radikalmechanismus

Die Bildung von Chlorradikalen aus Chlorparaffinen und auch aus Tetrachlorkohlenstoff (CCl_4), Chloroform ($HCCl_3$) oder Methylenchlorid (CH_2Cl_2) ist nicht von der Hand zu weisen. Solche Prozesse sind hinreichend schnell. Die Bildung von Kupferchlorid [Cass 65] ließe sich so zwanglos erklären. **Bild 10-14** zeigt die mögliche Radikalbildung am Beispiel von Tetrachlorkohlenstoff.

$$Cl-\overset{\displaystyle Cl}{\underset{\displaystyle Cl}{\overset{|}{\underset{|}{C}}}}-Cl \rightleftharpoons Cl-\overset{\displaystyle Cl}{\underset{\displaystyle Cl}{\overset{|}{\underset{|}{C^{\bullet}}}}} + Cl^{\bullet}$$

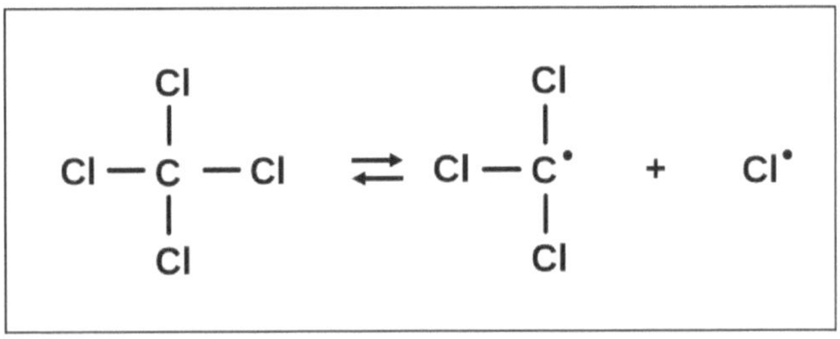

Bild 10-14: Radikalbildung am Beispiel von CCl_4

Wie schon erwähnt funktionieren Chlorparafine auch unter Schutzgas bzw. Weltraumbedingungen. Ein CCl_3-Radikal gilt als relativ stabil, was natürlich die Abspaltung eines Cl-Radikals begünstigt.

Ob sich Chlorparaffine genauso wie die kleinen Chlorverbindungen verhalten, ist eher zweifelhaft. Wenn Cl-Radikale entstehen, könnten diese auch mit Sauerstoff (Diradikal) reagieren und entsprechende Reaktionsprodukte bilden, von denen in der Literatur nicht berichtet wird. Doch auch hier stellt sich die Frage, ob bei den Untersuchungen überhaupt auf solche Spezies geachtet wurde.

Möglicherweise läuft der Radikalmechanismus bei Chlorverbindungen generell ab (ist aber abhängig von der Art des Moleküls (Aufbau und Größe) und von der Art des Reaktionspartners (Metall)), wird in den meisten Fällen aber vom Adsorptionsmechanismus (nächster Abschnitt) überdeckt (speziell bei Chlorparaffinen). Die schon aufgeführten Literaturquellen zu den kleinen Chlorverbindungen lassen beide Erklärungen zu.

Dass Radikale wirksam sind, lässt sich durch einfache tribologische Teste (Brugger-Maschine) mit Antioxidantien (die nur radikalisch wirken können) nachweisen. Aber auch hier zeigt sich, dass Verbindungen, die durch ihren molekularen Aufbau ein höheres Adsorptionspotential haben, die „besseren" Ergebnisse erbringen.

Ein Widerspruch zum reinen Radikalmechanismus ist vielleicht im Verschweißlast-Test mit 100Cr6-Kugeln am Shell-Vier-Kugel-Apparat zu finden. Hier ist ein chlorhaltiges Öl bekanntermaßen nicht in der Lage Werte zu erzielen, die denen von chlorfreien hoch additivierten Ölen nahekommen. Würde ein Radikalmechanismus ablaufen, würde sehr schnell eine lasttragende Schutzschicht entstehen, welche die Kugeln vor dem Verschweißen bewahrt. Mit Kugeln aus rostfreiem Stahl ist ein chlorhaltiges Öl den chlorfreien Ölen überlegen. Allerdings sind dann die Schweißlasten und damit die Flächenpressungen allgemein auf einem niedrigeren Niveau.

Um jetzt weitere Klärung hinsichtlich des Wirkmechanismus zu erzielen, wurden Brugger-Werte mit und ohne Antioxidantien gemessen. Butylhydroxytoluol (BHT) wurde mit 10 % zu 20 % Chlorparaffin in Mineralöl bzw. Rapsöl zugefügt. Wenn nun Chlorparaffine radikalisch wirken, müssten die Bruggerwerte mit BHT schlechter werden, da das BHT die Chlorparaffine zumindest zum Teil abfangen könnte. Die Ergebnisse sind in der nachfolgenden **Tabelle 10-3** zu finden.

Ansatz	1	2	3	4
Mineralöl	80	70	-	-
Rapsöl	-	-	80	70
Chlorparaffin	20	20	20	20
BHT	-	10	-	10
Brugger Stahl / Stahl	159	195	125	148
Brugger Stahl/ Edelstahl	34	34	24	25

Tabelle 10-3: Chlorparaffine und Antioxidantien

Die Werte werden bei Zusatz von BHT tendenziell besser. Chlorparaffine scheinen nur untergeordnet (wenn überhaupt) radikalisch zu wirken.

10.5.3 Adsorptionsmechanismus

Die Adsorption von Molekülen an Metalloberflächen ist ein vergleichsweise schneller Prozess. Allerdings wirken Diffusionsvorgänge und höhere Temperaturen diesem Vorgang entgegen. Wahrscheinlich sind die bei der Metallbearbeitung entstehenden Versetzungen mithin die treibende Kraft, durch die die Chlorparaffin-Moleküle polarisiert und dann zur Metalloberfläche gezogen werden. Auf jeden Fall müssen in den Molekülen, die sich anlagern, keine chemischen Bindungen verändert oder gelöst werden. Die Molekülteile, die an der Metalloberfläche (oxidisch gebundene Metallatome) andocken, sind schon vorgebildet (Atome mit freien Elektronenpaaren). Die Stärke der Bindung mit der Metalloberfläche (Van-der-Waalssche Kraft) hängt allein von der chemischen Struktur des sich anlagernden Moleküls als Ganzes ab. Damit verbunden ist natürlich die Fähigkeit auch unter Last an der Metalloberfläche „haften“ zu bleiben. Ein Metall-Metall-Kontakt zwischen Werkzeug- und Werkstück-Werkstoff kann so sicher vermieden werden. Chlorparaffine sollten allein durch ihre physikalische Anwesenheit Umformvorgänge günstig beeinflussen können. Chlorparaffine sind sehr polare Verbindungen mit 5-8 aktiven Zentren pro Molekül (**Bild 10-13 und 10-15**), bei gleichzeitig hohem Gehalt an wirksamem Element (**Tabelle 10-4**). Inwieweit sich bei der Anlagerung verändernde Dipolmomente und die hohe Ladungsdichte an den Chloratomen auswirken, ist schwierig zu beantworten.

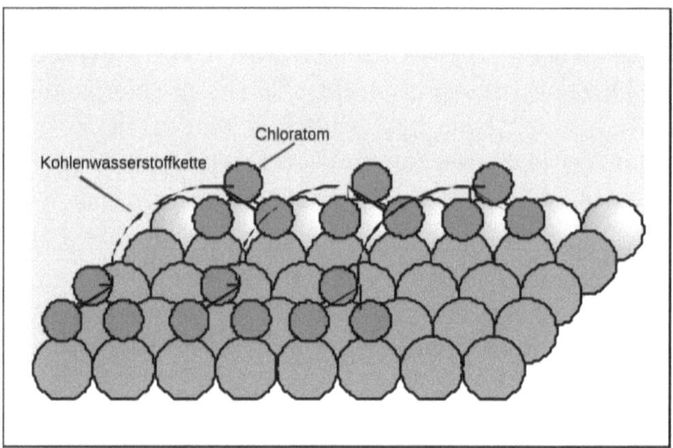

Bild 10-15: mögliche physikalische Wirkungsweise

Additiv	**Elementgehalt* [%]**	**aktive Zentren pro Molekül**
Chlorparaffine	bis 60	5 – 8
Ester	-	1 – 2 + Mehrfachbindungen
Geschwefelte Ester	17	2 – 3
Polysulfide	bis 40	3 – 4
Zinkdithiophosphate	9	1
Zn-freie P-S-Verbindungen	8	1
Saure P-Ester	8	1 – 3
Phosphite	7	1
PEP-Additive	15 – 18	Vielzahl
Komplexester	-	Vielzahl

Tabelle 10-4: Vergleich von Additiven (*Elementgehalt bezogen auf die Molekülmasse)

Wie aus **Tabelle 10-4** eindeutig zu ersehen ist, haben Chlorparaffine den höchsten Aktivelementgehalt pro Molekül. Hinzu kommt, dass die Elektronegativität von Chlor relativ hoch ist (**Bild 10-16**), und drei freie Elektronenpaare pro Chloratom zur Verfügung stehen (Sauerstoff und Schwefel besitzen nur zwei freie Elektronenpaare pro Atom). Somit ist auch die Affinität der freien Elektronenpaare des Chlors zur Metalloberfläche deutlich größer. Sicher werden chlorhaltige Additive als oberflächenaktive Stoffe auch an (in) den Mikrorissen auf der Metalloberfläche wechselwirken und somit die Gleitebenen des Metalls beeinflussen [Reh 64], ohne eine wirkliche chemische Reaktion eingehen zu müssen, denn wie schon vorher angemerkt, die Zeit für eine chemische Reaktion ist bei der Metallbearbeitung sehr kurz.

Für den Adsorptionsmechanismus spricht, dass chlorparaffinhaltige Öle mit allen Metallen sehr gute Bearbeitungsergebnisse erbringen, d. h. mit allen Metalloberflächen, unabhängig von deren chemischer Struktur, stabile Wechselwirkungen eingehen. Natürlich gibt es Unterschiede, je nach Anzahl der oxidisch gebundenen Metallatome auf der Oberfläche. Dadurch lässt sich ganz zwanglos der Unterschied bei Kohlenstoffstahl und rostfreiem Stahl erklären. Diese Wechselwirkungen sind selbstverständlich nicht so stabil wie echte chemische Bindungen, wie der schon vorab erwähnte Test der Schweißkraft am Shell-Vierkugel-Apparat zeigt. Erst wenn diese Bedeckung aufgrund sehr hoher Flächenpressungen aufbricht, kommt es zum Versagen. Leider sind die Möglichkeiten, den genauen Ablauf der Wechselwirkung von Chlorparaffinen mit der Metalloberfläche im entscheidenden Moment der eigentlichen Bearbeitung zu klären, sehr begrenzt.

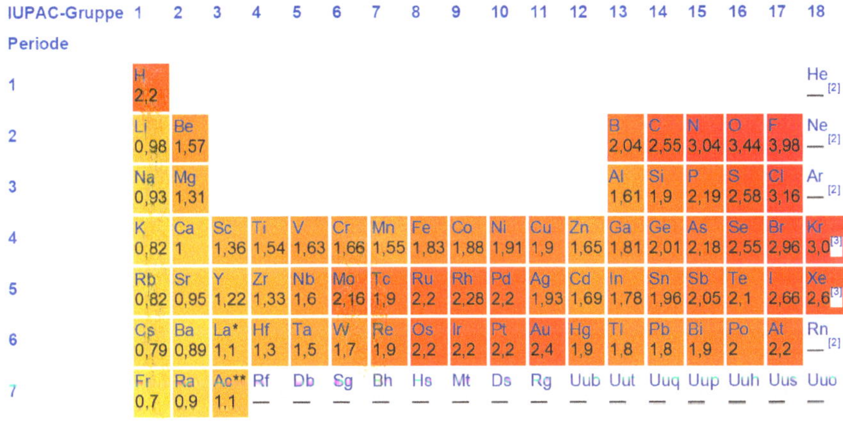

IUPAC-Gruppe / Periode	1	2	3	4	5	6	7	8	9	10	11	12	13	14	15	16	17	18
1	H 2,2																	He —[2]
2	Li 0,98	Be 1,57											B 2,04	C 2,55	N 3,04	O 3,44	F 3,98	Ne —[2]
3	Na 0,93	Mg 1,31											Al 1,61	Si 1,9	P 2,19	S 2,58	Cl 3,16	Ar —[2]
4	K 0,82	Ca 1	Sc 1,36	Ti 1,54	V 1,63	Cr 1,66	Mn 1,55	Fe 1,83	Co 1,88	Ni 1,91	Cu 1,9	Zn 1,65	Ga 1,81	Ge 2,01	As 2,18	Se 2,55	Br 2,96	Kr 3,0[3]
5	Rb 0,82	Sr 0,95	Y 1,22	Zr 1,33	Nb 1,6	Mo 2,16	Tc 1,9	Ru 2,2	Rh 2,28	Pd 2,2	Ag 1,93	Cd 1,69	In 1,78	Sn 1,96	Sb 2,05	Te 2,1	I 2,66	Xe 2,6[3]
6	Cs 0,79	Ba 0,89	La* 1,1	Hf 1,3	Ta 1,5	W 1,7	Re 1,9	Os 2,2	Ir 2,2	Pt 2,2	Au 2,4	Hg 1,9	Tl 1,8	Pb 1,8	Bi 1,9	Po 2	At 2,2	Rn —[2]
7	Fr 0,7	Ra 0,9	Ac** 1,1	Rf —	Db —	Sg —	Bh —	Hs —	Mt —	Ds —	Rg —	Uub —	Uut —	Uuq —	Uup —	Uuh —	Uus —	Uuo —

Bild 10-16: Tabelle der Elektronegativitäts-Werte nach Pauling (Quelle: David R. Lide (Hrsg.): CRC Handbook of Chemistry and Physics. 90. Auflage. (Internet-Version: 2010), CRC Press/Taylor and Francis, Boca Raton, FL, Molecular Structure and Spectroscopy, S. 9-98.)

10.6 Abgleich der Theorie mit den Ergebnissen aus der Literatur

Die in Abschnitt 10.3 aufgeführten Literatur-Ergebnisse können alle zwanglos mit der Adsorptionstheorie in Kombination mit möglichen Radikalreaktionen und dem Rehbinder-Effekt erklärt werden. Die Bildung von Metallchloriden ist nicht zwingend notwendig.

Je höher die Elektronendichte an den Chloratomen in den chlorhaltigen Molekülen ist, desto höher scheinen die Fähigkeit zur Adsorption an oxidisch gebundene Metallatome und die Van-der-Waalsschen Kräfte zu sein.

Diese stark vereinfachte Annahme deckt sich mit den Befunden von Mould [Mould 73] (hier sind die ausführlichsten Untersuchungen aufgeführt) aber auch mit den anderen Autoren. Auch der Abstreckziehversuch [Petr 00] ist mit der induzierten Adsorption erklärbar.

Sicher spielt auch die Fähigkeit zur Radikalbildung und die Molekülgröße eine gewisse Rolle, wie speziell die Ergebnisse mit den kleinen Chlorverbindungen wie z. B. Chloroform oder Tetrachlorkohlenstoff untermauern. Chlorparaffine sollten ebenfalls in der Lage sein Chlorradikale abzuspalten, doch scheint hier der Adsorptionsmechanismus zu überwiegen, sonst wäre ein Versagen von chlorparaffinhaltigen Ölen kaum zu deuten.

Nach den vorliegenden Ergebnissen kann die Bildung von Metallchloriden im Zerspan- bzw. Umformprozess ganz ausgeschlossen werden. Die zur Verfügung stehende Zeit im Millisekundenbereich ist einfach zu kurz bzw. die Bildung von Eisenchloriden ist bei rostfreien Stählen kaum zu erklären. Die in der Literatur beschriebenen Metallchloride sind sicher entstanden. Es bleibt die Frage: WANN? Der Faktor Zeit spielt hier die entscheidende Rolle.

Die Universalität des Einsatzes von Chlorparaffinen, alle Metalle (auch rostfreie Qualitäten) und alle Bearbeitungsverfahren, selbst bei sehr schnellen Bearbeitungsvorgängen weist sehr stark in die Richtung der reinen Adsorption, als ersten Schritt in der Wechselwirkung mit der Metalloberfläche hin.

11 Schwefelträger

Joachim Schulz

11.1 Einleitung

Schwefelträger sind eine, seit langem bekannte Klasse von Additiven. Entwickelt wurden diese Additive zunächst für die Gummiindustrie. Die erste Anwendung in der Metallbearbeitung wurde 1921 von Houghton publiziert [Press 21]. Bei den im Patent erwähnten Verbindungen handelte es sich um geschwefelte Ester.

In den Folgejahren erschienen eine Reihe von Patenten und Review-Artikeln, die sich mit geschwefelten Verbindungen und deren Eigenschaften beschäftigt. Eine sehr gute Übersicht zur Literatur und zur Synthese von Schwefelträgern ist in [Rud 17] zu finden. Heutigen Tages kommen folgende Typen von Schwefelträgern zum Einsatz: geschwefelte Isobutene, geschwefelte Olefine, geschwefelte native bzw. synthetische Ester, geschwefelte Gemische aus Estern und Olefinen sowie Elementarschwefel in Mineralöl gelöst. Geschwefelte chlorhaltige Verbindungen sind kaum noch im Einsatz. Die Schwefelungen können so gesteuert werden, dass sowohl aktive als auch inaktive Schwefelträger entstehen können. „Aktiv" und „inaktiv" bezieht sich auf die Reaktivität der Schwefelträger gegenüber Buntmetallen. Als „inaktiv" werden Verbindungen betrachtet, die Buntmetalle auch bei längerem Kontakt nicht verfärben (angreifen). So zeigen Verbindungen, in denen der Schwefel ausschließlich an Kohlenstoffatome (-C-S-C-) gebunden ist und auch Disulfide (-C-S-S-C-) „inaktives" Verhalten. Im Gegensatz dazu sind alle Verbindungen mit drei und mehr Schwefelatomen in der Schwefelkette (-C-S-S-S-C-) als „aktiv" zu bezeichnen. Eine weitere Klasse von Schwefelträgern sind Verbindungen mit endständigen Schwefel-Wasserstoff (Thiolgruppen – S-H).

Neben der Verbesserung der Schmier- und Hochdruckeigenschaften (gilt für alle Schwefelträger) sind in der Literatur für inaktive Schwefelträger auch gewisse antioxidative Eigenschaften erwähnt. Ebenso werden Syn- bzw. Antagonismen mit anderen Additiven diskutiert [Rud 17], doch dazu an späterer Stelle mehr.

Neben den oben genannten „klassischen" Schwefelträgern gibt es weitere Schmierstoffadditive, die Schwefel enthalten: z. B. Thiophosphate (metallhaltig bzw. metallfrei), Thiocarbamate, Thiazole und Thiadiazole. In diesem Abschnitt sollen nur die klassischen Schwefelverbindungen diskutiert werden. Thiophosphate werden im Kapitel über Phosphoradditive besprochen.

11.2 Zur Reaktionsweise von schwefelhaltigen Verbindungen (Literaturauswertung)

Wie schon im Abschnitt zu den Chlorverbindungen erwähnt, ist die Wahl der Versuchsbedingungen von ganz entscheidender Bedeutung für das Ergebnis, das erhalten wird. Es besteht daher schon ein großer Unterschied, ob eine Metalloberfläche sehr kurzzeitig mit den Schwefeladditiven in Kontakt gebracht wird, wie das bei der Metallbearbeitung der Fall ist, oder ob die Metalloberfläche über einen langen und/oder sich sehr oft wiederholenden Zeitraum mit den Schwefeladditiven wechselwirken kann. Letzteres umfasst natürlich auch den Zeitraum der Lagerung von Werkstücken im ungereinigten Zustand nach der Bearbeitung. Darüber hinaus ist in der Literatur nicht immer sauber geklärt, ob es sich bei den untersuchten Schichten um Reaktions- oder nur Adsorptionsschichten handelt. Meist wird angenommen, dass die Schicht, die nach der Abreinigung von Werkstücken auf diesen verbleibt, eine Reaktionsschicht ist. Das muss aber nicht zwangsläufig der Fall sein.

Bowden und Tabor [Bow 59] untersuchen auch den Einfluss von Sulfidschichten auf die Reibung von zwei Körpern. Die Sulfidschichten werden durch die Umsetzung von Amoniumpolysulfid mit den entsprechenden Metallschichten erzeugt. Die so erzeugten Schichten zeigen einen günstigeren Reibungskoeffizienten als reines Paraffinöl. Werden die Sulfidschichten mit Paraffinöl überdeckt, verbessert sich der Reibungskoeffizient noch etwas. Versuche, Sulfidschichten durch Einwirkung von langkettigen Schwefelverbindungen (1 % in Paraffinöl) (**Bild 11-1**) zu erzeugen, schlugen fehl. Keine dieser Verbindungen erbrachte gegenüber Paraffinöl eine Verbesserung der Schmierfähigkeit.

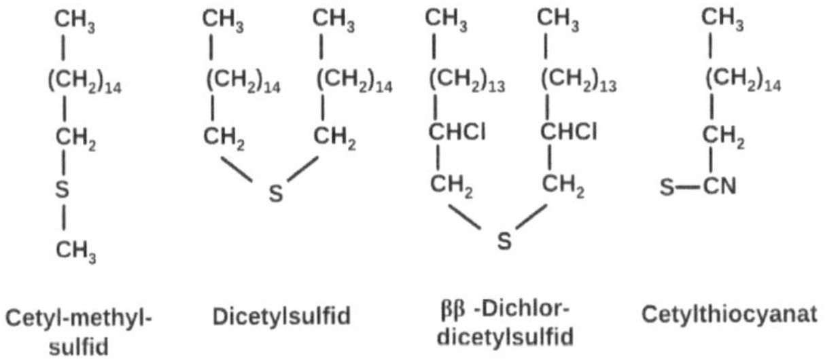

Cetyl-methyl-sulfid: $CH_3-(CH_2)_{14}-CH_2-S-CH_3$
Dicetylsulfid: $(CH_3-(CH_2)_{14}-CH_2)_2S$
ββ-Dichlor-dicetylsulfid: $(CH_3-(CH_2)_{13}-CHCl-CH_2)_2S$
Cetylthiocyanat: $CH_3-(CH_2)_{14}-CH_2-CN-S$

Bild 11-1: langkettige Schwefelverbindungen (Quelle: [Bow 59] (Formel für das Cetylthiocyanat wurde dort so (falsch) dargestellt))

Ob auch der Temperatureinfluss berücksichtigt wurde, ist nicht sicher, doch wird es wohl so gewesen sein, da bei der Untersuchung von aromatischen Schwefelverbindungen auf das Temperaturverhalten hingewiesen wird.

Godfrey [God 62] untersucht neben anderen Additiven auch geschwefeltes Lardöl. Der Test läuft über 4 Stunden bei 225 F (107 °C). Eisensulfid kann neben Eisenoxid nachgewiesen werden. Godfrey kommt bei seinen Untersuchungen zu dem Schluss, dass die Oxidation von Stahl durch geschwefelte Mineralöle promoviert wird.

Forbes [Forb 70] untersucht eine ganze Reihe von Mono- und Disulfiden sowie sauerstoffhaltige Schwefelverbindungen. Untersuchungsmethode ist der Shell-Vierkugel-Apparat (VKA). Aus den Ergebnissen (Auswertung der Verschleißmarken) zieht Forbes den Schluss, dass sich eine Eisensulfidschicht ausbildet, die den Verschleiß vermindert. Er stellt das bekannte und oft verwendete Modell (**Bild 11-2**) auf.

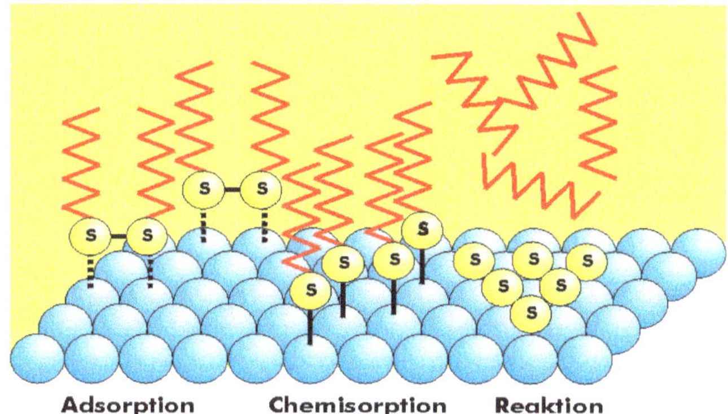

Bild 11-2: Reaktionsweise von Schwefeladditiven (nach Forbes [Forb 70])

Die von Forbes gefundenen Ergebnisse lassen sich zwanglos mit Adsorption erklären. Die entscheidende Kraft ist die Verfügbarkeit der freien Elektronen und deren Polarisierbarkeit an den Schwefelatomen. Es spielen also die schon im Abschnitt zu den Chlorverbindungen diskutieren Substituenteneffekte die Hauptrolle.

Mould et al. [Mould 72/I] setzen für ihre Untersuchungen den Tapping-Torque-Test und ebenfalls den VKA ein. Verglichen werden Mono-, Di- und Trisulfide sowie ein Tert. Nonyl-Polysulfid (TNPS) und elementarer Schwefel. Die Ergebnisse sind ähnlich denen von Forbes [Forb 70], wobei für TPNS und Schwefel deutlich bessere Resultate erzielt werden als mit den Mono- und Disulfiden. Dieser Umstand wird von Mould et al. mit der mehr oder minder großen Möglichkeit der Freisetzung von Schwefel erklärt.[8] Bemerkenswert an der Arbeit von Mould ist aber die Tatsache, dass Mould et al. den Einfluss von Sauerstoff herausarbeiten konnten. Ohne Sauerstoff, die Teste wurden unter Argon ausgeführt, sind die Werkzeugstandzeiten deutlich geringer als in Luft. Das ist ein Hinweis darauf, dass kein reiner Adsorptionsmechanismus vorliegt, denn in diesem Fall hätte der Sauerstoff keinen Einfluss. Da Sauerstoff ein Di-Radikal ist und somit nach einem Radikalmechanismus reagiert, könnte das auf einen Reaktionsmechanismus der Schwefelverbindungen in Richtung Radikalreaktion hinweisen.

---

8 (was auch vollkommen korrekt ist, solange das auf TNPS und Schwefel beschränkt bleibt. Würde generell Schwefel aus schwefelhaltigen Additiven freigesetzt werden, der dann zu Metallsulfiden reagiert, wäre eine Unterscheidung zwischen „aktiven" und „inaktiven" Schwefelträgern schwerlich möglich, denn dann könnten ja auch die „inaktiven" Verbindungen Sulfide bilden und die würden, früher oder später, zu einer Verfärbung von Buntmetallen führen. Das ist in der Realität aber eben nicht der Fall, auch nicht bei langen Kontaktzeiten. Im Umkehrschluss könnte das bedeuten, dass (bezogen auf **Bild 11-2**) maximal die Stufe der Chemisorption, aber keine Reaktion mit inaktiven Verbindungen, wie z. B. Disulfiden, erreicht wird. /JS)

In einer späteren Arbeit finden Mould et al. [Mould 73] einen Synergismus zwischen Schwefeladditiven und Chlorverbindungen. Die Testmethoden sind die gleichen wie in [Mould 72/I]. Es wird ein Reaktionsmechanismus für die Wechselwirkung von Schwefel- und Chloradditiven vorgestellt, durch den reaktive Zwischenstufen entstehen sollen, die die besseren Versuchsergebnisse erklären. Dieser Mechanismus sollte erst auf oder in der Nähe der Metalloberfläche ablaufen und nicht schon vorher in der Metallbearbeitungsflüssigkeit.[9]

Eine viel einfachere Erklärung der synergistischen Effekte könnte darin bestehen, dass beide Additivklassen verschiedene Zentren auf der Metalloberfläche bevorzugen und damit eine deutlich bessere Flächendeckung erzielen als ein einzelnes Additiv in vergleichbarer Konzentration wie beide Additive zusammengenommen. Außerdem wird die reine Adsorption der Chlorverbindungen möglicherweise durch einen hypothetischen Radikalmechanismus der Schwefelverbindungen ergänzt. Ein Hinweis auf eine solche einfache Erklärung liefern Mould et al. selbst. In einer Tabelle werden nämlich die gefundenen bzw. nicht gefundenen Synergismen aufgelistet. Die Ergebnisse passen eher zur letztgenannten Erklärung als zum von Mould et al. vorgeschlagenen Mechanismus.

Forbes und Reid [Forb 73] nehmen in diesen Untersuchungen das in **Bild 11-2** dargestellte Modell wieder auf und führen Adsorptionsuntersuchungen von Schwefelverbindungen an Eisenpulver durch. Bei den untersuchten Schwefelverbindungen handelt es sich durchweg um Disulfide, also inaktive Schwefelträger. Die Untersuchung läuft über sehr lange Zeit (mind. 20 Stunden) und bei höheren Temperaturen. Unter diesen Bedingungen beobachten Forbes und Reid nach ca. 5 Stunden die Abspaltung der organischen Reste der Disulfide und folgern dann die Bildung von Eisensulfid (FeS). Diesen Umstand nutzen Forbes und Reid um zwischen der Verschleißschutz- (AW) und Hochdruck- (EP) Wirkung zu unterscheiden. Es werden Reaktionsmechanismen für all diese Vorgänge vorgestellt und diskutiert. Mittels VKA-Verschleißtest wird die Verschleißschutzwirkung der Disulfide untersucht. Diese Teste werden durch vergleichende Untersuchungen an zu den Schwefelverbindungen korrespondierenden Aminen, Mercaptanen, Alkoholen und Säuren ergänzt. Die erzielten Ergebnisse sind sehr spannend, da diese zeigen, dass auch mit schwefelfreien Verbindungen, also ohne die Bildung von Eisensulfid, sehr gute Verschleißwerte (besser als mit dem Disulfid) erzielt werden können. Wie in den voran diskutierten Arbeiten sind auch in [Forb 73] die elektronischen Effekte der Substituenten am Schwefelatom klar erkennbar. Diese werden aber von Forbes und Reid nicht berücksichtigt. Die Arbeit selbst wird von verschiedenen anderen Autoren kommentiert bzw. hinterfragt (Kommentare und Erwiderungen in [Forb 73] publiziert). Beerbower und Goldblatt [zitiert aus Forb 73] weisen auf sterische Effekte der Substituenten hin und die Möglichkeit der Bildung von neuen Verbindungen (Lack, Gummi), die ihrerseits Verschleiß verhindern könnten. Dies wird von Forbes und Reid abgelehnt. Sie stimmen mit Hotten [zitiert aus Forb 73] überein, dass

9 (Im letzteren Fall würde freies Halogen entstehen, eine für den Werker an der Maschine und die zuständigen Berufsgenossenschaften nicht gerade erquickliche Vorstellung. In der Praxis konnte so ein Verhalten bisher auch nicht beobachtet werden. Bliebe nur noch die Reaktion auf oder in der Nähe der Metalloberfläche. Hier steht dann aber der schon mehrfach angesprochene Zeitfaktor entgegen. /JS)

π-Elektronen mit in das Geschehen auf der Metalloberfläche eingreifen können. Fein [zitiert aus Forb 73] merkt an, dass der Einfluss von Sauerstoff nicht berücksichtigt wird. Er zitiert vier Arbeiten, die die Wirkung von Sauerstoff belegen. Forbes und Reid sind in ihrem Kommentar der Meinung, dass sie ihre Ergebnisse auch ohne Sauerstoff interpretieren können, sowohl die Adsorption, als auch die VKA-Ergebnisse. Sie glauben nicht an den Einfluss von Sauerstoff. Diese Aussage ist umso erstaunlicher, da Forbes in [Forb 70] feststellt, dass es keinen Anhaltspunkt dafür gibt, dass reines Eisensulfid die lasttragende Schicht bildet, sondern dass es eher eine komplexe Mischung aus Eisen-Schwefel- und möglicherweise Kohlenstoff-Sauerstoff-Verbindungen ist. Hinsichtlich der reinen Adsorption ist der Sauerstoff-Einfluss sicher zu vernachlässigen, denn Chlorparaffine kommen, wie im vorigen Kapitel eingehend diskutiert, auch ohne Sauerstoff aus. Was den Verschleißschutz bzw. die EP-Wirkung angeht, ist Sauerstoff von einiger Bedeutung, wie auch nachfolgend zitierte Arbeiten zeigen.

Batchelor et al. [Batch 85] bringen mit ihrer Apparatur (s. Kapitel 9) die zeitliche Komponente ins Spiel. Batchelor et al. konnten relativ kurze Zeiten der Wechselwirkung realisieren. Unter den gegebenen Bedingungen reagierte elementarer Schwefel erst ab 100 °C aufwärts, während ein Dibenzyldisulfid keine Reaktion zeigte. Batchelor et al. sind auch der Meinung, dass mit dem Elementarschwefel Eisensulfat entstanden ist. Das wird in der Diskussion zu diesem Artikel allerdings angezweifelt.

In einer weiteren Arbeit [Lara 98] wird die Adsorption (Reaktion) von Dimethylsulfid an einer Eisen-Folie bei Temperaturen höher 500 K und über lange Zeiträume (10–20 Stunden) untersucht. In Abhängigkeit der Temperatur und der Zeit nimmt die gemessene Schichtdicke zu. Diese Schicht wird als Eisensulfid FeS interpretiert. Es werden keine alternativen Überlegungen angestellt. In [Lara 00] wird mit der gleichen Methode Schwefelkohlenstoff (CS_2) untersucht.[10]

Schwefelverbindungen im realen Zerspanprozess werden von Walter [Wal 02] untersucht. Als Verfahren dienen ein Fräs- und ein Schleifprozess. Neben dem Einfluss auf die Bearbeitung werden Tiefenprofile der bearbeiteten Werkstücke mittels ESCA (Elektronenspektroskopie für die chemische Analyse) aufgenommen. Es wurde also die abgespante Fläche untersucht. Nach der Bearbeitung mit einem aktiven Schwefelträger findet Walter Signale, die auf einen sulfidisch gebundenen Schwefel hinweisen. Das Signal der Bindungsenergie für die Schwefel-2p-Elektronen liegt bei reinem Schwefel bei 164 eV. Walter findet eine Verschiebung zu 161,5 eV. In der Interpretation ist er aber vorsichtig und schreibt: *„Diese Bindungsenergien wurden für alle folgenden Messungen mit Additiven überprüft und bestätigt.*

10 (Für die Nichtchemiker unter den Lesern sei hier angemerkt, dass Dimethyldisulfid und Schwefelkohlenstoff grundsätzlich unterschiedlich aufgebaut sind und dementsprechend unterschiedlich reagieren sollten. Hinsichtlich der Adsorption sind Vergleiche zwischen beiden Stoffen nachvollziehbar. Ein Vergleich der tribologischen Eigenschaften sollte eher mit Vorsicht behandelt werden, da grundsätzlich andere chemische Vorgänge ablaufen. So finden Lara et al. denn auch Signale, die auf eine Eisencarbidbildung hinweisen. Sowohl Dimethyldisulfid als auch Schwefelkohlenstoff finden in der Praxis der Metallbearbeitung schon aus Arbeitsschutzgründen keine Anwendung und sind auch als Modellsubstanzen nur beschränkt mit den Schwefelverbindungen vergleichbar, die in der Zerspanung bzw. Umformung zum Einsatz kommen. /JS)

Es kann eine Chemisorption von Sulfiden aus dem Additiv erfolgt sein. Weiterhin ist es möglich, dass es durch die Reaktion des Schwefeladditivs mit der Metalloberfläche zur Bildung von Eisensulfid kommt. Diese beiden Effekte sind hier nicht eindeutig voneinander zu trennen.“ Die Versuche werden mit einem als inaktiv geltenden Schwefelträger wiederholt. Auch hier kann sulfidischer Schwefel nachgewiesen werden, der auch im reinen Additiv vor der Bearbeitung vorhanden ist. Die normierten Schwefelgehalte auf der Metalloberfläche betragen für das aktive Schwefeladditiv 18 % und das inaktive Additiv 14 %. Das sind ziemlich genau die Schwefelgehalte, wie sie in den reinen Additiven (aktiv geschwefelter Syntheseester, geschwefeltes Triglycerid) vorkommen. Das könnte ein Hinweis auf eine fast reine Adsorption der Additive auf der bearbeiteten Oberfläche sein. In den Tiefenprofilen findet Walter große Mengen an Sauerstoff. Der Sauerstoffgehalt nimmt mit der Tiefe deutlich ab (**Bild 11-3 und 11-4**).

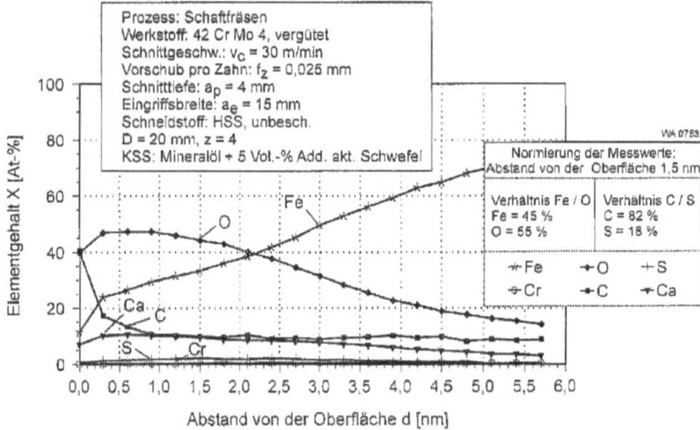

Bild 11-3: Elementtiefenprofil einer, mit additiviertem Mineralöl gefrästen Probe (Mineralöl + 5 % einer aktiven Schwefelverbindung), Quelle: Diss. Walter [Walter 02]

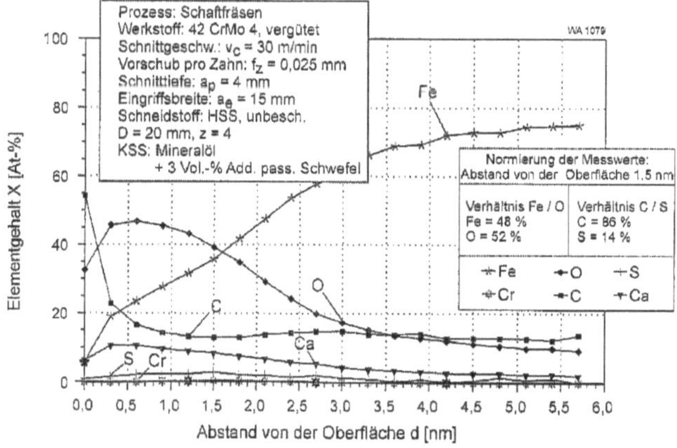

Bild 11-4: Elementtiefenprofil einer, mit additiviertem Mineralöl gefrästen Probe (Mineralöl + 3 % einer inaktiven Schwefelverbindung), Quelle: Diss. Walter [Walter 02]

Auffällig ist, dass der Sauerstoffgehalt im Tiefenprofil der inaktiven Schwefelverbindung schneller abfällt. Sauerstoff ist auch in trocken bearbeiteten (**Bild 11-5**) und nur mit Mineralöl bearbeiteten Proben (**Bild 11-6**) zu finden. Allerdings sind die normierten Gehalte niedriger und der Abfall des Gehalts mit der Tiefe des Profils anders als in den Tiefenprofilen der mit den Schwefelverbindungen bearbeiteten Proben.

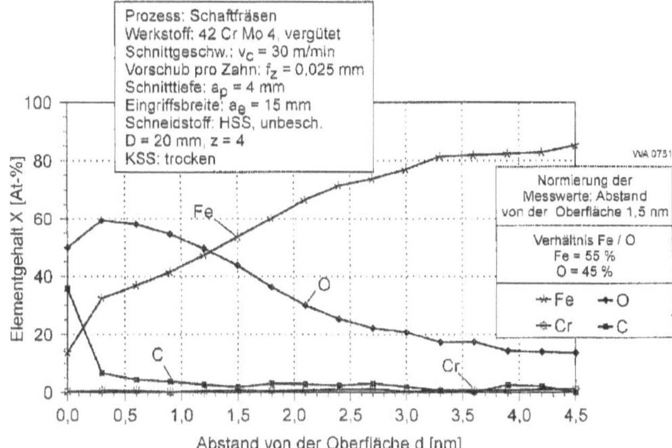

Bild 11-5: Elementtiefenprofil einer trocken gefrästen Probe (Quelle: Diss. Walter [Walter 02])

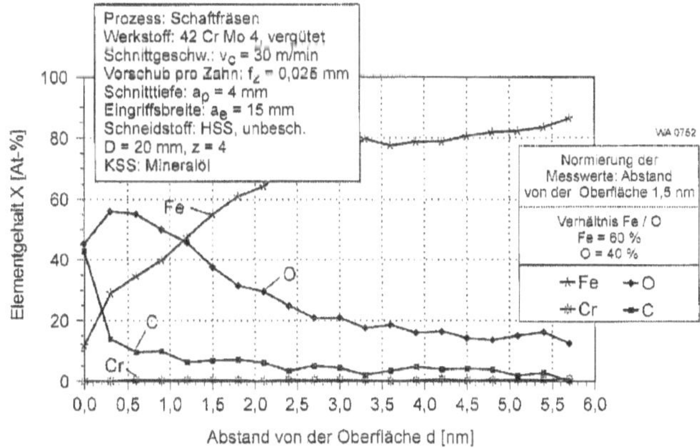

Bild 11-6: Elementtiefenprofil einer nur mit Mineralöl gefrästen Probe (Quelle: Diss. Walter [Walter 02])

Der Einfluss von Sauerstoff auf die Leistung von organischen Sulfiden wird schon in einer Arbeit von Murakami und Sakamoto [Mura 99] untersucht. Als Schwefelverbindungen werden Diphenyl- und Dibenzyldisulfid verwendet, Verbindungen, die schon in [Forb 73] mit untersucht wurden. Sauerstoff wird durch Einblasen in das Testöl bewusst zugesetzt. Die Teste werden am VKA durchgeführt. Die Verschleißspuren zeigten in der Analyse sowohl Oxide als auch Sulfide. Die besten Werte hinsichtlich des Verschleißschutzes wurden bei höchsten Sauerstoffkonzentrationen erzielt. Somit konnte die Wirkung von Sauerstoff auf das tribologische Geschehen eindeutig nachgewiesen werden.

An dieser Stelle soll noch einmal auf die schon im Chlorparaffin zitierte Arbeit von Petrushina et al. [Petr 00] eingegangen werden. Im Abstreckziehversuch von 1.4301-Edelstahl zeigte das Diakylpolysulfid (Di-tert-dodecylpentasulfid / 32 % Schwefelgehalt) deutlich schlechtere Leistung als ein Chlorparaffin (50 % Chlorgehalt), wie aus **Bild 11-7** zu erkennen ist.

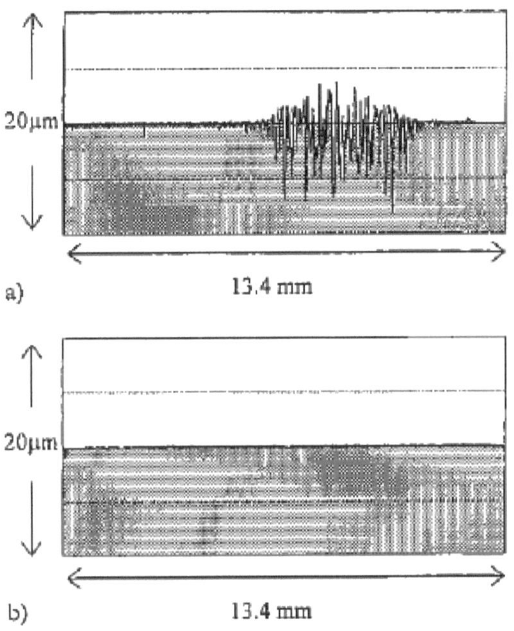

Bild 11-7: Profile nach dem Abstreckziehversuch: a) Umformung mit Dialkylpolysulfid, b) Umformung mit Chlorparaffin; Quelle: Pertushina et al. [Petr. 00]

Petrushina et al. diskutieren für beide Additive eine Reaktion, Bildung von Eisenchlorid bzw. -sulfid. Sie folgern dies aus der Verschiebung der Bindungsenergien im XPS-Spektrum einer frischen und einer umgeformten Probe. Leider wurden die Proben bewusst nicht von den Stellen auf dem Blech genommen, an denen schon rein optisch eine Veränderung (Verschleiß) zu erkennen war. Auch wurden die Proben nicht unmittelbar nach der Umformung untersucht. Hinzu kommt die schon erwähnte Pittingkorrosion nach längerer Lagerung, die nur punktuell zu beobachten war. Würde Eisensulfid bei der Umformung entstehen, sollte das flächendeckend sein.

Ungeklärt bleibt weiter, ob im Tribokontakt bei der Metallbearbeitung Eisensulfid die tribologisch wirksame Verbindung ist. Von den meisten Autoren wird eine Kombination aus Oxiden und Sulfiden angenommen. Allerdings sind gesicherte Ergebnisse nur für Vorgänge ermittelt worden, die eine lange Kontaktzeit von Additiv und Metalloberfläche aufwiesen.

11.3 Phänomene in der Metallbearbeitung mit schwefelhaltigen Additiven

11.3.1 Verfärbung von Buntmetallen durch Schwefelverbindungen

Zunächst einige Beobachtungen:

- Buntmetalle (Kupfer, Messing, Bronze) lassen sich auch mit sehr „aktiven“ Metallbearbeitungsflüssigkeiten bearbeiten, ohne dass eine Verfärbung auftritt, wenn die Werkstücke nach der Bearbeitung relativ schnell abgereinigt werden. Eine Verfärbung (Metallsulfid-Bildung) ist erst bei der Lagerung zu beobachten.
- Der Test nach ASTM D 130 (DIN EN ISO 2160) – Kupferstreifenprüfung – benötigt einige Zeit für die Verfärbung bzw. Kupfersulfidbildung. Auch zeigen Buntmetalle, in Abhängigkeit von der Legierung bei der Lagerung mit Schwefelverbindungen nach längerer Zeit Verfärbungen, auch wenn die Schwefelverbindungen als „inaktiv“ gelten.
- Beim Feinschneiden von Kupfer mit einem inaktiv gestellten (gemäß DIN EN ISO 2160), schwefelhaltigen Öl tritt an den Schnittkanten, also den Stellen höchster Reaktivität, keine Verfärbung auf, wohl aber an den Flächen, an denen das Öl nahezu unverändert bleibt. Die bearbeiteten Teile wurden plan übereinander liegend gelagert.

Soweit die Erscheinungen, eine einfache Erklärung wie die reine Reaktion zu Kupfersulfid greift hier nicht. Bei der Erörterung der obenstehenden Phänomene im reinen Bearbeitungsvorgang sollte zwischen aktiven und inaktiven Schwefelträgern unterschieden werden. Inaktive Schwefelträger sind nicht so ohne weiteres in der Lage, Schwefel freizusetzen und damit Buntmetall zu verfärben, also Metallsulfid zu bilden. Deswegen ist die vorab (siehe oben) in der Literatur beschriebene Eisensulfidbildung aus Disulfiden nur bei sehr langer Reaktionszeit möglich. Aktive Schwefelträger können unter gewissen Bedingungen, erhöhte Temperatur, Luftfeuchtigkeit etc., Schwefel freisetzen, der dann Sulfide bilden kann. Aber auch letztere Reaktion scheint einen gewissen Zeitbedarf zu haben, sonst würden bei der Buntmetallbearbeitung (Zerspanung – heißt Erstellung von frischen sehr reaktiven Oberflächen) mit aktiven Schwefelverbindungen direkt nach der Bearbeitung nur verfärbte Werkstücke zu erhalten sein. Das ist aber nicht der Fall, eine Abreinigung des aktiven Öls gleich oder kurz nach der Bearbeitung verhindert sehr sicher eine Reaktion mit der Metalloberfläche. Werden die bearbeiteten Teile nicht abgereinigt, kommt es mit der Zeit zur Verfärbung, da reaktiver Schwefel freigesetzt wird. Ein ganz ähnlicher Effekt ist mit Verbindungen zu beobachten, die nach der ASTM D 130 (DIN EN ISO 2160) als inaktiv gelten. Auch aus diesen Verbindungen kann Schwefel freigesetzt werden, der zur Verfärbung der Buntmetalle führen kann. Der Unterschied zu den aktiven Schwefelträgern besteht nur im zeitlichen Verlauf. Es findet offensichtlich keine Reaktion zwischen der frischen Metalloberfläche und dem Schwefelträger statt. Somit wirken dann die Schwefelträger über Adsorption und/oder Oberflächeneffekte (Rehbinder-Effekt). Wie das Beispiel der oben zitierten Feinschneidteile zeigt, scheint der Einfluss der Luft oder, in diesem Fall besser gesagt, die Abwesenheit von Luft eine Rolle zu spielen. Die Schneidkanten, also dort wo die Luft freien Zutritt hat, bleiben metallisch blank. Im Gegensatz dazu zeigen die planen Flächen, die weitgehend von der Luft abgeschlossen sind, mit der Zeit Verfärbungen. Wahrscheinlich reagiert die frisch geschnittene Oberfläche mit dem Luftsauerstoff und bildet eine sehr dünne passivierende Schicht, die dann eine Reaktion mit dem Schwefel verhindert. Schwefelverbindungen und Sauerstoff stehen also in einem gewissen Konkurrenzverhältnis.

11.3.2 Verfärbungen (Schwefelkorrosion) auf Eisenoberflächen

Auch Eisen-Legierungen können unter ganz bestimmten Bedingungen (bestimmte Luftfeuchtigkeit, weitgehende Abwesenheit von Sauerstoff und längere Lagerzeit (Reaktionszeit)) verfärben bzw. schwarze punktförmige Korrosion zeigen. Diese Art der Korrosion tritt eher selten auf und ist ein daher bisher wenig betrachtetes Phänomen. Lange Zeit wurden Kupferbestandteile in den betroffenen Legierungen für die Schwarzfärbung verantwortlich gemacht. Bei Auswertung aller bekannten Fälle kann das aber mit Sicherheit ausgeschlossen werden. Die Verfärbungen treten meist punktförmig, aber auch flächig auf, je nachdem wie die Kontaktfläche zwischen den Werkstücken bei der Lagerung beschaffen ist. An Teilen, die keinen Metallkontakt haben bzw. völlig frei an der Luft liegen, ist eine Verfärbung nicht zu beobachten. Bei allen bekannten Fällen sind folgende Parameter identisch:

- Abwesenheit bzw. starke Verminderung von Luft (Sauerstoff)
- Aktive Schwefelverbindungen in der Bearbeitungsflüssigkeit (Öl bzw. Emulsion)
- Feuchtigkeit (Luftfeuchtigkeit, Waschflüssigkeit, Emulsionsrückstände)
- aktivierte Metalloberfläche (Scheuern von Werkstücken gegeneinander, frisch teilweise gereinigte Oberfläche oder frisch bearbeitete Oberfläche)
- sehr enger Kontakt von Werkstücken (plane Werkstücke aufeinander liegend oder lose Teile in Boxen im unteren Bereich, also dort wo der Druck der Teile entsprechend hoch ist)
- relativ lange Reaktionszeiten (> 24 Stunden)

Bevor über den Mechanismus der Entstehung der Verfärbungen diskutiert wird, soll zunächst über die Natur dieser Verfärbungen gesprochen werden. Mittels einer Untersuchung am Rasterelektronenmikroskop des WZL in Aachen konnte die Verfärbung eindeutig aufgeklärt werden.

Die untersuchten Teile aus 1.8974 wurden durch einen Tiefziehvorgang mit einer Emulsion, die stark mit aktiven Schwefelverbindungen additiviert wurde, bearbeitet. Die Teile (nach der Bearbeitung nicht gereinigt) lagerten über mehrere Wochen in einer Gitterbox, die mit Plastikfolie (gegen Abtropfen) ausgeschlagen war. (Lagerzeit der Teile ca. 6 Wochen / Auftreten der Verfärbung nur in den untersten drei Lagen) Teile, die oberhalb der „angegriffenen" Schichten lagen, zeigten keine Verfärbungen. Auch konnte auf den betroffenen Werkstücken die Schwarzfleckigkeit eindeutig einer Kontaktstelle (Kontakt mit einem anderen Werkstück) zugeordnet werden. Stellen, an denen kein Kontakt mit einem anderen Werkstück vorhanden war, zeigten keinerlei Beeinträchtigung (**Bild 11-8**), selbst auf einen Teil, das vor der REM-Aufnahme bewusst nicht gereinigt wurde. Auf dem schwarzen Fleck können dagegen eindeutig Additivelemente aus der Bearbeitungsemulsion nachgewiesen werden. Auch eine Abreinigung ergab ein ähnliches Bild. Allerdings ist das Schwefelsignal in **Bild 11-9** (Fleck) gegenüber dem vergleichbaren Signal in **Bild 11-8** reduziert. Zwar sind die Aufnahmen mit dem REM eher als halbquantitativ zu betrachten, doch zeigt sich, dass auf dem Fleck des ungereinigten Teils etwas mehr Schwefel angereichert zu sein scheint, also nicht alles reagiert hat. Eine Signalverschiebung zwischen beiden Aufnahmen ist nicht festzustellen, d. h., es kann kein Unterschied zwischen sulfidisch gebundenem Schwefel aus dem Additiv und dem Eisensulfid ausgemacht werden. **Bild 11-10** und **11-11** zeigen Detailaufnahmen, die dies bestätigen.

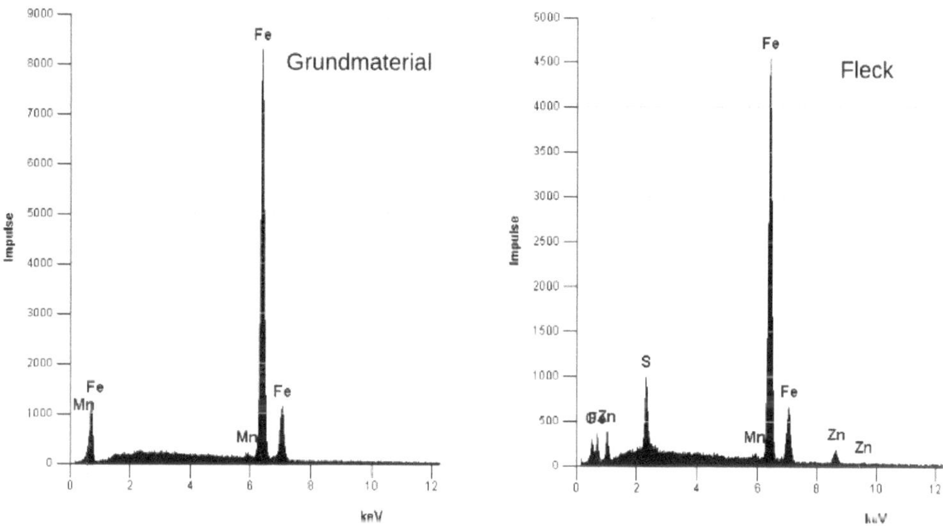

Bild 11-8: Flächenaufnahme Bauteil ungespült, links nicht verfärbte Fläche, rechts schwarzer Fleck (Quelle: [Kuw 07])

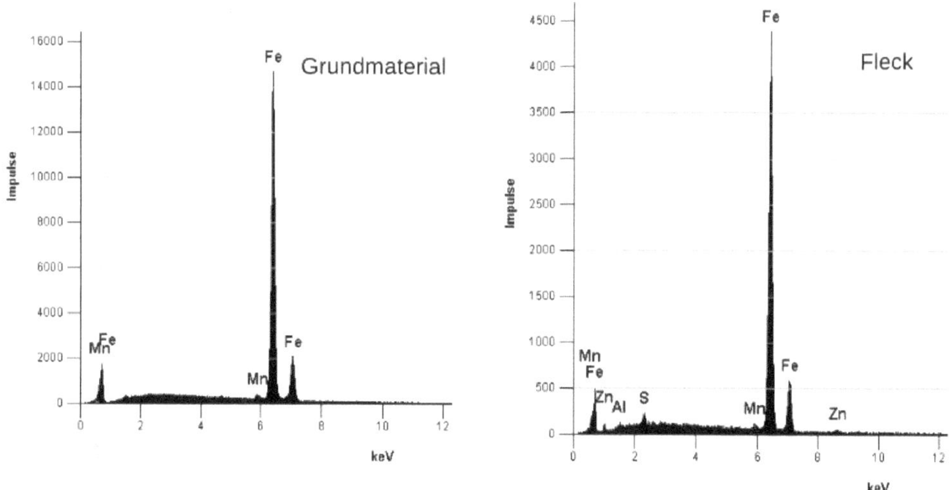

Bild 11-9: Flächenaufnahme Bauteil gereinigt, links nicht verfärbte Fläche, rechts schwarzer Fleck (Quelle: [Kuw 07])

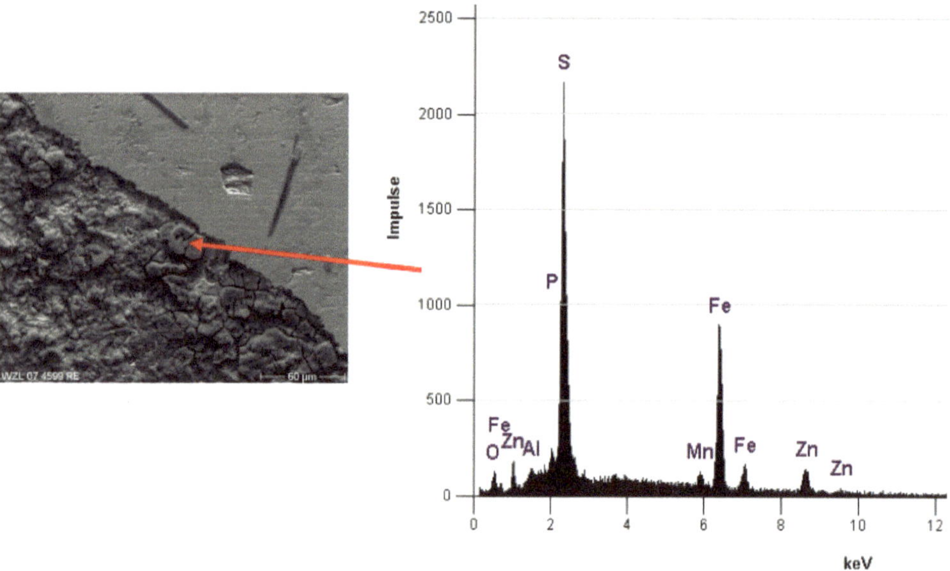

Bild 11-10: Detail-Analyse: Bauteil ungespült – schwarzer Fleck (Quelle: [Kuw 07])

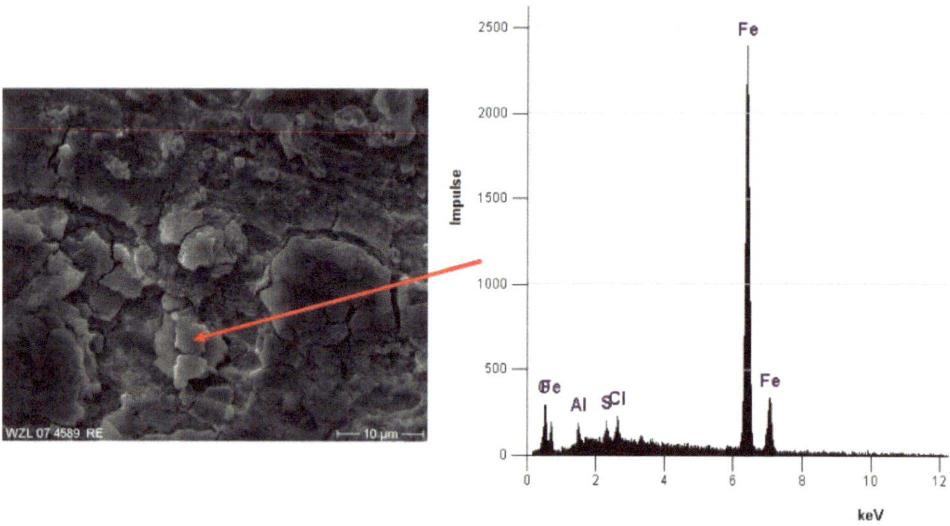

Bild 11-11: Detail-Analyse: Bauteil gereinigt – schwarzer Fleck (Quelle: [Kuw 07])

Es ist eindeutig Eisensulfid FeS entstanden. Die Bildung von FeS könnte wie folgt vonstattengegangen sein: Aus der aktiven Schwefelverbindung wurde mit der Zeit hydrolytisch Schwefel abgespalten, der dann mit der Eisenoberfläche reagiert hat. Dass dies nur im Kontaktpunkt zwischen zwei Werkstücken und in den unteren Lagen der Gitterbox passiert ist, weist darauf hin, dass die Abwesenheit von Sauerstoff für den Vorgang sehr wichtig ist. Reste der Bearbeitungsflüssigkeit sind auch an anderen Stellen des gleichen Bauteils und an allen anderen Bauteilen vorhanden gewesen, ohne dass eine Bildung von FeS erfolgte. Eine Aktivierung der Oberfläche alleine ist wahrscheinlich nicht ausreichend, denn auch die Werkstücke in den höheren Lagen liegen (scheuern) aufeinander, ohne dass eine Reaktion erfolgte.

Ein anderes Beispiel aus der Praxis belegt die Notwendigkeit der Abwesenheit von Sauerstoff. Plane Feinschneidteile aus 1.0980 (11 mm stark, Durchmesser 40 mm) wurden mit einem chlorfreien, aber aktiv schwefelhaltigen Öl hergestellt und übereinander liegend gelagert, ohne dass eine Zwischenreinigung erfolgte. An den Schnittkanten, also auf den frisch hergestellten und damit sehr reaktiven Stellen, trat keine Schwarzfärbung ein. Diese Schnittkanten lagen komplett frei. Die Planflächen, die mit anderen Flächen in Berührung waren, zeigten im Zentrum, also dort, wo die Ölreste selbst den Luftzutritt verhinderten, eine relativ durchgängige Schwarzfärbung.

11.3.3 Einfluss von aktiven Schwefelverbindungen bzw. Elementarschwefel auf die Spanlänge

In der Praxis führt ein Zusatz von aktiven Schwefelverbindungen oder Elementarschwefel zu deutlich kürzeren Spänen. Das ist ein in der Metallbearbeitung wohlbekannter und oft verifizierter Grundsatz. Nun ist die Frage, wie der Spanbruch durch das Additiv beeinflussbar ist. Der Bruch erfolgt auf der Spanoberseite (**Bild 11-12**), der Schmierstoff kann auch nur dort eingreifen.

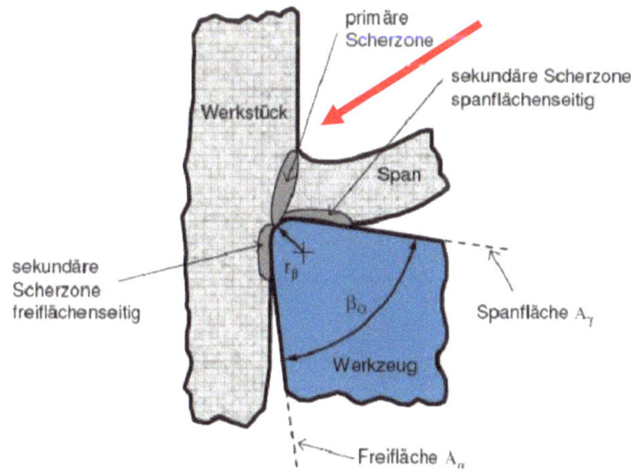

Bild 11-12: Schneidprozess (Quelle: WZL Aachen)

Auch hier sollte der Rehbinder-Effekt [Reh 64] wirken, der die Verringerung der Scherfestigkeit des zu bearbeitenden Materials durch Adsorption von grenzflächenaktiven Stoffen auf einer Oberfläche beschreibt. (Näheres zu diesem Effekt im Abschnitt zum Rehbinder-Effekt selbst.) Die grenzflächenaktiven Stoffe wirken natürlich nicht nur auf der Metalloberfläche im strengen Sinn, sondern dringen nach Rehbinder in die schon vorhandenen oder sich während der Bearbeitung bildenden Mikrorisse ein und stabilisieren diese. Die Stabilisierung erfolgt in der Weise, dass die Mikrorisse, auch unter Druck, nicht mehr „ausheilen" und es somit zum Spanbruch kommt. Je aktiver nun ein grenzflächenaktiver Stoff ist, desto größer ist naturgemäß seine Affinität zur Oberfläche. Die relative Aktivität von aktiven Schwefelverbindungen oder Elementarschwefel kann als sehr hoch eingeschätzt werden, die Elektronegativität nach Pauling (s. Tabelle im Abschnitt zu den Chlorparaffinen) ist sehr hoch und die freien Elektronenpaare an den Schwefelatomen gut verfügbar. Hinzu kommt, dass eine Schwefel-Schwefel-Atombindung deutlich labiler als eine Kohlenstoff-Schwefelbindung ist und damit leichter brechen kann, um neue Bindungen einzugehen. Somit ist erklärlich, dass aktive Schwefelverbindungen oder Elementarschwefel, im Vergleich zu anderen ebenfalls polaren Additiven, deutlich schneller und intensiver in das Spanbruchgeschehen eingreifen, was dann die kürzeren Späne zur Folge hat. Durch die Stabilisierung der Mikrorisse werden die schon von Rehbinder angesprochenen Gleitpakete verkleinert. Letzteres erklärt den Einfluss von aktiven Schwefelverbindungen oder Elementarschwefel in der Umformung. Je kleiner die Gleitpakete sind, desto geringer ist auch der für die Umformung benötigte Kraftaufwand.

11.3.4 Schwefeladditive funktionieren nur in Gegenwart von Sauerstoff optimal

Diese Aussage wurde in den letzten Jahren nicht mehr überprüft. Die Metallbearbeitung (Zerspanung und Umformung) findet auf der Erde immer an Luft statt, so dass es sich um den „Normalfall" handelt. Wie die oben zitierten Arbeiten von Walter und Petrushina zeigen, werden nach der Bearbeitung größere Mengen von Sauerstoff in den Randzonen der bearbeiteten Metalle nachgewiesen. Das trifft im Übrigen nicht nur auf Schwefelverbindungen zu, auch mit anderen Additiven lässt sich eine Sauerstoffanreicherung detektieren.

In [Mould 72/1] sind etliche Beispiele für den positiven Einfluss von Sauerstoff genannt. Heinemann [Hein 69] berichtet ausführlich über tribomechanisch angeregte Festkörperreaktionen unter Einfluss der Atmosphäre. Vinogradov [Vino 63, Vino 67] weist auf die Bedeutung des Sauerstoffs (bei Anwesenheit von Schmierstoffen) für die Effektivität der Schmierwirkung hin.

11.3.5 Auch inhibierte Metallbearbeitungsflüssigkeiten funktionieren

An dieser Stelle sollte ergänzend über die so genannten Buntmetallinhibitoren nachgedacht werden. Diese Verbindungen sollen durch Komplexierung von freien Ionen aber auch von Metalloberflächen selbst wirken. Die Buntmetallinhibitoren verhindern eine Reaktion von Schwefelverbindungen mit der Metalloberfläche. Eine Metallbearbeitungsflüssigkeit, die aktive Schwefelverbindungen enthält, kann durch Buntmetallinhibitoren so eingestellt werden, dass selbst nach längerem und intensivem Kontakt zwischen Metallbearbeitungsflüssigkeit und Buntmetall keine Verfärbung auftritt. Keine Verfärbung heißt keine Reaktion. Das Leistungsvermögen der Metallbearbeitungsflüssigkeit ist mit und ohne Buntmetallinhibitor auf dem gleichen Niveau. Damit entfällt die Erklärung, dass Schwefelverbindungen durch Bildung von Metallsulfiden wirken.

11.4 Laboruntersuchungen

Im Rahmen einer Master-Arbeit untersuchte Hohenäcker [Hoh 16] 16 verschiedene schwefelhaltige Additive mit unterschiedlichen Materialpaarungen auf der Brugger-Maschine (**Tabelle 11-1**).

Kürzel	Rohstoffbasis	Kin. Viskosität bei 40°C [mm/s]	Schwefel [%]	Aktiv-Schwefel [%] nach ASTM D-1662
A	Tierisches Fett	900-1500	11	1
A'	Tierisches Fett	800-1400	11	1
B	FAME	30	10	1
C	FAME	45	15	4
D	FAME	55	17	8
E	Pflanzenöl / FAME	230	9,5	1
F	Pflanzenöl / FAME	300	15	5
G	tier. Fett / FAME	250	15	5
H	Pflanzenöl / Olefin	640	15	4
I	tier. Fett / Olefin	950	15	4
J	Olefin (Diisobuten)	45	21	1,5
K	Olefin (Diisobuten)	100	32	20
K'	Olefin (Diisobuten)	15	32	20
L	Olefin (Diisobuten)	45	40	36
M	Olefin (Isobuten)	65	45	10
N	DMTD	1800	30	3

Tabelle 11-1: Auflistung der untersuchten schwefelhaltigen Verbindungen

Es handelt sich dabei um eine Zusammenstellung von am Markt verfügbaren geschwefelten Additiven, geschwefelte pflanzliche und tierische Ester (A, A‘, B, C, D, E, F, G) geschwefelte Olefine (J, K, K‘, L, M), gemischte Additive (H, I) und ein Dimercaptothiadiazol (N). A und A‘ haben eine identische Basis und den gleichen Schwefelgehalt, wurden aber mit unterschiedlichen Verfahren geschwefelt. K und K‘ unterscheiden sich dadurch, dass an den α-Kohlenstoffatomen von K Methylgruppen sitzen und bei K‘ Wasserstoffatome. Damit ist die sterische Hinderung von K‘ geringer. Geschwefelte Ester enthalten neben Schwefel auch sauerstoffhaltige Estergruppen. Geschwefelte Olefine enthalten als Heteroelement nur Schwefel. Das Dimercaptothiadiazol enthält neben Schwefel auch noch Stickstoff. Die **Bilder 11-13 bis 11-15** zeigen beispielhaft einige Moleküle.

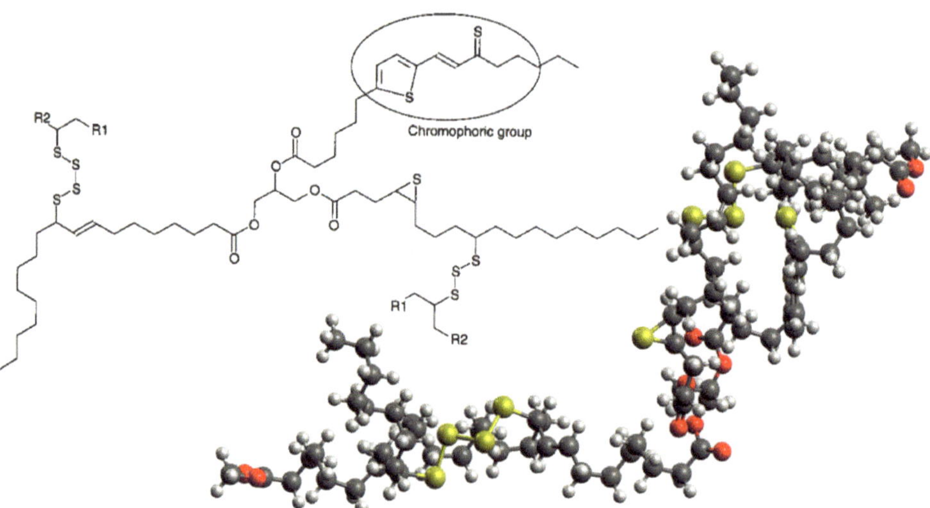

Bild 11-13: Strukturformel eines geschwefelten Esters [Rud 17] und 3D-Darstellung davon. Für R1 und R2 wurden je eine Alkylgruppe mit acht C-Atomen eingefügt und eine zusätzlichen Estergruppe bei R2 (rot – Sauerstoffatome / gelb – Schwefelatome) [Hoh 16]

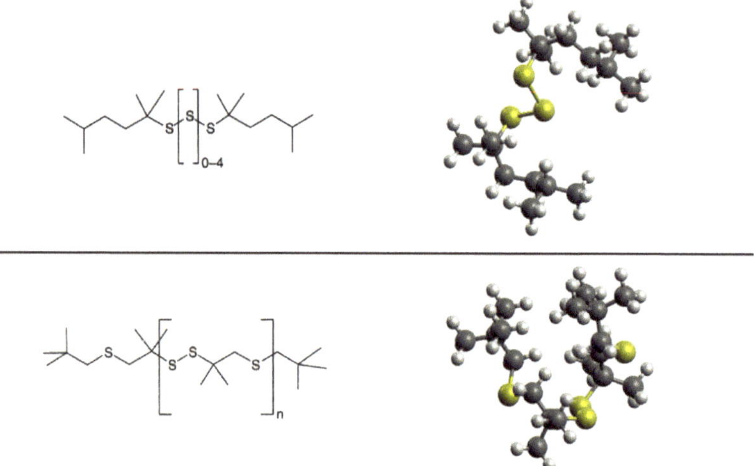

Bild 11-14: Strukturformel [Rud 17] und 3D-Darstellung von geschwefeltem Diisobuten (oben) und geschwefeltem Isobuten (unten) mit n=1 (gelb – Schwefelatome) [Hoh 16]

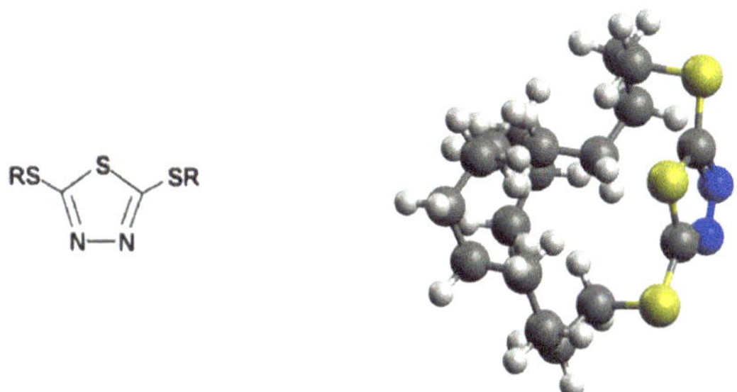

Bild 11-15: Strukturformel [Tot 03] und 3D-Darstellung von Dimercaptothiadiazolderivat. Als organischer Rest wurde C_8H_{17} dargestellt (blau – Stickstoffatome / gelb – Schwefelatome) [Hoh 16]

Untersucht wurden die tribologischen Paarungen Kohlenstoffstahl (100Cr6) gegen Kohlenstoffstahl (X210CrW12) / rostfreier Stahl (X5CrNi18-10) gegen Kohlenstoffstahl (X210CrW12) / rostfreier Stahl (X5CrNi18-10) gegen rostfreien Stahl (X5CrNi18-10). Es sollen hier aber nicht alle Ergebnisse besprochen werden, da das den Rahmen sprengen würde.

Da die geschwefelten Additive alle eine unterschiedliche Viskosität haben, wurde zunächst der Einfluss der Viskosität untersucht. In **Bild 11-16** sind die Bruggerwerte der Tests der verschiedenen Materialpaarungen über den jeweiligen kinematischen Viskositäten aufgetragen. Die kinematische Viskosität ist hierbei logarithmisch skaliert.

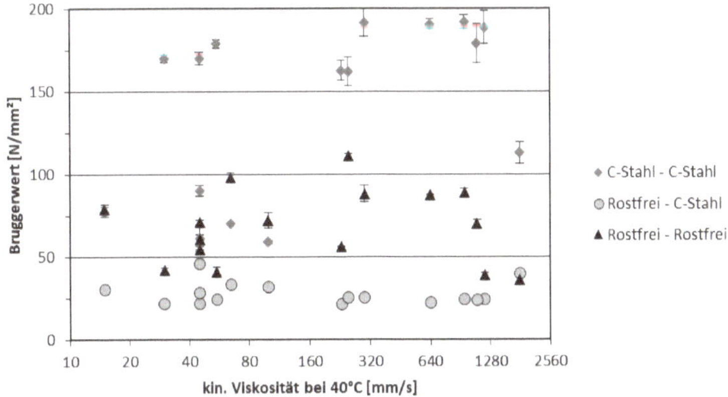

Bild 11-16: Bruggerwerte über der kinematischen Viskosität aufgetragen [Hoh 16]

„Ein Einfluss der Viskosität ist nur schwer erkennbar. Ein Vergleich dieser drei Messreihen miteinander zeigt zudem, dass auf den drei Oberflächenpaarungen die Schmierstoffadditive verschieden wirken, da sich die Messreihen in keiner Weise ähneln. Wenn die Viskosität einen Einfluss hätte, müssten alle drei Messreihen den gleichen Trend aufweisen." [Hoh 16]

Die **Bilder 11-17 / 11-18 / 11-19** zeigen die Ergebnisse der unverdünnten Additive. Es wurde bewusst auf eine einheitliche Achsenskalierung verzichtet, um die Messergebnisse innerhalb einer Messreihe besser miteinander vergleichen zu können.

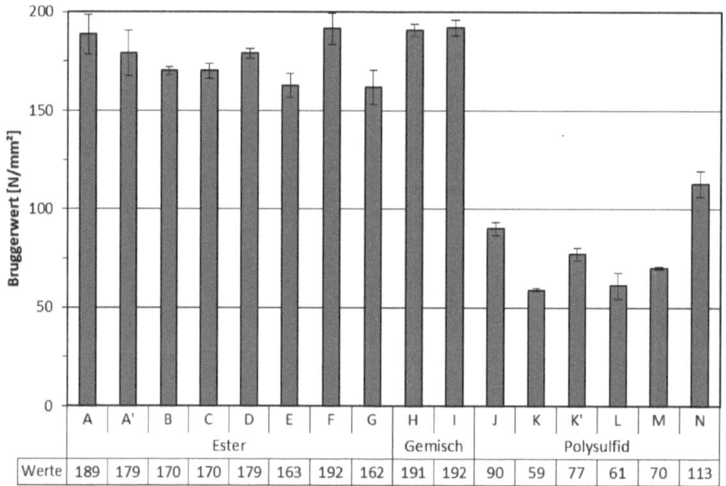

Bild 11-17: Bruggerwerte der unverdünnten Additive auf der Oberflächenpaarung C-Stahl auf C-Stahl [Hoh 16] (N – Dimercaptothiadiazol)

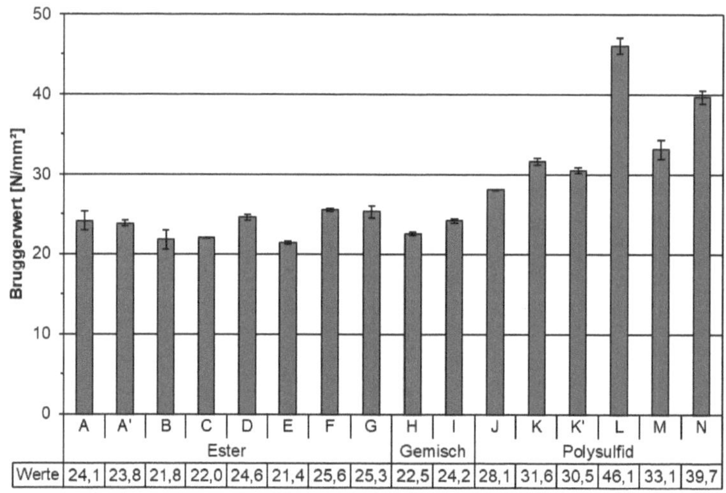

Bild 11-18: Bruggerwerte der unverdünnten Additive auf der Oberflächenpaarung C-Stahl auf rostfreiem Stahl [Hoh 16] (N – Dimercaptothiadiazol)

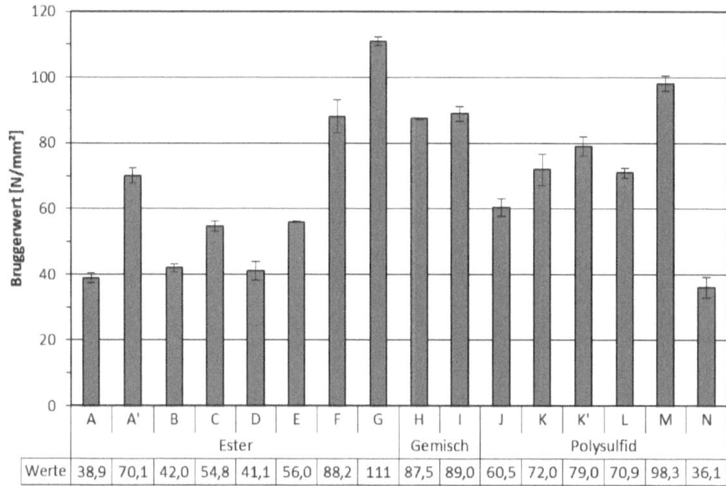

Bild 11-19: Bruggerwerte der unverdünnten Additive auf der Oberflächenpaarung rostfreier Stahl auf rostfreiem Stahl [Hoh 16] (N – Dimercaptothiadiazol)

Schon beim ersten Blick auf die **Bilder 11-17 bis 11-19** sind deutliche Unterschiede zu erkennen. Die Moleküle, die neben Schwefel noch Sauerstoff bzw. Stickstoff enthalten, zeigen in der Paarung C-Stahl / C-Stahl verglichen mit den Molekülen, die ausschließlich Schwefel enthalten, deutlich höhere Werte. Das ist ein starkes Indiz, dass nicht nur Schwefel in den Molekülen in die Wechselwirkung mit den Metalloberflächen eingreift. Eine schlüssige Erklärung für die höheren Bruggerwerte bieten Wasserstoffbrückenbindungen, die sowohl von den Sauerstoffatomen in den Estergruppen als auch von den Stickstoffatomen im Dimercaptothiadiazol mit den Wasserstoffatomen der Hydroxide auf den C-Stahl-Oberflächen ausgebildet werden können. Wird diese Möglichkeit eingeschränkt, Austausch einer Oberfläche durch rostfreien Stahl, oder ganz aufgehoben, Paarung rostfreier Stahl / rostfreier Stahl, verschieben sich auch die Werte und der Schwefel in den Molekülen wird dominant. Spannend ist in diesem Zusammenhang die Betrachtung der Moleküle A und A‘. Beide unterscheiden sich in der Art der Herstellung, was die Möglichkeit der Schwefelatome zur Wechselwirkung mit den oxidisch gebundenen Metallatomen auf den Metalloberflächen beeinflusst. Die Schwefelatome in A‘ sprechen eher auf eine mehr oxidische Oberflächenpaarung an als die Schwefelatome in A. Das deutet darauf hin, dass die sterische Hinderung der Schwefelatome in A‘ geringer ist. Das ist wiederum ein Indiz auf längere Schwefelketten in A‘, verglichen mit A. Ein ähnlicher Effekt kann auch beim Vergleich der Moleküle K und K‘ gefunden werden. Dies kann auch hier zwanglos mit der sterischen Hinderung durch die Methylgruppe am α-Kohlenstoff in Molekül K erklärt werden. Überhaupt scheinen die ermittelten Werte mehr durch die sterisch bedingten Möglichkeiten zur Annäherung an die Metalloberflächen als durch den Schwefelgehalt in den Molekülen dominiert zu sein. Die Konkurrenz um die Oberflächenareale in den unverdünnten Additiven hat wohl auch einen starken Einfluss. Um diesen Umstand näher zu beleuchten, wurden die Messreihen mit durch Mineralöl verdünnten Proben wiederholt.

Die Konzentration der Additive wurde so auf 20 Gew. % abgesenkt. Im Fall, dass die Bruggerwerte durch die Verdünnung, absinken heißt das, dass in den puren Additiven keine Konkurrenz um Oberflächenareale vorliegt. Steigen die Bruggerwerte durch die Verdünnung, wurde diese Konkurrenz vermindert oder gar aufgehoben. **Bild 11-20** zeigt die Ergebnisse für die Paarung C-Stahl / C-Stahl. Hier liegen auf den Oberflächen nur begrenzte oxidische Areale neben hydroxidischen Arealen vor.

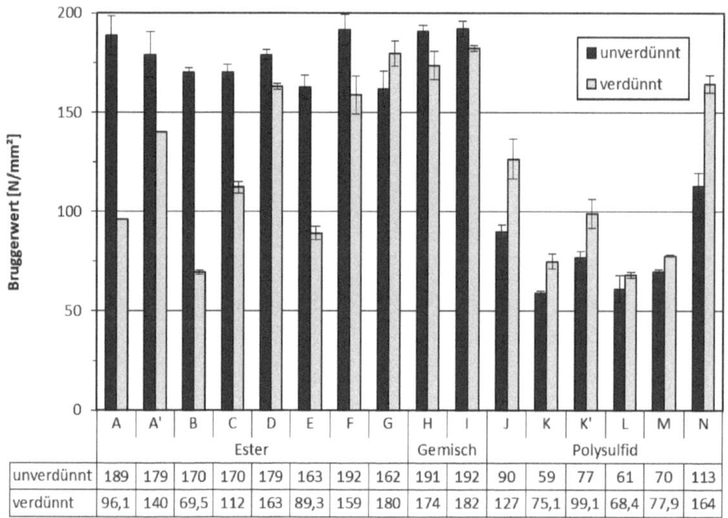

	A	A'	B	C	D	E	F	G	H	I	J	K	K'	L	M	N
	Ester								Gemisch		Polysulfid					
unverdünnt	189	179	170	170	179	163	192	162	191	192	90	59	77	61	70	113
verdünnt	96,1	140	69,5	112	163	89,3	159	180	174	182	127	75,1	99,1	68,4	77,9	164

Bild 11-20: Vergleich von Bruggerwerten von unverdünnten und verdünnten Additiven in der Paarung C-Stahl / C-Stahl [Hoh 16] (N – Dimercaptothiadiazol)

Unverkennbar sinken die Werte bei den esterbasierten Molekülen ab und steigen bei den olefinbasierten Molekülen und dem Dimercaptothiadiazol an. Offensichtlich wurde durch die Verdünnung in den zuletzt genannten Molekülen die Konkurrenzsituation um die Oberfläche entschärft. Auch die Ergebnisse der anderen Materialpaarungen untermauern diese Interpretation. **Bild 11-21** zeigt zusammenfassend die Differenzen zwischen den ermittelten Werten der puren und der verdünnten Additive. Die vorab beschriebene Interpretation kann in vollem Umfang zur Anwendung gebracht werden.

Weitere Untersuchungen in [Hoh 16], Normierung des Gehalts an Schwefel und die Beeinflussung der untersuchten Tribosysteme durch Zusatz von reinem Ester um den Konkurrenzdruck an den hydroxidischen Arealen oder von Polysulfid um den Konkurrenzdruck an den oxidischen Arealen zu erhöhen, bestätigen die Theorie, dass geschwefelte Ester und Dimercaptothiadiazol sowohl durch die Schwefelatome als auch durch die Sauerstoff- bzw. Stickstoffatome mit den aktiven Gruppen auf den Metalloberflächen wechselwirken können.

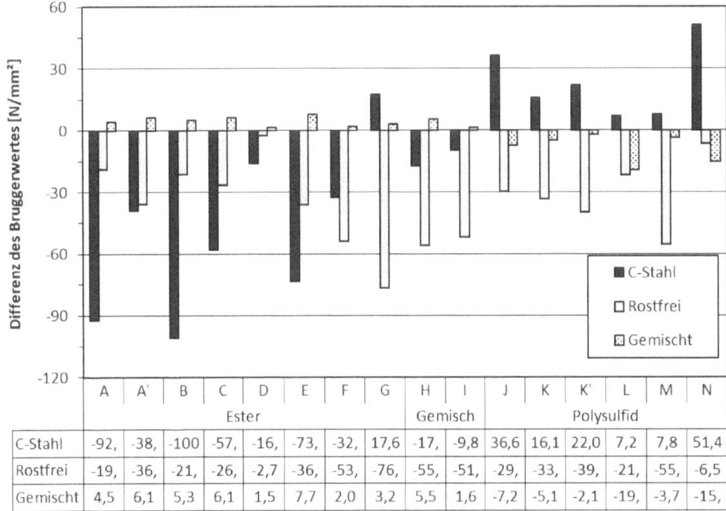

	A	A'	B	C	D	E	F	G	H	I	J	K	K'	L	M	N
	Ester								Gemisch		Polysulfid					
C-Stahl	-92,	-38,	-100	-57,	-16,	-73,	-32,	17,6	-17,	-9,8	36,6	16,1	22,0	7,2	7,8	51,4
Rostfrei	-19,	-36,	-21,	-26,	-2,7	-36,	-53,	-76,	-55,	-51,	-29,	-33,	-39,	-21,	-55,	-6,5
Gemischt	4,5	6,1	5,3	6,1	1,5	7,7	2,0	3,2	5,5	1,6	-7,2	-5,1	-2,1	-19,	-3,7	-15,

Bild 11-21: Differenzen der Bruggerwerte der unverdünnten und verdünnten Additive in allen Materialpaarungen [Hoh 16] (N – Dimercaptothiadiazol)

11.5 Wie funktionieren Schwefeladditive? - Versuch einer Erklärung zur Wirkungsweise

Zunächst sollte genau festgelegt werden, über welche Zeiträume der Wechselwirkung der Schwefelverbindungen mit der Metalloberfläche gesprochen wird. Es ist, wie schon aus den oben beschriebenen Ausführungen ersichtlich, ein Unterschied, ob der kurze Zeitraum der Metallbearbeitung oder der verhältnismäßig lange Zeitraum nach einer Bearbeitung oder einer Umlaufschmierung betrachtet wird. Wenn Schwefelverbindungen lange in Kontakt mit Metalloberflächen sind und dazu spezielle Bedingungen vorhanden sind, ist es durchaus möglich, dass Eisensulfid (FeS) entsteht. Dazu ist neben der längeren Reaktionszeit auf jeden Fall ein zumindest partieller Ausschluss von Sauerstoff notwendig. Feuchtigkeit (Luftfeuchtigkeit) und / oder höhere Temperaturen begünstigen die FeS-Bildung. Aktivierte Oberflächen sind nicht notwendig. Somit ist es möglich, Eisensulfid u. U. schon nach einer etwas längeren Lagerzeit von bearbeiteten Teilen nachzuweisen. Erschwerend kommt der Umstand hinzu, dass Schwefelverbindungen eine ausgeprägte Neigung zur Adsorption auf Metalloberflächen haben und die Adsorptionskraft auch groß genug ist, dass sich die Moleküle der Schwefelverbindungen einer Reinigung widersetzen können. So kann auf der einen Seite sulfidischer Schwefel (in dieser Form liegt Schwefel in den Additiven vor) auch bei einer reinen Adsorptionsschicht nachgewiesen werden, ohne dass eine Reaktion ablaufen musste. Auf der anderen Seite können adsorptiv gebundene Moleküle bei der Lagerung „nachreagieren“.

Ein starkes Indiz, das gegen eine Metallsulfidbildung in der kurzen Zeit des Metallbearbeitungsprozess spricht, ist das oben diskutierte Phänomen, dass sich Buntmetall auch mit aktiven Schwefelverbindungen in der Bearbeitungsflüssigkeit ohne Verfärbung bearbeiten lässt und die Werkstücke „blank" (unverfärbt) von der Maschine kommen. Auch beim Feinschneiden zeigen die frisch erzeugten Schneidkanten keinerlei Tendenz zu einer Verfärbung.

Auffällig sind vielmehr die hohe Konzentration von Sauerstoff in der bearbeiteten Randschicht und auch die Aussage von vielen Autoren, dass Schwefelverbindungen nur in Gegenwart von Luft (Sauerstoff) funktionieren. Sauerstoff scheint also aktiv in das „tribochemische" Geschehen auf der Metalloberfläche einzugreifen.

Der erste Schritt der Wechselwirkung von Schwefelverbindungen mit Metalloberflächen ist die Adsorption. Die Geschwindigkeit und auch die Kraft, mit der sich die diskreten Additive anlagern, werden von der Art des Moleküls (chemische Konstitution, Diffusion und Solvatation) bestimmt. Je größer die Elektronendichte und je geringer die Solvatation am Schwefelatom ist, desto höher sind die Neigung zur Adsorption und die Kraft, mit der das Molekül an der Oberfläche „haftet". Geschwefelte Ester (Triglyceride und synthetische Ester) haben zusätzlich noch Sauerstoffatome der Estergruppierung(en) im Molekül, die ebenfalls zur Adsorption mit den Hydroxiden auf Metalloberflächen beitragen. Auch Stickstoffatome in Dimercaptothiadiazolen und π-Elektronen von Doppelbindungen korrespondieren mit der Metalloberfläche.

Die Stärke der adsorptiven Bindung wird zusätzlich von der Stereo-Chemie der Schwefelverbindung bestimmt, d. h. vom Platzbedarf der Reste (Substituenten) am Schwefelatom sowie von der Konkurrenzsituation auf der Metalloberfläche (s. hierzu auch Kapitel 3 zum Aufbau von Metallen und Metalloberflächen). Weiterhin ist die Frage bei mehr als zwei Schwefelatomen, wie viele Schwefelatome an der Adsorption beteiligt sind.

Inwieweit die Adsorption in eine echte Chemiesorption (mit Spaltung einer Schwefel-Schwefel-Bindung) übergeht, hängt von den Umgebungsbedingungen und auch vom adsorptiv gebundenen Molekül selbst ab. Ein Schwefelatom aus einer Polysulfidkette mit 4 oder 5 Schwefel-Atomen ist sicher eher in der Lage eine Chemisorption unter Bindungsbruch (in der Schwefelverbindung) einzugehen als ein Di- oder Tri-Sulfid. In der Literatur [Rud 17] gelten selbst Tri-Sulfide noch als inaktiv. (Die Aktivität hängt natürlich vom "Shielding", der Abschirmung der S-Atome, ab. Durch die hohen Atomradien nimmt das Shielding der opulenten S-Atomc mit zunehmender S-Atomzahl ab. Weiterhin erniedrigt sich die thermodynamische Stabilität der Moleküle und damit die Aktivierungsenergie.

Wahrscheinlich ist der Übergang von der induzierten Adsorption zur Chemisorption fließend, möglicherweise auch reversibel. Es bedarf schließlich nur der Verschiebung von Elektronendichte. Die Bindungselektronen einer Schwefel-Schwefel-Bindung von bereits adsorptiv gebundenen Schwefelatomen verschieben sich mehr oder weniger vollständig zur Bindung Schwefel – Metalloberfläche. Kommt ein anderer „Elektronen-Spender" ins Spiel, z. B. Sauerstoff, der eine stärkere Affinität zur Metalloberfläche hat, so könnten die Bindungselektronen der Bindung Schwefel – Metalloberfläche wieder in Richtung der Schwefel-Schwefel-Bindung verschoben werden. An der lokalen Position, der vormals adsorptiv gebundenen Schwefelverbindung, ist ja zwischenzeitlich nichts verändert. Einer mehr oder weniger chemisorptiv gebundenen Schwefelverbindung könnte durchaus ein gewisser radikalischer Charakter zugesprochen werden, schließlich bringt so eine Molekülgruppe genau ein freies Elektron, zumindest teilweise, in die potenzielle „neue"

Bindung zur Metalloberfläche ein. Im Falle von Polysulfiden bzw. elementarem Schwefel wäre es auch möglich, dass Schwefelgruppierungen (ohne organische Reste) mit quasi zwei „freien" Elektronen entstehen. Bei Abwesenheit von Sauerstoff können sich die zuletzt beschriebenen chemisorptiven Bindungen in der Art stabilisieren, dass eine echte Schwefel-Metall-Bindung entsteht (**Bild 11-22**).

Befindet sich das Additiv in Lösung, sind hierfür die Löslichkeitsparameter entscheidend – z. B. Polarität, Dipolarität, Polarisierbarkeit. Die Oberfläche ist ein kompetitives Lösungsmittel und extrahiert das Additiv quasi. Daher muss der Vorgang zunächst diffusionskontrolliert ablaufen. Die Diffusion hängt reziprok vom Solvatationsradius ab. Innerhalb der Prandtlschen Strömungsgrenzschicht überwiegen die Viskositätseffekte, wodurch die Freisetzung sehr erschwert werden kann. Ist das Additiv an der Grenzfläche angelangt, bestimmt die Lösungskraft der Oberfläche die Extraktionsfähigkeit aus der Lösung. Ist das Additiv extrahiert, entscheidet die Natur der Oberfläche bzw. der elektrischen Doppelschicht, welche (Re)aktionen eintreten.

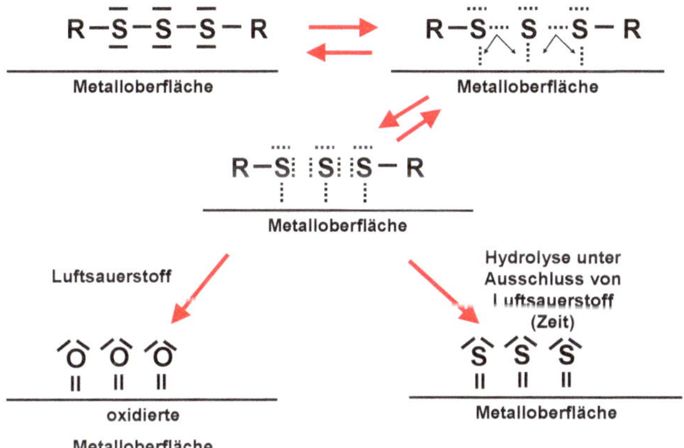

Bild 11-22: Möglicher Mechanismus von S-Additiven (nur auf S-Atome bezogen)

In jedem Fall, gleich ob eine Adsorption oder Chemisorption vorliegt, verändert sich die elektronische Situation des beteiligten Metallatoms und seiner Umgebung. Das Metallatom selbst bzw. seine Umgebung werden aktiviert. Diese Aktivierung hat zur Folge, dass es zu einer Reaktion mit dem Sauerstoff aus der Umgebung (entweder in der Bearbeitungsflüssigkeit gelöst oder aus der die Bearbeitungsstelle umgebende Atmosphäre) kommen kann. Bei Prozessen, in denen eine neue, „reaktive" Oberfläche entsteht (z. B. Zerspanung, Scherschneiden, Feinschneiden aber auch Umformprozesse), tritt dieser Effekt natürlich verstärkt auf. Die Additive im Schmierstoff werden schon wegen der räumlichen Nähe zur Metalloberfläche, diese sicher zuerst durch Adsorption besetzen (wenn sie dazu in der Lage sind). Ob die Additive dann von Sauerstoff verdrängt werden, hängt von der konkreten Situation ab. Das hier die Additive den ersten Schritt machen und nicht gleich der Sauerstoff an der Oberfläche angreift, kann vielleicht dadurch belegt werden, dass in Prozessen, in denen der Schmierfilm abreißt bzw. frische reaktive Oberflächen nicht schnell genug von der Bearbeitungsflüssigkeit, mit den darin enthaltenen Additiven, wirksam bedeckt werden, sofort Adhäsionserscheinungen von Werkzeug- und Werkstückmaterial auftreten. Die Additive fungieren, einfach ausgedrückt, als Platzhalter für den Sauerstoff bzw. werden durch diesen sofort verdrängt, wenn die Gelegenheit dazu gegeben ist. Das bedeutet aber auch, dass die Additive keine wirklich feste chemische Bindung ausgebildet haben können, da diese kaum in kurzer Zeit durch Sauerstoff zu verändern wäre. Im Falle der Abwesenheit von Sauerstoff und ausreichend Zeit ist die Ausbildung einer echten chemischen Bindung zwischen dem Metall und den Additivlementen (wenn diese denn reaktiv sind) nicht auszuschließen. Additive steuern also im weitesten Sinne (unter normalen Bedingungen der Metallbearbeitung, also in Gegenwart von Luft), ob und wann eine Metalloberfläche oxidiert wird oder nicht. Im Falle von inaktiven Schwefelverbindungen scheint der Sauerstoff relativ schnell in die Tribochemie einzugreifen, da die Beobachtungen von Realprozessen zeigen, dass nur in Gegenwart von Luft gute Bearbeitungsergebnisse zu erzielen sind [Mould 72/I]. Ergebnis der Untersuchungen von Mould ist, dass je aktiver die Schwefelverbindung ist, umso geringer wird der Sauerstoffeinfluss, auch wenn dieser nicht aufhört zu wirken. Das ist wieder ein Hinweis, dass inaktive Schwefelverbindungen hauptsächlich durch Adsorption wirken, während bei aktiven der Anteil an Chemiesorption mit der Aktivität der Schwefelatome im Molekül zunimmt.

Am aktivsten ist sicher elementarer Schwefel (S8-Schwefel) in Mineralöl gelöst, hier können gleichzeitig vier Schwefelatome mit der Metalloberfläche wechselwirken, ohne dass auch nur eine Schwefel-Schwefelbindung gelöst werden müsste. Die Schwefel-Schwefelbindungen im S8-Schwefel können relativ leicht aufbrechen und es entstehen kleinere aktive Einheiten. Aber auch diese Reaktion braucht mehr Zeit, als in Metallbearbeitungsvorgängen notwendig ist.

An dieser Stelle muss aber darauf hingewiesen werden, dass die Ergebnisse von Mould [Mould 72/I] nicht mit dem Effekt verwechselt werden sollten, dass die Sauerstoffanreicherung an einer Metalloberfläche bei der Bearbeitung an Luft mit der Aktivität der Schwefelverbindung zunimmt.[11]

Bleibt zu klären, was es mit den antioxidativen Eigenschaften von Schwefelträgern auf sich hat. Diese wurden bereits 1945 von Denison [Deni 45] beschrieben. Einen Überblick zu Schwefelverbindungen und deren Eigenschaften in Basisölen gibt Kalantar [Kal 08]. Wenn sich im Zuge der Wechselwirkung von Schwefelverbindungen mit Metalloberflächen Radikal-ähnliche Spezies ausbilden (s. o.), so sollte das vielleicht auch am Verhalten in Gegenwart von reinem Sauerstoff nachzuweisen sein. Sekundäre Antioxidantien sollen Hydroperoxide und Peroxidradikale zerstören. Dafür ist für Thioether, also Monosulfide, der in **Bild 11-23** dargestellte Mechanismus zu finden. Hydroperoxid und Peroxidradikale reagieren mit dem Schwefel des Monosulfides, wobei letzterer zu Sulfoxid bzw. Sulfonen aufoxidiert wird.

---

11 (Anmerkung: Im FVA 289 sind gerade die aktivsten S-Träger, die am meisten die Sauerstoffreaktion promovieren. Nach meinen Erkenntnissen ist es so, dass die Additive bei C-Zahlen < 6 dazu neigen, im Kontakt zu leicht flüchtigen Produkten zu fragmentieren, bei höheren C-Zahlen deutlich Kohlenstoff abscheiden und dadurch die Sauerstoffreaktion unterbinden. /WH)

Thioether

R-S-R + ROOH ⟶ R-SO-R + ROH
Sulfoxid Alkohol

R-SO-R + ROOH ⟶ $R\text{-}SO_2\text{-}R$ + ROH
Sulfon Alkohol

R-S-R + 2[ROO•] ⟶ $R\text{-}SO_2\text{-}R$ + 2[RO•]

R : Aryl oder Alkyl

Bild 11-23: Oxidationskontrolle durch sekundäre Antioxidantien (Thioether) (Quelle: [Rud 17])

Vorstellbar wäre sicher auch ein vergleichbarer Vorgang für mehr als ein Schwefelatom in einer Schwefelverbindung, also für Di-Sulfide, Tri-Sulfide etc. Die zweite Möglichkeit für Di-Sulfide, Tri-Sulfide etc. in der Reaktion mit Hydroperoxid und Peroxidradikale oder auch Sauerstoff (kann bekanntlich auch als Di-Radikal verstanden werden) in Abwesenheit einer Metalloberfläche könnte in der Spaltung der Schwefel-Schwefel-Bindung unter Bildung von Radikalen bestehen. Auch diese Spaltung sollte, gemäß dem oben beschriebenen Vorgang an einer Metalloberfläche, ein fließender Prozess sein, also eine mehr oder weniger große Umverteilung von Elektronendichte aus der Schwefel-Schwefelbindung. Ein wirklich freies Organo-Schwefel-Radikal wird wohl nur theoretisch existieren. Vielmehr wahrscheinlich sind Übergangszustände von Organo-Schwefel-Sauerstoff-Verbindungen. Um dieses zu verifizieren wurden einige Schwefelverbindungen in einem Oxidationstest überprüft.[12] Der Test (Doppelbestimmung) wurde mit einem PetroOXY-Tester durchgeführt (detektiert in einer geschlossenen Messzelle, Ausgangsbedingungen: 5 ml Probe, 700 kPa Sauerstoff, bei 140 °C die Zeit, bis der max. Druck um 10 % abgefallen ist). Die untersuchten Schwefelverbindungen (10 % gelöst in Rapsöl) sind zusammen mit den erzielten Ergebnissen in **Tabelle 11-2** genannt. Zu Vergleichszwecken wurde unadditiviertes Rapsöl sowie Butylhydroxitoluol (BHT) und Methylenbisdithiocarbamat als Antioxidanz, ebenfalls zu 10 % in Raps gelöst, mit dem Test unterworfen.

Verbindung (10 % in Rapsöl)	**Zeit bis zum Testende**
Rapsöl (unadditiviert)	7 min 44 s 7 min 36 s
geschwefeltes Triglycerid	37 min 12 s 36 min 7 s
BHT	3 h 24 min 32 s 3h 27 min 58 s
Methylenbisdithiocarbamat	39 min 41 s 38 min 48 s
aktives Polysulfid (I)	21 min 33 s 22 min 40 s

12 Für die Durchführung der Teste danke ich an dieser Stelle Frau Andrea Neumann von der Anton Paar GmbH.

aktives Polysulfid (II)	23 min 46 s 24 min 3 s
inaktives Polysulfid (I)	34 min 58 s 35 min 13 s

Tabelle 11-2: Testergebnisse mit dem PetroOXY-Gerät

Wie aus den Ergebnissen klar ersichtlich ist, wirken die Schwefelverbindungen offensichtlich mehr oder weniger antioxidativ. Allerdings bei weitem nicht so effektiv wie BHT, d. h., die Radikalbildung ist bei den Schwefelverbindungen bei weitem nicht so ausgeprägt wie beim BHT. Auffällig ist der Unterschied zwischen den aktiven und inaktiven Verbindungen. Wahrscheinlich werden aus den aktiven Polysulfiden tatsächlich, wie oben vermutet, Di-Radikal-ähnliche Spezies gebildet, die ihrerseits mit dem Sauerstoff reagieren. Polysulfid (I) gilt als das chemisch aktivere, was sich auch in den Werten der **Tabelle 11-2** widerspiegelt.[13]

11.6 Zusammenfassung

Schwefelverbindungen agieren vorrangig durch einen Adsorption- / Chemisorptions-Mechanismus, gekoppelt mit Radikalreaktionen mit Metalloberflächen. In Gegenwart von Luft (Sauerstoff) kommt es zu einer Art „Co-Reaktion“ von Schwefelverbindung und Sauerstoff. Die tribochemisch wirksame Schicht wird von beiden Spezies gebildet und ist deutlich wirksamer als eine Schicht, die nur aus Schwefelverbindungen besteht. Nur in Abwesenheit von Sauerstoff und längeren Reaktionszeiten, möglicherweise durch hydrolytische Vorgänge begünstigt, kann sich Eisensulfid bilden.

13 (Die "geringere AO Aktivität" ist durch die Ausgasung von Mercaptanen und Olefinen im Test mitbedingt./WH.)

12 Überbasische Sulfonate (PEP-Additive)

Joachim Schulz

12.1 Einleitung

Es gibt nur wenige Additive, über die in den letzten 25–30 Jahren hinsichtlich des Ersatzes von Chlorparaffinen, soviel berichtet wurde wie über überbasische Sulfonate. Dabei handelt es sich um alkylierte Sulfonsäuren, die mit Natrium- oder Calcium-Hydroxid neutralisiert werden und zusätzlich das korrespondierende Carbonat in großen Mengen enthalten. Bei der Natrium-Variante beträgt somit der Elementgehalt an Natrium 17–18 %, bei der Calcium-Variante sind es ca. 15 %. Die TBN (Total Base Number) dieser Additive liegt bei 400. In der Literatur wird diese Additivklasse auch als PEP- (passiv extreme pressure – passives Hochdruck-) Additiv bezeichnet, da allgemein angenommen wird, dass das Natrium- bzw. Calcium-Carbonat nur als „Festschmierstoff" mit Metalloberflächen wechselwirkt. Auch wird über Synergismen der überbasischen Sulfonate mit Schwefelverbindungen berichtet [Round 89, Rama 92, Han 03, Cost 06]. Letztere Kombination ist in der Metallbearbeitung, sowohl Zerspanung als auch Umformung, in Europa weit verbreitet. Dabei werden zusätzlich zu den PEP-Additiven und Schwefelträgern gerne noch Verschleißschutzadditive in die Formulierungen einbezogen.

Bei den überbasischen Sulfonaten handelt es sich meist um dunkelbraune klare Flüssigkeiten. Die Kristallgröße der Carbonate ist nämlich so klein, dass diese mit dem unbewaffneten Auge nicht mehr zu erkennen sind. In der Umformung werden darüber hinaus noch einige Variationen eingesetzt, in denen die Carbonate dann Kristallgrößen bis zu 1 µm erreichen. Diese Additive erscheinen dann mehr oder weniger trübe. In Formulierungen neigen letztere zur Sedimentation des Carbonats und stellen somit eine gewisse Herausforderung für den Formulierer und Anwender dar.

Sollen gebrauchte Öle, die größere Mengen an PEP-Additiven enthalten, durch Filtration gereinigt werden, ist darauf zu achten, dass die Porengröße des Filters nicht zu klein gewählt wird. Bei zu kleinen Poren wird ein Teil der Carbonate im Filter zurückgehalten. Frischöle zeigen diese Erscheinung weniger stark. Wahrscheinlich bilden die PEP-Additive mehr oder weniger große Cluster im Öl. Dieser Effekt wird durch Einwirkung von Druck und Temperatur noch verstärkt. Die Cluster können den Filter blockieren.

12.2 Auswertung der Literatur

Die Herstellung ist in zahlreichen Patenten beschrieben, stellvertretend soll hier eines zitiert werden: „Bei dem Verfahren der britischen Patentschrift werden in einem flüssigen unpolaren Reaktionsmedium lösliche Aralkylsulfonsäuren mit einem stöchiometrischen

Überschuss an basischen Calciumverbindungen neutralisiert. Bei dieser Reaktion sind im Reaktionsmedium außerdem noch aliphatische Carbonsäuren mit 1 bis 4-C-Atomen oder Benzoesäure, vorzugsweise aber Essigsäure, sowie niedrige aliphatische Alkohole und/oder Alkoxyalkanole, insbesondere Monomethylether von Ethylenglykol, vorhanden. Die nach der Neutralisation noch vorhandenen, basischen Calciumverbindungen werden durch Einleiten von Kohlendioxid zu Calciumcarbonat umgesetzt. Hierbei entsteht der gewünschte überbasische Sulfonat-Carbonat-Komplex. Die Abtrennung nicht umgesetzter basischer Calciumverbindungen erfolgt durch Filtration und die der flüchtigen Anteile der Reaktionsmischung durch Destillation. Gerade dieser letzte Schritt der Reinigung des Produktes von den unerwünschten Begleitstoffen ist häufig sehr problematisch und verfahrenstechnisch sehr aufwendig. Die filtrierten Produkte zeigen häufig nicht reproduzierbare, schwankende Eigenschaften, so dass sie für kommerzielle Weiterverarbeitung unbrauchbar sind." [Stud 92] Es kommt u. a. also Calciumhydroxid ($Ca(OH)_2$) zum Einsatz.

Die Struktur des Sulfonat- / Carbonat-Komplexes wird von verschiedenen Autoren als Micellen beschrieben [Mark 84, Mart 89, Ciza 04] (**Bild 12-1**). Dabei kann das Carbonat sowohl kristallin als auch amorph vorliegen. Cizaire et al. fanden in amorphen Qualitäten auch noch Reste von $Ca(OH)_2$.

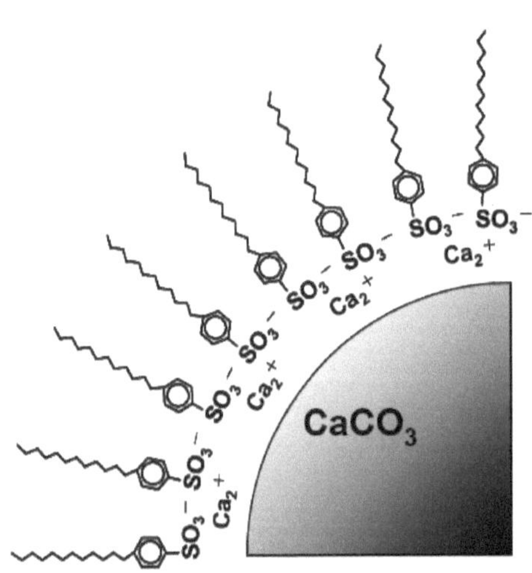

Bild 12-1: angenommene Struktur eines Calcium-Sulfonat- / Carbonat-Komplex, (Quelle: [Nana 08])

$$Ca(OH)_2 \rightleftarrows CaO + H_2O$$
$$3\,Fe + 4\,H_2O \rightleftarrows Fe_3O_4 + 4\,H_2$$
$$3\,Fe + 4\,Ca(OH)_2 \rightleftarrows Fe_3O_4 + 4\,H_2 + 4\,CaO$$

Bild 12-2: angenommene Reaktion von Eisen mit Calciumhydroxid, (Quelle: [Woch 82])

$Ca(OH)_2$, als Festschmierstoff eingesetzt, soll auf einer Eisenoberfläche zur Bildung von Fe_3O_4 führen. Wochnowski [Woch 82] schlägt dafür den in (**Bild 12-2**) dargestellten Reaktionsweg vor.

Diesen Reaktionsweg schließt Wochnowski aus Untersuchungen der Gleitflächen (nach einem tribologischen Versuch) mit einer Elektronenstrahlmikrosonde. Es besteht kein Zweifel, dass Fe_3O_4 gefunden wurde, nur ist der vorgeschlagene Mechanismus nicht ganz verständlich, da Calciumhydroxid erst ab 580 °C Wasser unter Bildung von CaO abgibt. Mit der benutzten Schwingungsreibabtragsmaschine dürften diese Temperaturen schwerlich zu erreichen sein.

Doch zurück zum Sulfonat- / Carbonat Komplex. Nanao et al. [Nana 08] untersuchen den reinen Komplex in Polyalphaolefin (PAO) mit einem „Ball auf Scheibe-Tribometer". Dabei werden verschiedene Materialpaarungen untersucht: Stahl / Stahl, DLC / DLC, DLC / Stahl und Stahl / DLC. Die Tribofilme auf den Oberflächen werden nach dem Test XPS und TOF-SIMS analysiert.

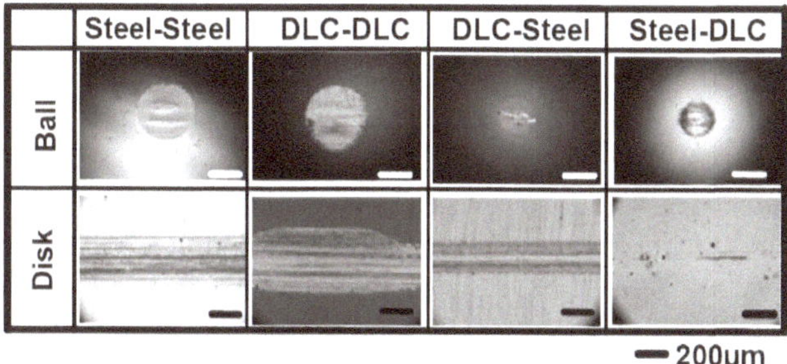

Bild 12-3: Verschleißspuren auf Ball und Scheibe nach dem Test, (Quelle: [Nana 08])

Erstaunlicherweise tritt der größte Verschleiß mit der Paarung DLC / DLC auf (**Bild 12-3**). In den Stahl-Paarungen ist der Verschleiß möglicherweise deswegen geringer, weil sich ein stabiler „Verschleißschutz" ausbilden konnte. Das könnte auch der Reibkoeffizient belegen, der in der Paarung Stahl / Stahl am geringsten ist, was sich allerdings nicht in den Verschleißspuren widerspiegelt. Die Untersuchungen belegen einen Materialtransfer von der Stahl- zur DLC-Oberfläche, ähnlich wie bei den Untersuchungen von Maßmann auf dem Stift-Scheibe-Tribometer (siehe Kapitel zu den Schwefelträgern). Die Existenz von CaO, entstanden durch Zersetzung von $CaCO_3$, konnte nachgewiesen werden.

Über ganz ähnliche Untersuchungen berichten Topolovec-Miklozic et al. [Topo 08]. Bei ihren Untersuchungen in einem Überrollkontakt (**Bild 12-4**) wird online ein Calciumcarbonatfilm mit einer Filmstärke von 100–150 nm nachgewiesen.

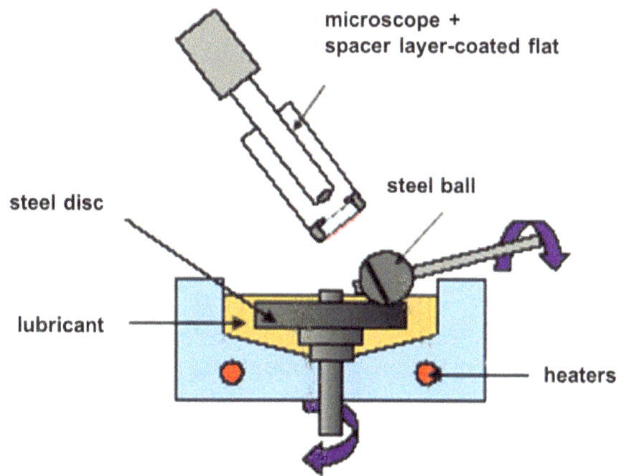

Bild 12-4: Versuchsanordnung von Topolovec-Miklozic et al. [Topo 08]

In der Publikation selbst sind auch die entstandenen Oberflächen mikroskopisch erfasst und abgebildet. Allerdings nach einer Versuchsdauer von 2 Stunden, was für eine Metallbearbeitung weniger relevant ist.

Costello et al. [Cost 06 / Cost 07] beschäftigen sich mit der Wechselwirkung von überbasischen Calciumsulfonaten und geschwefelten Olefinen. Der Vierkugel-Apparat (VKA) wird zur Erzeugung der tribologischen Schichten genutzt. Als Untersuchungsmethode wird XANES (X-ray absorption near edge structure spectroscopy) zur Anwendung gebracht. Es werden die verschiedenen Signale, die von reinen Modellsubstanzen erhalten werden, mit den Schichten verglichen, die nach den tribologischen Versuchen auf den Kugeloberflächen zu finden sind. Aus den erhaltenen Spektren schließen Costello et al. auf eine Reaktion der Polysulfide mit dem Calciumcarbonat. Es wird ein relativ komplizierter Mechanismus (**Bild 12-5**) zur Bildung von Eisensulfid (in diesem Fall FeS) herangezogen, welches man glaubt in den Spektren nachweisen zu können. An dieser Stelle ist der geschätzte Leser selbst aufgefordert, die Spektren zu interpretieren.

Schritt 1 – Bildung von CaS

$$R\text{-}S\text{-}S\text{-}S\text{-}S\text{-}S\text{-}R' \longrightarrow R\text{-}S_x\text{-}S. + R'\text{-}S_{5\text{-}x\text{-}2}\text{-}S.$$

$$R\text{-}S_x\text{-}S. + 2\,R''\text{-}H \longrightarrow H_2S + R'\text{-}S_{x\text{-}1}\text{-}S. + R''.$$

$$H_2S + CaCO_3 \longrightarrow CaS + CO_2 \nearrow + H_2O$$

Schritt 2a – Reaktion von aktivem Schwefel mit Eisenoberfläche (ohne überbasisches Sulfonat)

$$H_2S + 2\,O_2 + Fe^{2+} \longrightarrow FeSO_4 + 2\,H^+$$

$$H_2S + Fe^{2+} \longrightarrow FeS + H^+$$

Schritt 2b – Reaktion von aktivem Schwefel mit Eisenoberfläche (mit überbasischem Sulfonat)

$$H_2S + CaCO_3 \longrightarrow CaS + CO_2 \nearrow + H_2O$$

$$CaS + Fe^{2+} \longrightarrow FeS + Ca^{2+}$$

Bild 12-5: Reaktionsmechanismen gemäß [Cost 07]

Nachfolgend sind die Schlussfolgerungen von Costello et al. wieder gegeben, die hier nicht übersetzt werden sollen, damit sich der Leser, auch im Zusammenhang mit **Bild 12-5** selbst ein Urteil bilden kann:

1. *The S L-edge confirms the presence of sulfonate on the topmost surface of the film.*
2. *In the absence of sulfurized olefin, the overbased calcium sulfonates do not react strongly with the substrate and forms a thin film (<10 nm) on the surface.*
3. *There is no evidence in the S K-edge or L-edge that the calcium associated with the sulfonates reacts with sulfurized olefin to form CaS on the surface, which is a putative species.*

4. The S K-edge confirms that the sulfurized olefin reacts very strongly with the substrate to form a film of FeS, covered with a sulfate layer (10 nm).

5. The presence of the sulfonates in the blend does not appear to interfere with the formation of FeS. In fact, overbased calcium sulfonate in combination with sulfurized olefin facilitates the formation of FeS.

6. In this system the $CaCO_3$ from the overbased calcium sulfonate inhibits the reaction of sulfur with O_2 while promoting the reaction with the Fe surface. As a result, in the presence of overbased sulfonate there is more FeS than FeSO4 on the surface, which provides synergistically improved EP/AW performance.

7. Changing the concentration of crystalline C300C or amorphous C400A from 5 % to 10 % does not seem to have a significant effect on FeS formation or EP performance of the blend.

8. The crystalline C300C deposits more $CaCO_3$ on the substrate surface than the amorphous overbased C400A and improves the EP performance of the blend.

Angemerkt sei hier, dass vom Hersteller von überbasischen Sulfonaten, die Qualität C300C als Korrosionsschutzadditiv und C400C als passives EP-Additiv ausgelobt wird. Letzteres zeigt auch die praktische Erfahrung.

Als letzte Arbeit in diesem Abschnitt soll noch die Veröffentlichung von Zhao et al. [Zhao 89] zitiert werden. Diese hat auf den ersten Blick (der Titel lautet: The oxide film and oxide coating on Steels under boundary lubrication) nichts mit Sulfonaten oder Carbonaten zu tun. Allerdings zeigt schon das Abstract, dass in dieser Arbeit keine Oxid- sondern Carbonat-Schichten untersucht wurden. Die vermeintlichen Oxid-Schichten wurden nämlich durch behandeln von Stahl in einer reinen Kohlendioxid-Atmosphäre erzeugt. Unter diesen Bedingungen kann kein Oxid, wohl aber Carbonat entstehen. Die so erzeugten Schichten zeigen im tribologischen Test (ball on disc) sehr gute Ergebnisse. Da sich in diesem Fall nur Eisencarbonat bilden kann, ist das ein starker Hinweis, dass Metallcarbonate tribologisch wirksam sind.

12.3 Laboruntersuchungen

Wie schon in der Einleitung zu diesem Kapitel bemerkt, bestehen überbasische Sulfonate aus einem neutralen Sulfonat und dem zum Kation des Sulfonats passenden Carbonat. Die Carbonate sollen als Mikrokristalle vorliegen, die dann unter Druck eine Trennschicht zwischen Werkzeug und Werkstück bilden.

Würden überbasische Sulfonate rein als passive EP-Additive wirken, wie in der Literatur beschrieben, also als eine Art Festschmierstoff, sollten keine so krassen Unterschiede auftreten.

Die schon einmal im Kapitel zu den Chlorparaffinen gezeigte Tabelle zu Bruggerwerten weist auf eine starke Abhängigkeit der Wirksamkeit der Additivierung von der Materialpaarung hin (**Tabelle 12-1**).

Material der Reibrolle	Material des Prüfkörpers	Bruggerwert [N/mm²]		
		chlorhaltiges Öl.	PEP / S - Technologie	Neuentwicklung
X210CrW12 1.2436 (60 HRC gehärtet)	100Cr6 1.2067	214	117,1	142
X210CrW12 1.2436 (60 HRC gehärtet)	X8CrNiS18-9 1.4305	39,9	20,5	30,5
X5CrNi18-10 1.4301	X8CrNiS18-9 1.4305	128,6	16,3	128,6

Tabelle 12-1: Bruggerwerte mit verschiedenen Materialpaarungen

Im Umkehrschluss kann das nur bedeuten, dass eine chemisch unterschiedliche Konstitution der Metalloberfläche (s. hierzu Kapitel 3) bestimmt, ob ein Additiv wirksam ist oder nicht. Das heißt im Fall der überbasischen Sulfonate, dass anscheinend eine eher hydroxidisch („ionisch") ausgebildete Oberfläche eher zugänglich ist als eine oxidische. Nun könnte natürlich angenommen werden, dass nicht der Carbonatteil alleine die Wirksamkeit bestimmt, sondern dass Sulfonat und Carbonat „untrennbar" miteinander verbunden sind, der Carbonatteil als reiner Festschmierstoff wirkt und die Verfügbarkeit an der Metalloberfläche durch das Sulfonat bestimmt wird. Da das Sulfonat ionisch aufgebaut ist, wäre somit eine Erklärung für die Ergebnisse in der Tabelle gegeben. Der Unterschied in der Wirksamkeit zwischen überbasischen Natrium- und Calciumsufonaten, auf den weiter unten eingegangen wird, ist damit aber nicht zu verstehen, da Festschmierstoff gleich Festschmierstoff wäre (chemisch vergleichbarer Aufbau vorausgesetzt).

12.3.1 Untersuchungen am Stift-Scheibe-Tribometer (1.4301-Scheibe)

Kuwer [Kuw 07] untersuchte ein auf der PEP/S-Technologie basierendes Öl (überbasisches Calciumsulfonat / Schwefelverbindungen) (Zusammensetzung in **Tabelle 12-2**) in seiner Wirkung auf 1.4301 mit verschiedenen Stift-Materialien (**Tabelle 12-3**).

Bestandteil	Gewichts-%
native und synthetische Ester	45 – 55
überbasisches Caliumsulfonat	20 – 30
Mineralöl	10 – 15
Polysulfid	5 – 10
geschwefelte Fettester	5 – 10

Tabelle 12-2: Rahmenrezeptur des PEP/S-Öl

Stiftmaterial		mittl. Reibwert
GPSN-HD	unter Hochdruck gesintertes Siliziumnitrid	0,362
GPSN-TiN	unter Hochdruck gesintertes Siliziumnitrid mit Titannitrid	0,187
ATZ	Aluminiumoxid-verstärkte Zirkonoxidkeramik	0,153
1.2379	Werkzeugstahl unbeschichtet	0,138
Balinit B	TiCN auf CPM Rex M4	0,294
Balinit C	WC/C auf CPM Rex M4	0,098

Tabelle 12-3: Materialien der untersuchten Stifte und ermittelte Reibwerte

Die mittleren Reibwerte geben leider nicht den realen Verlauf wieder, da sie nur Durchschnittswerte darstellen, sie sollten daher mit Vorsicht genossen werden. Einen besseren Überblick geben die Reibkurven und REM-Aufnahmen der Schliffbilder quer zur Reibspur (**Bild 12-6**).

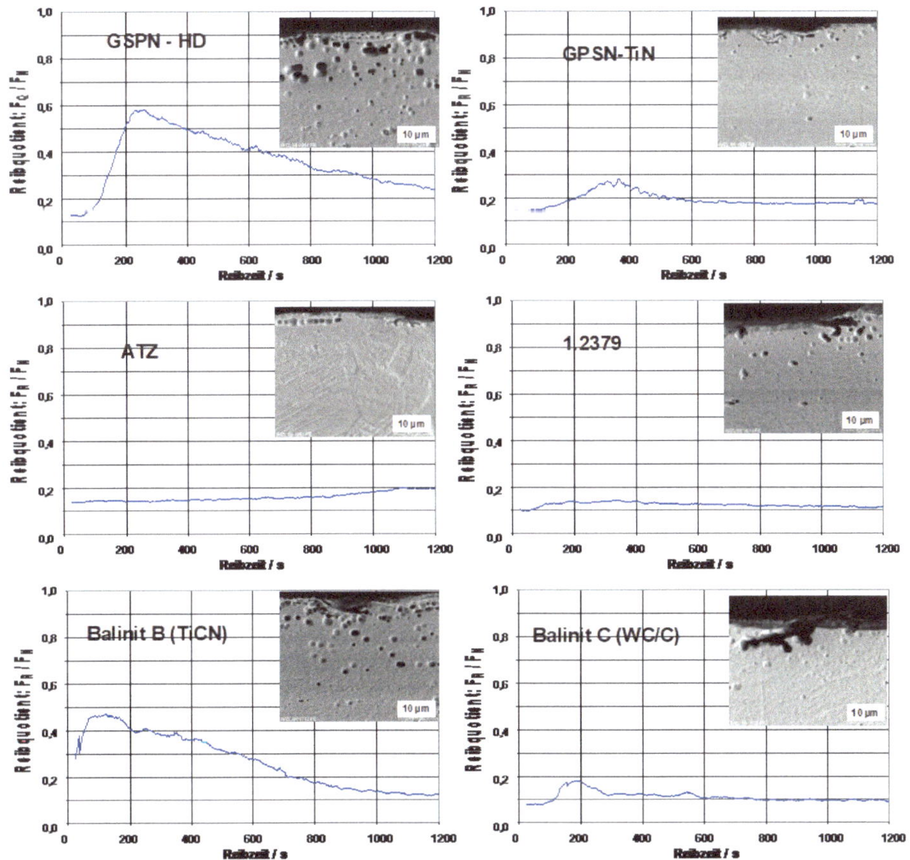

Bild 12-6: Reibkurven und REM-Aufnahmen der Schliffbilder quer zur Reibspur (Quelle: [Kuw 07])

Wie eindeutig zu erkennen ist, zeigen alle Materialpaarungen bei Einsatz des PEP/S-Öls Veränderungen des 1.4301-Gefüges. Diese treten bei chlorparaffinhaltigen Ölen nicht auf (s. Kap. Chlorparaffine). Auffällig ist die relativ flache Reibkurve bei Einsatz von unbeschichtetem 1.2379 im Vergleich zu den beschichteten bzw. keramischen Proben. Das könnte auf eine mögliche Reaktion der Inhaltsstoffe des Öls mit der Metalloberfläche hinweisen. Das deckt sich mit den Ergebnissen von Maßmann [Mass 07] und Nanao et al. [Nana 08]. Eine nähere Untersuchung der Oberfläche des 1.2379-Stifts zeigt dann auch Carbonat-Strukturen (**Bild 12-7**) bzw. eine eindeutige „Eisencarbonat-Blume" (Siderit) (**Bild 12-8**).

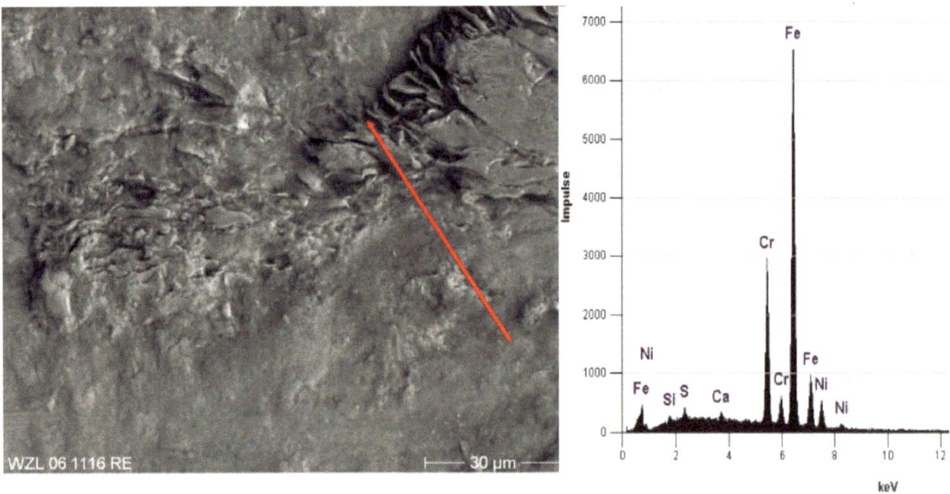

Bild 12-7: 1.2379 gegen 1.4301 mit PEP/S-Öl-Stift-Oberfläche (Quelle: [Kuw 07])

Bild 12-8: 1.2379 gegen 1.4301 mit PEP/S-Öl -Stift-Oberfläche – Ausschnitt (Quelle: [Kuw 07])

Eisencarbonat kann nur durch Reaktion von Calciumcarbonat mit Eisen der 1.2379-Oberfläche entstanden sein. Sicher wird auch diese Reaktion einige Zeit erfordern. Sie ist aber ein Hinweis, dass das Calciumcarbonat nicht als rein „passiv" betrachtet werden darf. Möglich ist, dass in der kurzen Zeit im Realprozess der Metallbearbeitung keine Reaktion ablaufen kann (der Stift-Scheibe-Versuch dauert wenigstens 60s, die Untersuchungen von Kuwer [Kuw 07] sogar 20 min.), doch wird sich sicher wenigstens ein Assoziat zwischen Calciumcarbonat und Eisen der 1.2379-Oberfläche ausbilden können (Abscheidung von CaCO3 nicht einfach als Deposit). Die 1.4301-Oberfläche der Scheibe scheint keine ausreichend „schützende" Verbindung mit dem PEP/S-Öl einzugehen, da in allen sechs dargestellten Versuchen eine Oberflächenschädigung eintrat. Der schon zitierte Synergismus von überbasischen Sulfonaten mit Schwefelverbindungen funktioniert also für rostfreie Materialen nicht bzw. nur sehr schlecht. Dieser Befund wird in der Praxis bestätigt.

12.3.2 Untersuchungen zum Synergismus von überbasischen Sulfonaten mit Schwefelverbindungen

12.3.2.1 Stift-Scheibe-Versuche (1.2379-Stift / 16MnCr5 (GKZ)-Scheibe)

Für die Rezeptur praxisrelevanter Schmierstoffe ist neben der Art der geeigneten Additive die zu verwendende Additivmenge eine wichtige Information. In vorstehenden Kapiteln wurde schon mehrfach auf die Konkurrenzsituation auf Metalloberflächen hingewiesen. **Bild 12-9** zeigt die Untersuchungsergebnisse mit Mischungen von Polysulfid (EP-S2) und eines überbasischem Calciumsulfonat (PEP) in verschiedenen Verhältnissen zueinander [Mass 07].

Es zeigt sich, dass ein Überschuss an Polysulfid die Wirkung der beiden Reinsubstanzen insgesamt verschlechtert. Erst bei einem Überschuss an Calciumsulfonat (Reduktion der Menge an Polysulfid) wird eine synergistische Wirkung erzielt, die den Reibwert gegenüber den Einzeladditiven absenkt und die Oberfläche vollständig vor Materialübertrag schützt.

Wie schon in Kapitel 3 beschrieben, existieren auf einer Stahloberfläche oxidische und ionische Gruppen nebeneinander, wobei die ionischen in der Überzahl sein sollen [Stra 91; Bhar 07]. Ein Überschuss an Polysulfid führt zu einer Konkurrenzsituation an den oxidisch gebundenen Metallatomen, so dass eine optimale Wechselwirkung nicht möglich ist. Dies konnte auch schon im vorhergehenden Kapitel zu den Schwefelverbindungen gezeigt werden. Dadurch wird eine vollständige Trennung von Stift- und Scheibenmaterial verhindert und es kommt zum Übertrag von Scheibenmaterial auf den Stift. Ist PEP im Überschuss vorhanden, kommt es zu einer sicheren Trennung von Stift und Scheibe.

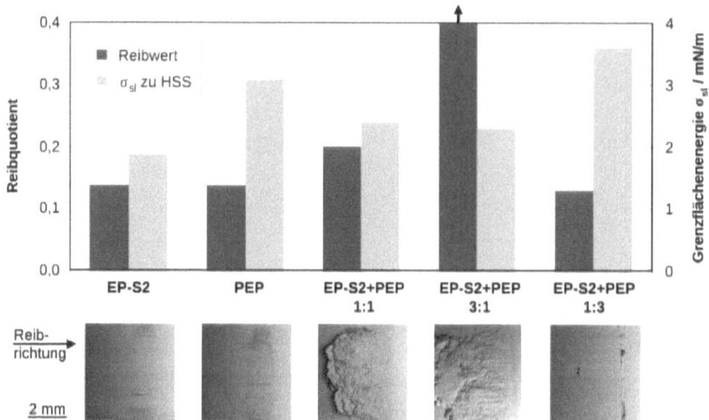

Bild 12-9: Vergleich der Additivwirkung von Polysulfid (EP-S2), überbasischem Calciumsulfonat (PEP) sowie Mischungen derselben mit unterschiedlichen Mischungsverhältnissen – Reibquotient im Stift-Scheibe-Versuch, Grenzflächenenergie σ_{sl} zu HSS und REM-Aufnahmen der Reibspuren am Stift (Quelle: [Mass 07])

12.3.2.2 Untersuchungen an der Brugger-Maschine

Mit der Brugger-Maschine wurden vergleichbare Mischungen, wie in 12.3.2.1 verwendet, getestet. Die Unterschiede (**Tabelle 12-4**) sind zu erkennen, wenngleich sie nicht so deutlich ausfallen, wie am Stift-Scheibe-Tribometer. Das könnte zum einen daran liegen, dass das Scheiben-Material eine deutlich geringere Härte aufweist als der Brugger-Prüfkörper. Zum anderen könnte aber auch die unterschiedliche atomare Konstitution der Metalloberflächen und damit das unterschiedliche Ansprechverhalten der einzelnen Additive in den Mischungen eine Rolle spielen.

Polysulfid	**überbasisches Calciumsulfonat**	**Bruggerwert Reibrolle: X210CrW12 (1.2436) Prüfkörper: 100Cr6 (1.2067)**
1	0,33	113 N/mm²
1	1	118 N/mm²
1	2	130 N/mm²
1	3	130 N/mm²

Tabelle 12-4: Bruggerwerte von Mischungen aus Polysulfid und überb. Ca-Sulfonat (Prüfkörper 1.2067)

Vergleichende Untersuchung zu überbasischen Natrium- und Calcium-Sulfonaten

Die **Tabellen 12-5 und 12-6** zeigen die reinen überbasischen Sulfonate in Mineralöl.

überbasisches Calciumsulfonat [% in Mineralöl]	**Bruggerwert Reibrolle: X210CrW12 (1.2436) Prüfkörper: 100Cr6 (1.2067)**	**Bruggerwert Reibrolle: X210CrW12 (1.2436) Prüfkörper: X8CrNiS18-9 (1.4305)**
16	49,2 N/mm²	14,1 N/mm²
10,6	43,5 N/mm²	14,1 N/mm²
5,3	30,5 N/mm²	13,9 N/mm²
1,7	23,4 N/mm²	14,1 N/mm²

Tabelle 12-5: Bruggerwerte von Mischungen aus überb. Ca-Sulfonat in Mineralöl

überbasisches Natriumsulfonat [% in Mineralöl]	Bruggerwert Reibrolle: X210CrW12 (1.2436) Prüfkörper: 100Cr6 (1.2067)	Bruggerwert Reibrolle: X210CrW12 (1.2436) Prüfkörper: X8CrNiS18-9 (1.4305)
13,3	88,8 N/mm²	14,1 N/mm²
8,9	75,2 N/mm²	14,1 N/mm²
4,4	59,9 N/mm²	14,1 N/mm²
1,7	42,5 N/mm²	14,1 N/mm²

Tabelle 12-6: Bruggerwerte von Mischungen aus überb. Na-Sulfonat in Mineralöl

Beide überbasischen Sulfonate zeigen auf dem 1.4305-Prüfkörper überhaupt keinen Effekt. Die ermittelten Werte entsprechen denen von reinem Mineralöl. Mit den Prüfkörpern aus 100Cr6 (1.2067) weisen die höheren Bruggerwerte beim überbasischen Natriumsulfat auf eine größere Aktivität in der Wechselwirkung mit den hydroxidischen Arealen hin.

Natriumcarbonat dissoziiert leichter in Ionen als Calciumcarbonat. Außerdem kann Natriumcarbonat auch schon bei Abtrennung (Dissoziation) eines der beiden Natriumionen in eine ionische Struktur übergehen.

Wechselwirkungen mit anderen ionischen Additiven

Ein weiterer Hinweis auf einen ionischen Wirkmechanismus von überbasischen Sulfonaten ist dadurch gegeben, dass bei der Formulierung von Bearbeitungsflüssigkeiten darauf zu achten ist, dass keine anderen ionisch wirkenden Additive mit überbasischen Sulfonaten zusammen vermischt werden. Wird letzteres missachtet, ist schon an Laborprüfmaschinen ein echter antagonistischer Effekt zu beobachten. Es werden Werte erzielt, die ganz deutlich unter denen liegen, die mit den einzelnen Additiven erreicht werden.

12.4 Fazit

Der schon angesprochene Synergismus von Schwefelträgern (bevorzugt Polysulfide) und überbasischen Sulfonaten kann zusammenfassend dadurch erklärt werden, dass Schwefelträger und überbasische Sulfonate jeweils bestimmte (unterschiedliche) Oberflächenstrukturen besetzen: die Schwefelträger mehr oxidisch gebundene Metallatome, die überbasischen Sulfonate die hydroxidischen Strukturen. Voraussetzung ist selbstverständlich das richtige Verhältnis zwischen beiden Additiven, wie die obigen Ausführungen zeigen. Beide Additivklassen ergänzen sich bei der Bedeckung der Metalloberfläche. Der Synergismus versagt, wenn keine oder sehr wenige hydroxidische Strukturen, wie z. B. bei rostfreien Stählen, vorhanden sind. Dieser Befund wird durch Praxisergebnisse untermauert.

Die Möglichkeit einer echten chemischen Reaktion, d. h. der Aufbau von neuen chemischen Bindungen, ist auch beim Einsatz der Mischung von Schwefelträgern und überbasischen Sulfonaten eine reine Zeitfrage. Die Carbonate können sicher durch die vorgebildete ionische Struktur schneller neue Bindungen aufbauen als die Schwefelträger. Sicher spielt somit die Art der Metallbearbeitung, also die wirkliche Zeit, die für den Prozess benötigt wird, die entscheidende Rolle.

13 Verschleißschutzadditive

Joachim Schulz

13.1 Einleitung

Verschleißschutzadditive (Anti Wear Additives) sind eine sehr große Gruppe von chemisch unterschiedlichen Verbindungen, wobei Additive, die Phosphor enthalten, am meisten verbreitet sind. Doch stellen auch letzter keine einheitliche Gruppe dar.

Gemäß der Auffassung von einigen Autoren grenzen sich die Verschleißschutzadditive von den so genannten Hochdruckadditiven (EP-Additives) dadurch ab, dass sie im Bereich hoher Belastung einige Schwächen haben sollen. Nach Forbes [Forb 73] ist der „AW-Bereich" weitgehend durch Adsorption gekennzeichnet, während im „EP-Bereich" eine Reaktion des „reaktiven" Elements mit der Metalloberfläche stattfinden soll. Ob diese Abgrenzung von Additiven überhaupt sinnvoll ist, sei dahingestellt. Letztlich ist es sicher, wie auch schon aus den vorhergehenden Kapiteln ersichtlich ist, eine reine Frage der Bedingungen im Tribokontakt und vor allem der Zeit, wie sich Additive verhalten. Das tritt bei den Verschleißschutzadditiven umso mehr hervor, da diese sowohl in der Umlaufschmierung, als auch in der Metallbearbeitung zum Einsatz kommen. Allein dadurch sind schon komplett unterschiedliche Ausgangsbedingungen gegeben. Auf der einen Seite (Umlaufschmierung) sehr lange „Aktions-Zeiten" und damit die Möglichkeit zum Aufbau von Schichten zwischen den Tribo-Partnern, auf der anderen Seite (Metallbearbeitung) sehr kurze „Aktions-Zeiten" und Wechselwirkungen mit Additiven, die selten in der Umlaufschmierung Verwendung finden. Hinzu kommt, dass in der Metallbearbeitung auch Verschleißschutzadditive zum Einsatz gelangen, z. B. saure Phosphorsäureester oder Phosphite, die in der Umlaufschmierung kaum zum Tragen kommen. Nachfolgend soll daher Gruppe für Gruppe diskutiert werden.

13.2 Zinkdialkyldithiophosphate (ZDDTP)

Es gibt wohl keinen Schmierstoffbereich, in dem diese Additivklasse nicht zum Einsatz kam oder kommt. Auch in der Metallbearbeitung, sowohl Zerspanung als auch Umformung sind Zinkdialkyldithiophosphate immer noch zu finden, obgleich durch die Schwermetallproblematik des Zinks bedingt, einige große Anwender die Verbindungen auf ihre Negativlisten gesetzt haben.

13.2.1 Struktur-Wirkungs-Beziehungen

Neben den schon erwähnten Verschleißschutzeigenschaften wirken Zinkdialkyldithiophosphate auch als Antioxidanz und als Korrosionsschutzadditiv. Einige Autoren billigen ihnen darüber hinaus EP-Eigenschaften zu. Es wird allgemein angenommen, dass das Verschleißschutzverhalten mit geringerer thermischer Stabilität besser wird. Somit begünstigen kurzkettige organische Reste das Verschleißschutzverhalten. Es könnte natürlich auch einfach mit der Stereochemie der Verbindungen zusammenhängen. Große und damit sperrige Reste dürften eine Orientierung von Zinkdialkyldithiophosphaten zur Metalloberfläche und damit auch eine Adsorption mehr oder weniger behindern. Auf die Zersetzung von Zinkdialkyldithiophosphaten, mit der sich zahlreiche Arbeiten beschäftigen, wird in diesem Kapitel noch genauer eingegangen. In Kapitel 4.4 ist das FVA-Forschungsvorhaben 289 [FVA 03] erwähnt, in dem auf die Auswirkungen von längeren und kürzeren organischen Resten eingegangen wird.

Eine eindeutige Zuordnung von Zinkdialkyldithiophosphate zu einer wohl definierten Struktur ist relativ schwierig. **Bild 13-1** und **13-2** zeigen nur einige wenige Möglichkeiten. Mit Sicherheit wird die Wahrheit irgendwo dazwischen liegen. Es ist auch anzunehmen, dass die atomare Konstitution der konkreten Metalloberfläche die Art der Wechselwirkung mitbestimmt.

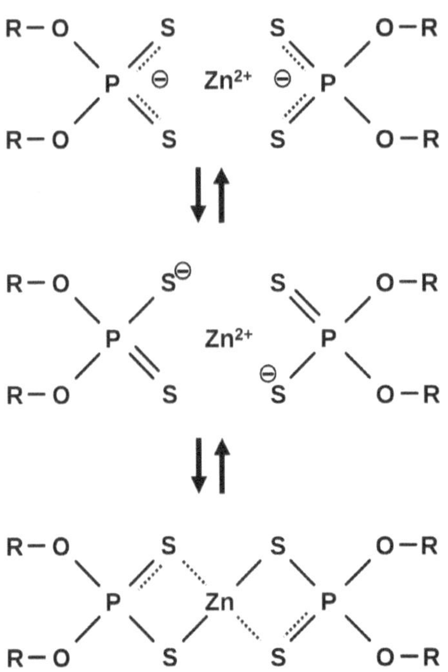

Bild 13-1: Auswahl aus möglichen Strukturen von Zinkdialkyldithiophosphaten

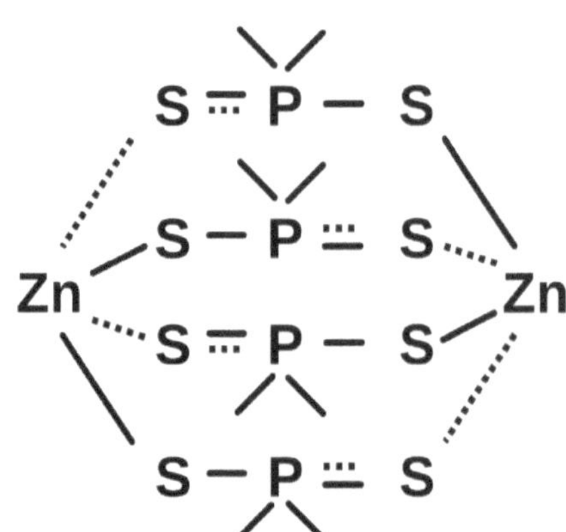

Bild 13-2: oligomere Zinkdialkyldithiophosphate – Struktur (Quelle: [Heil 65])

Zusätzlich sind auch radikalische Strukturen vorstellbar, die zur Erklärung von antioxidativen Eigenschaften sowie des Beitrags zum Korrosionsschutz herangezogen werden könnten.

Gerade diese strukturelle Flexibilität ist ein Grund für den universellen Einsatz dieser Additivklasse. Zinkfreie Varianten sind oft leistungsschwächer als Zinkdialkyldithiophosphate und haben oft auch einen anderen Wirkmechanismus. Es soll hier nicht behauptet werden, dass das Zinkatom tribologisch besonders wirksam ist, doch hat es durch seine Größe (Ionenradius) im Zusammenhang mit seiner Elektronegativität (**Bild 10-16**) sicher einen anderen Einfluss auf die Gesamtstruktur des betreffenden Moleküls als andere Metalle. Eine Arbeit von Born et al. [Born 90] beschäftigt sich ausführlich mit Struktur und Wirksamkeit von Metall-Dialkyl- und Diaryldithiophosphaten. *„Statistisch gesehen erweisen sich die MDTP-Substanzen mit Schwermetallanteil, d. h. einem großen Ionenradius, im VKA-EP-Test den anderen Substanzen hinsichtlich des Load-Wear Index (LWI) als überlegen. Allerdings bildet ZnDTP eine Ausnahme. Die EP-Wirksamkeit tritt mit abnehmender Effektivität in der Rangfolge:* **Zn >> Cd > Cu > Pb > Co > Ni** *auf. Hinsichtlich der Schweißlast ist praktisch keine Differenzierung möglich.“* [Born 90]

Für die Nichtchemiker unter den Lesern zeigt **Bild 13-3** einen Ausschnitt aus dem Periodensystem der Elemente (PSE), um die Stellung der untersuchten Metalle zu verdeutlichen.

Fe_{26} Co_{27} Ni_{28} Cu_{29} Zn_{30} Ga_{31} Ge_{32}

Ru_{44} Rh_{45} Pd_{46} Ag_{47} Cd_{48} In_{49} Sn_{50}

Os_{76} Ir_{77} Pt_{78} Au_{79} Hg_{80} Tl_{81} Pb_{82}

Bild 13-3: PSE (Ausschnitt) (Zn – Zink; Fe – Eisen; Co – Cobalt; Ni – Nickel; Cu – Kupfer; Cd – Cadmium; Pb – Blei) (Quelle: [Born 90])

Als Erklärung reichen die Ionenradien nicht aus (**Tabelle 13-1**). Die Elektronegativität, verknüpft mit den Ionenradien, bringt da eher Licht ins Dunkle.

Metall-Ion	Load Wear Index*	Relativer Verschleißwiderstand am VKA*	Ionen-Radius* [nm]	Elektronegativität nach Pauling	Quotient Elektronegativität durch Ionenradius
Cobalt	37	38	0,072	1,88	26,1
Nickel	33	23	0,069	1,91	27,7
Kupfer	42	38	0,072	1,90	26,4
Zink	51	75	0,074	1,65	22,3
Cadmium	45	45	0,097	1,69	17,4
Blei	41	50	0,120	1,80	15

Tabelle 13-1: Ergebnisse von [Born 90] im Zusammenhang mit Ionenradius und Elektronegativität am Beispiel von Metall-di-(4-methyl-2-pentyl)-di-thiophosphat (* – Quelle: [Born 90])

Durch die relativ geringe Elektronegativität ist der ionische Bindungsanteil des Zinks deutlich geringer als bei den anderen Metallen, d. h., der kovalente Bindungsanteil ist am größten. Dadurch ist das Zink-di-(4-methyl-2-pentyl)-di-thiophosphat in der Lage, die Metalloberflächen viel besser zu bedecken und gegen Verschleiß zu schützen, als die mehr ionischen Verbindungen. Die Unterschiede sind allerdings nur relativ, so dass beim eher robusten Test, der Ermittlung der Schweißlast, diese Unterschiede nicht zum Tragen kommen. Beim Test am FZG-Verspannungsprüfstand gewinnen Blei und Cadmium gegenüber Zink die Oberhand, in der gleichen Periode ist Zink den Elementen Kupfer, Nickel und Cobalt überlegen. Der Gang entspricht dem Quotienten **Elektronegativität / Ionenradius (Tabelle 13-1)**. Das bedeutet, je geringer der ionische Einfluss bezogen auf den Ionenradius, also den Ladungsabstand, ist, desto besser ist die Leistung der Metall-di-(4-methyl-2-pentyl)-di-thiophosphate.

Werden die Metall-di-(4-methyl-2-pentyl)-di-thiophosphate als Chelatkomplexe betrachtet, wird die Stabilität durch die Komplexbildungskonstante und natürlich dadurch vom Atomradius bestimmt. Die Kovalenz ist damit eher ein Ausdruck einer erhöhten Komplexbildungskonstante.

Im Weiteren unternehmen Born et al. Versuche zum Einfluss der organischen Reste am Phosphoratom. Sie kommen zu dem bekannten Schluss, dass Zinkdithiophosphate mit kürzeren Resten reaktiver, die „besseren" Verschleißschutzadditive, sind, und führen das auf die Zersetzungstemperaturen zurück, die bei kurzkettigen Resten natürlich niedriger sind, als bei längerkettigen Resten. Interessanterweise werden keine Unterschiede zwischen primären und sekundären Resten gefunden. Dahingegen wird ein Synergismus bei gemischten Resten im Vergleich zu Verbindungen mit nur einer Klasse von organischen Resten beschrieben. Die beiden letzten Ergebnisse passen nicht so ganz in die „Zersetzungstheorie". Ebenso wenig wie die Feststellung von Born et al., dass ab einer bestimmten Konzentration an Zinkdithiophosphat eine weitere Erhöhung der Konzentration keine weitere Ergebnisverbesserung erbringt. Das könnte wieder ein Hinweis auf eine Konkurrenzsituation auf der Metalloberfläche sein.

Rumpf und Schindlbauer [Rump 89] beschäftigen sich mit der Wirkungsweise von Zinkdithiophosphaten in Esterölen. *„Die erhaltenen Befunde zeigen eindeutig, dass die Molekülstruktur von ZDDTP durch die Lösungsmatrix verändert wird, auch deutlich durch Ester. Substanzen, die die P=S-Bande (im IR-Spektrum, der Verfasser) vermindern und gleichzeitig die Bande bei 668 cm-1 erhöhen, bilden Komplexe mit ZDDTP bzw. gehen chemische Austauschreaktionen ein. Ester treten in diesem Zusammenhang als Chelatbildner auf."* [Rump 89] Rumpf und Schindlbauer finden bei DSC-Untersuchungen (Dünnschichtchromatographie), dass die Komplexbildung zwischen Ester und ZDDTP zu einer erheblichen Reduktion der Zersetzungstemperatur führt. Wenn ZDDTP mit Estern Komplexe bilden, warum nicht auch mit bestimmten Strukturen auf der Metalloberfläche?!

Untersuchungen an der Almen-Wieland-Prüfmaschine zeigen, dass die Reaktivität von ZDDTP in Esterölen deutlich geringer ist, als in reinen Mineralölen. Das wird auch durch einen Motorentest mit Daimler-Benz-Taxis (in [Rump 89] zitiert) bestätigt. Das ist ganz erstaunlich, haben wir nicht eben erst gelesen, dass Ester die Zersetzungstemperatur von ZDDTP stark reduzieren, sollte die allgemein angenommene Zersetzung doch nicht die treibende Kraft im Aktionsmechanismus bei ZDDTP sein? Vermutlich belegen die Ester die gleichen Strukturen auf der Metalloberfläche, die auch von den ZDDTP bevorzugt werden. Möglicherweise spielt auch die reine Löslichkeit der Additive im unterschiedlichen Grundöl und damit die Solvatation, die die Diffusion und die Reaktionsrate beeinflusst, eine Rolle.

Wang et al. [Wang 91] führen Untersuchungen an substituierten Dithiophophaten mit einem Schwing-Reibverschleiß-Gerät (SRV) aus. Es werden verschiedene ZDDTP und Ammoniumdithiophosphate, zum Teil mit Chlor-Atomen in den organischen Resten verwendet. Die Tests am SRV werden mit 1 %-Lösungen der Additive in n-Hexadecan ausgeführt. Die chlorsubstituierten Verbindungen zeigen eindeutig bessere Ergebnisse, als die nichtsubstituierten Spezies. Die Ammoniumdithiophosphate ergeben im EP-Test schlechtere und im Verschleißschutztest bessere Ergebnisse. Ein Mechanismus einer Wechselwirkung oder Zersetzung wird nicht diskutiert. Auch diese Ergebnisse lassen sich zwanglos, ohne die „Zersetzungstheorie“ zu beanspruchen, erklären.

13.2.2 Filmdicken von ZDDTP

Bei der Beschäftigung mit Arbeiten zur Filmdicke von ZDDTP fällt zunächst auf, dass die entsprechenden Autoren nicht über eine Zersetzung von ZDDTP diskutieren. Topolovec-Miklozic et al. [Topo 07] geben einen schönen Überblick über frühere Messmethoden und deren Ergebnisse. Für ihre eigenen Arbeiten nutzen Topolovec-Miklozic et al. die gleiche Vorrichtung, die schon in **Bild 12-4** gezeigt wurde. Einleitend wird festgestellt, dass ZDDTP-Filme sehr uneben und flickenhaft (patchy) sind. Die Tests laufen über lange Zeiträume (bis zu 4 Stunden). Die Ergebnisse werden mit zahlreichen Fotos der Verschleißspuren bzw. der ZDDTP-Schichten belegt. Auch sind Mess-Schriebe zur Oberflächentopographie beigefügt. Um die so gemessenen Ergebnisse zu validieren, entwickelten Topolovec-Miklozic et al. eine spezielle Methode, nämlich das Lösen der während der Versuche gebildeten Schichten mit EDTA. Beide Methoden von Topolovec-Miklozic et al. ergeben maximale Filmdicken von ca. 150 nm. Die Bestimmung der Rauheit der Oberflächen mit verschiedenen Methoden und deren „Für und Wider“ werden diskutiert.

Ito et al. [Ito 07] beschäftigen sich in ihren Untersuchungen mit der Adsorption von ZDDTP an Eisenoxiden (Mischung aus Fe_3O_4 und FeO), die vorher definiert durch Wasserdampf-Behandlung von Stahloberflächen hergestellt wurden. Es wird ein ZDDTP-haltiger Schmierstoff eingesetzt und Gleitversuche mit Stahlzylindern auf den vorbehandelten Stahlplatten durchgeführt. Dabei finden Ito et al. sehr geringe Reibkoeffizienten ($\mu < 0{,}06$). Die Zusammensetzung der gebildeten Schichten wird diskutiert. Leider ist das Ergebnis etwas unübersichtlich, weil einer der verwendeten Stähle Phosphor und Sauerstoff enthielt. Die Adsorption wird als entscheidender Mechanismus dargestellt.

Neben den hier vorgestellten (und in diesen zitierten Arbeiten) gibt es weitere zahlreiche Untersuchungen zur Filmdicke und zu Auf- und Abbauvorgängen.

Meist werden längere Zeiträume der Bildung dieser Schichten betrachtet. Das ist für den Haupteinsatzzweck von ZDDTP, nämlich der Umlaufschmierung auch richtig und somit von großem Interesse. Den, schon öfter in diesem Werk angesprochenen kurzen Zeiten der Metallbearbeitung, tragen diese Arbeiten keine Rechnung, so dass hier eine entsprechend große Lücke klafft, die es in der Zukunft zu schließen gilt.

13.2.3 Zersetzungstheorie von ZDDTP

Die meisten Autoren gehen davon aus, dass ZDDTP dadurch wirken, dass es im Tribokontakt infolge höherer Temperaturen zu einer Zersetzung kommt und die Bruchstücke der ZDDTP dann die tribologisch wirksamen Schichten bilden. Diese Denkweise ist wahrscheinlich dem Umstand geschuldet, dass Bowden und Tabor [Bow 59] in einem sehr kurzen und wenig konkreten Absatz zur Wirkung von Phosphoradditiven postuliert haben, dass diese unter Bildung von Metall-Phosphorverbindungen funktionieren. *„Wahrscheinlich wirken die Phosphorverbindungen oft auf ähnliche Weise wie die Stoffe, die Schwefel oder Chlor enthalten; sie führen zum Aufbau schützender Schichten, die bei einigen Metallen außerdem eine niedrige Scherfestigkeit besitzen."* [Bow 59] (s. hierzu auch Abschnitt 9.2) Das ist natürlich nur möglich, wenn die Phosphoradditive, also auch ZDDTP in irgendeiner Form zerfallen, damit der Phosphor oder phosphorhaltige Bruchstücke frei werden und reagieren können. Auf dieser Grundlage aufbauend, sind dann zahlreiche Untersuchungen zum thermischen Zerfall von ZDDTP durchgeführt und veröffentlicht worden, die sich zum Teil auch widersprechen.

Damit an dieser Stelle kein falscher Eindruck entsteht, es wird absolut nicht angezweifelt, dass sich ZDDTP unter Einwirkung von höheren Temperaturen zersetzen und dass diese Zersetzung bei kürzeren organischen Resten schneller abläuft als bei längeren. Es gibt ZDDTP, die an metallischen Oberflächen schon unterhalb der Raumtemperatur in Mercaptane, Olefine und Pyrophosphate, auch ohne jede Reibung, zerfallen. Jede organische Substanz erleidet bei einer bestimmten Temperatur eine Zersetzung, auch Schwefelträger und Chlorparaffine. Selbst Sulfonate dürften von diesem Schicksal nicht verschont bleiben. Doch für keine der zuletzt genannten Additivklassen wird eine Zersetzung als Voraussetzung einer Reaktion mit einer Metalloberfläche genannt, geschweige denn in Zusammenhang gebracht.

Coy und Jones [Coy 80; Jone 80] stellen in ihren Untersuchungen Kernresonanz-Messungen vor und erstellen ein umfangreiches Formelwerk, wie der thermische Zerfall ablaufen könnte. Der interessierte Leser sei hinsichtlich der Formeln auf die Originalarbeit [Jone 80] verwiesen. In der Literaturliste von [Jone 80] sind auch alle relevanten früheren Untersuchungen zu diesem Thema aufgeführt.

Das Hauptproblem all dieser Arbeiten ist, dass sie die Erklärung schuldig bleiben, welches der vorgeschlagenen Bruchstücke die entscheidende reaktive Spezies darstellt, die dann mit der Metalloberfläche die Triboschicht bildet. Letztlich werden in Triboschichten, die in Realprozessen über einen längeren Zeitraum, z. B. in Lagern oder Motoren entstanden sind, immer Bruchstücke bzw. deren Reaktionsprodukte nachzuweisen sein. Wie und wann diese entstanden sind, ist sicher nicht ganz einfach zu erklären, da die möglichen Wechselwirkungen mit den anderen Additiven in den entsprechenden Schmierstoffen kaum zu überblicken sind. Durch Versuche, die nur einzelne Additive betrachten, ist es schwer sich der Realität zu nähern.

Die Untersuchungen von Born et al. [Born 90] widersprechen ebenfalls der „Zersetzungstheorie" von Coy und Jones. Letztere berücksichtigen das Zentralatom überhaupt nicht.

Born et al. weisen aber, wie vorab beschrieben, einen eindeutigen Einfluss des Zentralatoms nach.

13.2.4 Wie wirken Zinkdialkyldithiophosphate in der Metallbearbeitung

Zinkdialkyldithiophosphaten können wie schon in Abschnitt 13.2.1 angeführt, sowohl ionisch als auch neutral wirken, ionisch mit den hydroxidischen Bereichen einer Metalloberfläche, neutral mit den Oxiden. Die Wirkungsweise wird damit in entscheidendem Maße von der Metalloberfläche selbst induziert. Auch die Stereochemie der Zinkdialkyldithiophosphate spielt eine nicht unwichtige Rolle, also inwieweit kann sich das mehr oder weniger sperrige Molekül des Zinkdialkyldithiophosphats überhaupt der Metalloberfläche nähern, damit es zur Wechselwirkung kommt. Für den Aufbau von Deckschichten, gleich welcher Natur auch immer, fehlt im Metallbearbeitungsprozess sicher die Zeit. Im Gegensatz zu den anderen in dieser Monografie schon behandelten Additiven sind Zinkdialkyldithiophosphate aber bestimmt in der Lage, auch nach dem eigentlichen Metallbearbeitungsprozess, Schichten aufzubauen, was eine analytische Aufklärung nicht gerade vereinfacht.

Zinkdialkyldithiophosphate wirken, ähnlich den Chlorparaffinen, mit allen Metalloberflächen, auch mit rostfreien Edelstählen. Das deutet auf einen überwiegend adsorptiven Charakter hin. Denn selbst wenn die thermische Zersetzung der entscheidende Schritt wäre, würden vorwiegend ionische Bruchstücke entstehen, die kaum mit einer rein oxidischen (nahezu inerten) Metalloberfläche „reagieren" könnten. Weiter Ausführungen sind in Abschnitt 13.5 zu finden.

13.3 Andere phosphorhaltige Additive

Neben den Zinkdialkyldithiophosphaten sind noch eine Reihe anderer Phosphoradditive als Verschleißschutz in der Praxis im Einsatz. Der Wirkmechanismus ist in vielen Fällen noch nicht vollständig aufgeklärt bzw. es ist kaum etwas darüber publiziert worden. Das führt dazu, dass es unter den Lieferanten solcher Additive und den Formulierern, die diese Additive einsetzen, regelrechte „Glaubensströmungen" über die Funktionsweise gibt. Auch der nachfolgende Abschnitt ist nur teilweise in der Lage, Licht ins Dunkle zu bringen. Sicher ist hier einer der zahlreichen Ansatzpunkte gegeben, an denen es sich lohnen würde, weiter zu forschen.

13.3.1 Molybdändialkyldithiophosphate

Da sind zunächst die Molybdändialkyldithiophosphate. Diese Additivklasse verhält sich relativ ähnlich, wie die Zinkdialkyldithiophosphate, ist doch nur das Zentralatom ausgetauscht. Möglicherweise kommt dem Molybdän aber noch eine spezielle Funktion zu, da dieses Element in verschiedenen stabilen Oxidationsstufen existieren kann. Viele Vorgänge auf und an Metalloberflächen basieren auf Redox-Reaktionen, in die Verbindungen bzw. einzelne Ionen, die in zwei oder mehreren Oxidationsstufen vorkommen, aktiv eingreifen können. Beim Molybdändialkyldithiophosphat sind die einzelnen Oxidationsstufen schon mit bloßem Auge an der Farbe erkennbar. Ohne eine Wechselwirkung erscheint das Additiv blau. Wird es mit anderen Additiven zusammengebracht, die zu einer Oxidation des Molybdäns führen, verfärbt es sich bei mäßiger Oxidation grün und bei starker Oxidation braun.

MoDDTP hat bei Umlaufschmierung deutlich bessere Ergebnisse wie ZDDTP.

13.3.2 Saure Phosphorsäure-Partialester

Saure Phosphorsäure-Partialester finden sowohl in nichtwassermischbaren (nwm) als auch im wassermischbaren (wm) Metallbearbeitungsflüssigkeiten Verwendung. In nwm Bearbeitungsflüssigkeiten kommt der, je nach dem Grad der Veresterung, mehr oder weniger ausgebildete saure Charakter zum Tragen. Diese Additive reagieren, wenn sie schwach sauer sind, ähnlich einer Fettsäure unter Chemisorption mit den Metallatomen der hydroxidischen Gruppen. Sind sie hingegen stärker sauer, ähneln sie eher einer Phosphorsäure und bilden mit Metalloberflächen Metallphosphate. In wm Bearbeitungsflüssigkeiten werden Phosphorsäure-Partialester durch Laugen bzw. Amine neutralisiert und liegen gemeinsam mit den anderen Säuren in der Mischung in einem Säure-Base-Gleichgewicht vor, das in der Regel zur basischen Seite verschoben ist. Über den Wirkmechanismus und die Wirksamkeit dieser neutralisierten Verbindungen gehen die Meinungen weit auseinander. Sicher liegen auch in der neutralisierten Form mehr oder weniger ionische Strukturen vor, die dann entsprechend agieren können. Es soll an dieser Stelle keine Diskussion angefangen werden, wie Emulsionen in der Metallbearbeitung im Allgemeinen und die darin enthaltenen Additive im Besonderen wirken. Sicher ist der Rehbinder-Effekt von Bedeutung.

13.3.3 Neutralisierte bzw. neutrale (metallfreie) Phosphorsäure- und Thiophosphorsäureester

Die mit Amin neutralisierten Verbindungen wurden schon kurz im Abschnitt zu den Zinkdialkyldithiophosphaten gestreift. Ihre Wirksamkeit hängt sehr stark vom eingesetzten Amin und von der Phosphorverbindung ab, mit dem das Amin zur Reaktion gebracht wurde. Letztlich werden Amin und Phosphorverbindung mit dem Ammoniumphosphat oder -thiophosphat im Gleichgewicht vorliegen, das sich je nach Bedingungen im Tribokontakt verschieben kann. Ähnlich den Zinkdialkyldithiophosphaten ist die Wirkungsweise auch nicht ganz geklärt. Zum einen könnte die Wirkung ähnlich den Zinkdialkyldithiophosphaten auf einer thermischen Zersetzung mit nachfolgender Reaktion der sich bildenden Bruchstücke beruhen. Zum anderen könnten aber auch einfach, die schon vorgebildeten Ionen mit der Metalloberfläche und zwar mit den hydroxidischen Bezirken in Wechselwirkung treten. (So bilden Vertreter dieser Produktklasse in kürzester Zeit an metallischen Grenzflächen Phosphate mit einer Dicke von ca. 0,05 µm, auch lastfrei nur durch Temperatur.)

Letzteres ist sicher der wahrscheinlichere Mechanismus. Forbes et al. [Forb 70/I; Forb 71] untersuchten schon Anfang der 1970ger Jahre Struktur-Wirkungsbeziehungen. In [Forb 70/I] kommen sie zu folgenden Schlussfolgerungen:

- *Eine Reihe von Di-n-Butylphosphoramidaten wurden präpariert und mit dem Vierkugel-Apparat untersucht. Es wird eine höhere Effektivität im Vergleich zu Tricresylphosphaten gefunden. Wobei die am Stickstoff Monosubstituierten Verbindungen deutlich besser abschneiden, als die disubstituierten.* (Hierfür könnten sterische Effekte zur Erklärung bemüht werden.)
- *Eine Serie von Dialkylphosphinestern und Alkylphosphinestern wurde präpariert und den gleichen Tests unterworfen. Es wird ein Zusammenhang zwischen den Antiwear-Eigenschaften und den pkA der Ausgangssäuren gefunden. Die Effektivität ist proportional der Säure-Stärke.*
- *Verschiedene Amin-di-n-butylphosphate, strukturell ähnlich den Di-n-Butylphosphoramidaten, zeigten eine höhere Effektivität als die Di-n-Butylphosphoramidate. Wobei der Substitutionsgrad am Amin-Stickstoff zu vernachlässigen ist.*
- *Eine Abhängigkeit der Eigenschaften vom Substitutionsmuster am Phosphoratom wird bestätigt.* [Forb 70/I]

In [Forb 71] werden die Arbeiten fortgeführt bzw. ergänzt. *„Die Strukturabhängigkeit der Verschleißschutzeigenschaften bei Alkyl- und Dialkylsäure-phosphaten wird bestätigt. Kurzkettig substituierte Amine zeigen die besseren Leistungen gegenüber langkettig substituierten Aminen. Werden kurzkettig substituierte Phosphate verwendet, ist der Einfluss der Struktur des Amins zu vernachlässigen. Eine begrenzte Studie von analogen Dithiophosphaten zeigt keine vergleichbaren Trends. Die freien Dithiophosphorsäuren sind sogar schlechte Verschleißschutzadditive, vielleicht wegen der korrosiven Natur des Schwefels".* [Forb 71] Nichts desto trotz wird der sterische Einfluss bestätigt.

In jüngerer Zeit sind auch Produkte am Markt verfügbar, die durch Reaktion von Dithophosphorsäure bzw. deren Partialestern mit Doppelbindungen von Fettalkoholen oder Estern (Mono oder Tri) hergestellt wurden. Diese zeigen eine ähnliche Leistung wie ZDDTP, wobei in einigen Anwendungen ZDDTP überlegen sind. Auch auf Laborprüfmaschinen ist das nachweisbar, wenn in vergleichbaren Formulierungen größere Mengen dieser Additive zum Einsatz kommen. Eine Erklärung dafür könnte in der Struktur dieser Verbindungen begründet sein. Zum einen ist sie in diesen Verbindungen deutlich anspruchsvoller (sterische Hinderung) als in vielen ZDDTP, zum anderen ist, durch den Wegfall der ionischen Bindung, die Bindungssituation relativ definiert. Eine mögliche Veränderung der Struktur bzw. der Bindungssituation der einzelnen Atome, wie im ZDDTP (**Bild 13-1**), ist kaum möglich. Dadurch sind dann gewisse Aktionsmöglichkeiten, über die ZDDTP noch verfügen können, zumindest stark eingeschränkt.

13.3.4 (Thio-)Phosphorsäureester (cresylähnliche Verbindungen)

Diese schon seit langem im Einsatz befindliche Verbindungsklasse ist in den letzten Jahren etwas in Beschuss geraten, da einige ihrer Vertreter als reproduktionstoxisch identifiziert wurden. Ihre Verschleiß-verhindernden Eigenschaften, speziell in der Metallbearbeitung, sind aber unbestritten. Auffällig ist, dass diese Verbindungen bis ca. 5 % eine sehr positive Wirkung haben und diese im Bereich von 0–5 % auch ansteigt. Bei Konzentrationen über 5 % kommt es zu kontraproduktiven Erscheinungen [Wal 02].

13.4 Phosphorfreie Verschleißschutzadditive

Neben phosphorhaltigen Additiven kommen noch eine Reihe von anderen Additiven für den Verschleißschutz zum Einsatz, in Schmierfetten z. B. Molybdänsulfid.

Auch Carbamate und Dithiocarbamate (metallhaltig und metallfrei) sind in der Literatur beschrieben [Mori 06; Feng 08; Jian 08; Onod 08; Topo 08/I und in diesen Arbeiten zitierte Literatur].

Morina et al. [Mori 06] gehen mit anderen Autoren zusammen davon aus, dass das MoDTC gemäß **Bild 13-4** zu Molybdändisulfid zerfällt.

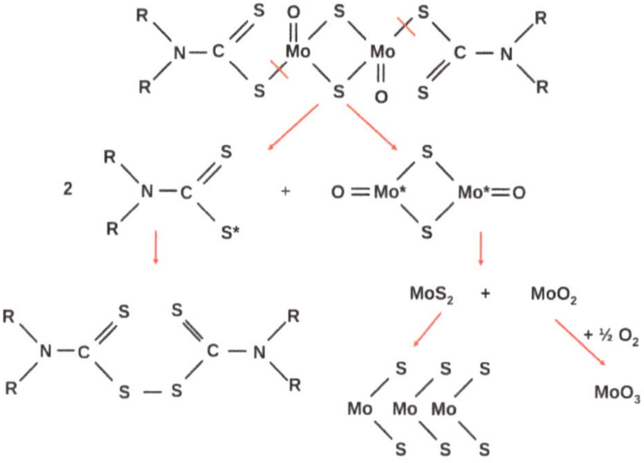

Bild 13-4: MoDTC-Zerfall, chem. Modell (Quelle: [Mori 06])

Für ihre Experimente nutzen Morina et al. ein Stift-Platte-Tribometer und Laufzeiten für die einzelnen Teste von 30–360 Minuten, also wieder deutlich länger als in der Metallbearbeitung üblich, aber für die Umlaufschmierung relevant. Die während der Tests entstandenen Oberflächen und die „Reaktionsprodukte" werden mit verschiedenen Analysenmethoden (ESEM/EDX; XPS, AFM) charakterisiert. Auch der Verschleiß wird vermessen. Nach den Versuchen finden Morina et al. eindeutig MoS_2, gleich ob MoDTC alleine oder in Kombination mit ZDDTP getestet wurde. Auch FeS_2 wird nachgewiesen. Ebenso werden eine Phosphatschicht und eine Schicht aus organischen Stickstoffverbindungen gefunden, wenn MoDTC und ZDDTP kombiniert zum Einsatz kommen. Der Verschleiß ist bei der letzteren Kombination deutlich größer, als wenn ZDDTP alleine verwendet wird.

Feng et al. [Feng 08] untersuchen MoDTC (Molybdändithiocarbamat) und MoDDP (Molybdändithiophosphat) in Motorenölen hinsichtlich ihres Verschleißschutzes. Sie finden, dass geringe Mengen an MoDDP im Vergleich mit größeren Mengen keinen signifikanten Einfluss auf den Verschleißschutz haben. MoDTC verbessert den Verschleißschutz überhaupt nicht. Bessere Ergebnisse werden mit Molybdaten erzielt.

Topolovec-Miklozic [Topo 08/I] nutzt wieder die gleiche Vorrichtung, die schon in **Bild 12-4** gezeigt wurde. Sie beschäftigt sich in seiner Arbeit mit der Reibungsreduzierung von MoDTC auf verschiedenen Oberflächen. Auch in dieser Veröffentlichung wird sehr ausführlich auf frühere Arbeiten von anderen Autoren eingegangen. Die Funktion des MoDTC wird in der Bildung von MoS_2 im Tribokontakt gesehen. Die Kontaktzeiten in den Versuchen entsprechen denen der Umlaufschmierung. Die Arbeit geht auf das Zusammenspiel von MoDTC mit verschiedenen anderen Additiven ein.

Organobisdithiocarbamate

Diese Verbindungsklasse (**Bild 13-5**) findet sowohl in der Umlaufschmierung (Fett, Öl) als auch in der Metallbearbeitung Anwendung. Neben den Verschleißschutzeigenschaften kann auch eine antioxidative Wirkung (**Tabelle 13-2 (Ausschnitt)**) nachgewiesen werden.

Verbindung (10 % in Rapsöl)	**Zeit bis zum Testende**
Rapsöl (unadditiviert)	7 min 44 s 7 min 36 s
Methylenbisdithiocarbamat	39 min 41 s 38 min 48 s

Tabelle 13-2: (Ausschnitt) Testergebnisse mit dem PetroOXY-Gerät

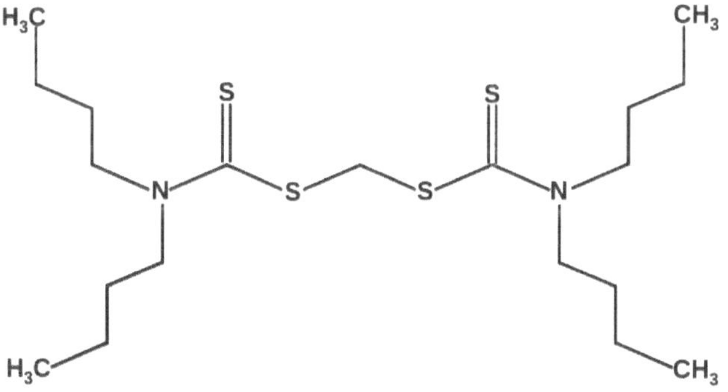

Bild 13-5: Organodithiocarbamat (Quelle: Lanxess-Produktinformation)

Über die Wirkungsweise gibt es auch bei dieser Verbindungsklasse verschiedene Ansichten – Zerfallstheorie bzw. reine Oberflächenbedeckung. Vermutlich spielt der induzierende Effekt der Metalloberfläche, mit der es zur Wechselwirkung kommt und Wechselwirkungen mit anderen Additiven in der Formulierung eine ganz entscheidende Rolle. Insofern liegen die Verhältnisse, auch die der „Reaktionszeit" ähnlich wie bei den Zinkdialkyldithiophosphaten und sollen deshalb an dieser Stelle nicht wiederholt werden. Möglicherweise ist es eine Wechselwirkung zwischen den Schwefelatomen im Molekül mit den oxidisch gebundenen Metallatomen. Auf jeden Fall stellen Organobisdithiocarbamate, auch bei rostfreien Chromnickelstählen, einen wirksamen und effektiven Verschleißschutz dar.

Bergseth, Torbacke und Olofsson [Berg 08] führen mit einem Stift-Scheibe-Tribometer vergleichende Untersuchungen zwischen einem Phosphit, einem neutralen Thiophosphorsäuretriorganoester und einem Organobisdithiocarbamat, alle in Ester gelöst, durch. Stift und Scheibe sind aus demselben Material. Alle Versuche werden bei niedriger (12 cm/s) und hoher (80 cm/s) Geschwindigkeit durchgeführt. Die Versuche hatten eine Laufzeit von

3,6 (langsamer Lauf) bis 8 Stunden (schneller Lauf) (**Bild 13-6**). Für die Analyse der Oberflächen kommt die GD-OES Analyse zum Einsatz. Für alle Testläufe sind in der Arbeit die Tiefenprofile dargestellt, auch für eine unbenutzte Oberfläche. In allen Läufen, bis auf die unbenutzte Oberfläche, wird ein mehr oder weniger großer Anteil an Sauerstoff gefunden. Für das Phosphit ist der Sauerstoffanteil, also die gebildete Oxid-Schicht, am geringsten. Auch der Reibkoeffizient ist in diesem Fall am kleinsten. In der Rangfolge kommen dann das Organobisdithiocarbamat und dann der Thiophosphorsäuretriorganoester, wobei beide relativ ähnliche Werte erbringen. Im Verschleißschutz kehrt sich die Reihenfolge um. Die Sauerstoffgehalte (Oxide) für Organobisdithiocarbamat – und Thiophosphorsäuretriorganoester – Läufe sind ziemlich ähnlich. Wahrscheinlich reagiert das Phosphit selbst mit dem Sauerstoff zum Phosphat und verhindert dadurch, wenigstens zum Teil, die Oxidbildung an der Oberfläche von Stift und Scheibe. Bergseth kommt zu folgenden Schlussfolgerungen [Berg 08]:

- *Reibung hängt in starkem Maße von der Geschwindigkeit ab und ist bei hohen Geschwindigkeiten am geringsten*
- *Verschleiß ist bei hohen Geschwindigkeiten am geringsten*
- *Verschleiß hängt sowohl von den sich bildenden Sulfid- und Oxidschichten ab, bei hohen Geschwindigkeiten ist die Oxidschicht-Dicke entscheidend*

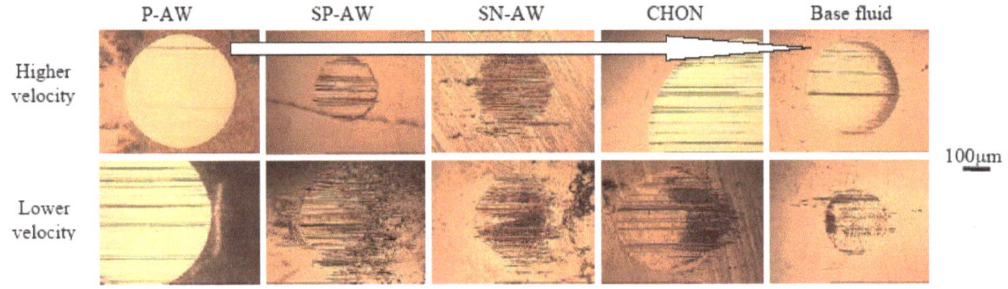

Bild 13-6: Verschleißspuren am Stift; P-AW-Phosphit; SP-AW-Thiophosphorsäuretriorganoester; SN-AW-Organobisdithiocarbamat (Quelle: [Berg 08])

13.5 Laboruntersuchungen

13.5.1 Versuche am Stift-Scheibe-Tribometer

Generell scheinen beim Einsatz von Phosphoradditiven ein gewisses Augenmaß und viel Erfahrung hinsichtlich der Konzentration und auch der Kombination mit anderen Additiven notwendig zu sein. **Bild 13-7** und **13-8** geben dafür ein beredtes Beispiel. **Bild 13-7** zeigt Stiftoberflächen nach Versuchen mit verschiedenen Phosphoradditiven in Konzentration von 10 % in Mineralöl. Lediglich das Molybdändithiophosphat zeigt kaum Aufschweißungen.

Bild 13-8 zeigt die Kombination verschiedener Phosphoradditive (je 5 %) mit geschwefeltem Fettester (je 5 %).

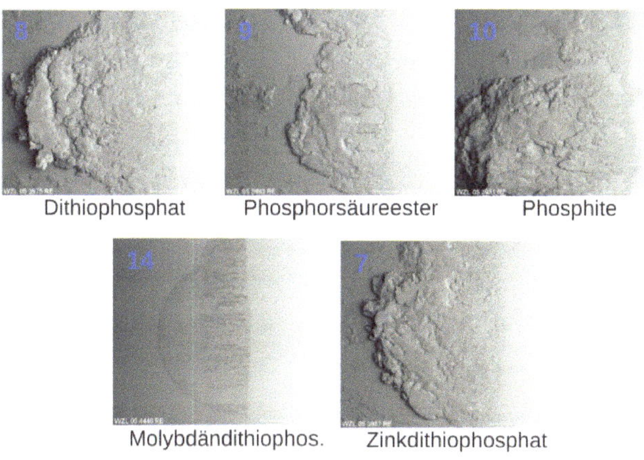

Bild 13-7: Stift-Oberflächen nach Stift-Scheibe-Versuch (1.2379-Stift / 16MnCr5-Scheibe) mit je 10 % Additiv in Mineralöl, (Quelle: [Mass 07])

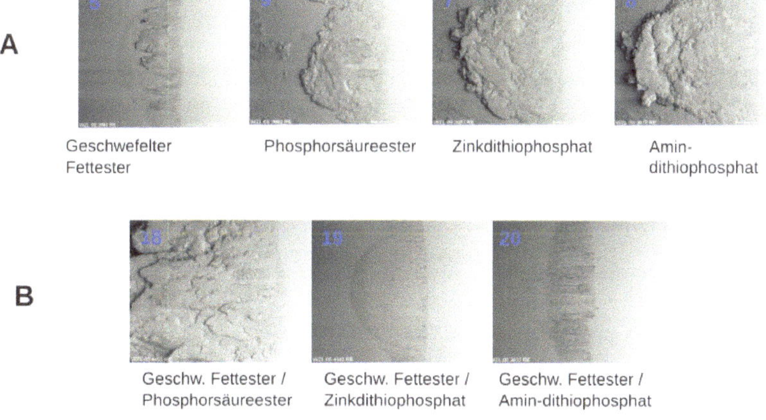

Bild 13-8: Stift-Oberflächen nach Stift-Scheibe-Versuch (1.2379-Stift / 16MnCr5-Scheibe), Reihe A: Einzeladditive (je 10 % in Mineralöl), Reihe B: Kombinationen (je 5 + 5 % Additiv in Mineralöl) (Quelle: [Mass 07])

Praxiserfahrungen sowohl aus der Zerspanung als auch der Umformung belegen, dass das Prinzip „viel hilft viel“ gerade bei Phosphoradditiven zu relativieren ist. Es liegt offensichtlich bei zu hohen Konzentrationen eine ausgeprägte Konkurrenzsituation vor.

13.5.2 Versuche am Brugger-Gerät

Die nachfolgenden Untersuchungen sind von Schultalbers im Rahmen einer Masterarbeit entstanden und wurden in [Schu 15] veröffentlicht.

Es wurden zehn verschiedene Additive untersucht, Auflistung in **Tabelle 13-3**. Neben klassischen Verschleißschutzadditiven wurden auch ein neutrales und zwei überbasische Sulfonate mit in die Untersuchung einbezogen.

Additiv (Abkürzung)	**Bezeichnung**	**Additiv (Kürzel)**
NCS	Neutrales Calciumsulfonat	A
OBS 1	Überbasisches Natriumsulfonat	B
OBS 2	Überbasisches Calciumsulfonat	C
ZnDTP 1	Zinkdialkyldithiophosphat 1	D
ZnDTP 2	Zinkdialkyldithiophosphat 2	E
MoDTP	Molybdändialkyldithiophosphat	F
AP	Ammoniumphosphatsalz	G
NTP 1	Neutrales Thiophosphat 1	H
NTP 2	Neutrales Thiophosphat 2	I
DTC	Dithiocarbamat	J

Tabelle 13-3: Auflistung der verwendeten Additive und Abkürzungen

Es können drei Gruppen gebildet werden. Additiv A, B, C und G sind ionisch aufgebaut. Bei den Additiven D, E und F handelt es sich um Metalldithiophosphate. Die Additive H, I und J sind eher kovalent. Aus Gründen der Vergleichbarkeit sollen die Additive in diesen Gruppen besprochen werden.

Es werden sechs aufeinander aufbauende Arbeitsschritte (AVG) durchgeführt.

- **AVG1:** Untersuchung der reinen Additive in Abhängigkeit der Konzentration, Mischung von 1 %, 5 % und 9 % des jeweiligen Additivs in Mineralöl
- **AVG2:** Mischung von Additiven mit Ester, Additive (5 %) gemischt mit Mineralöl und (X) % Ester
- **AVG3:** Mischung Additiv mit Polysulfid, Mischung mit 5 % Additiv, (Y) % Polysulfid und Mineralöl
- **AVG4:** Mischung von Additiven mit überbasischen Sulfonaten, Mischung mit 5 % Additiv, (Z) % eines überbasischen Sulfonates in Mineralöl
- **AVG5:** Mischung von Additiven mit Ester und Polysulfid, Mischung mit 5 % Additiv, (X) % Ester und (Y) % Polysulfid in Mineralöl
- **AVG6:** Mischung von Additiv mit Ester, Polysulfid und überbasischem Sulfonat Mischung mit 5 % Additiv, (X) % Ester, (Y) % Polysulfid, (Z) % überbasisches Sulfonat in Mineralöl

Die Konzentrationen von X, Y und Z sind in allen Mischungen konstant.

Gruppe 1 – ionisch aufgebaute Additive – Bild 13-9
Bei dem Vergleich von AVG1 und AVG2 ist erkennbar, dass der Zusatz von Ester (AVG2) keinen signifikanten Effekt hat. Die Abfolge der Werte untereinander bleibt nahezu konstant. Wird der Wert der Basismischung von AVG1 und AVG2 verglichen, so ist auch hier festzustellen, dass der Ester keinen Effekt nach sich zieht. Die Reihenfolge in AVG1 und AVG2 hinsichtlich der Brugger Werte ist in aufsteigender Schmierwirkung unter Berücksichtigung der Fehlertoleranz:

Basismischung < Amoniumphosphat < neutrales Sulfonat < überbasisches Calciumsulfonat < überbasisches Natriumsulfonat

Die Reihenfolge der Sulfonate untereinander ist dadurch begründet, dass im neutralen Sulfonat keinerlei Carbonat-Ionen vorhanden sind und somit die Wirkung ausschließlich auf das Sulfonat-Ion zurückzuführen ist. Der Zusatz von Carbonat erzielt demnach eine große Steigerung. Bei der Natriumvariante wird der größte Effekt erzielt.

Der Zusatz von Polysulfid (AVG3) führt zu einer durchgängigen Steigerung der Werte. Wie in vorhergehenden Ausführungen gezeigt, agiert das Polysulfid hauptsächlich nach Mechanismus 3 mit den oxidisch gebundenen Metallatomen. Die Additive der Gruppe 1 sind ionisch aufgebaut und sollten daher nach Mechanismus 2 mit den Metallatomen agieren, welche die Hydroxidgruppen tragen. Durch das Zusammenwirken von Mechanismus 2 und 3 entsteht ein synergistischer Effekt. Dieses erklärt auch den Anstieg der Werte verglichen mit der Basismischung AVG3. Die Ausnahme bildet die Mischung des neutralen Sulfonates (A) und Polysulfid in AVG3. Hier scheint es zu einer sterischen Konkurrenz zwischen den Polysulfidmolekülen und dem Sulfonat zu kommen. Beide Moleküle bewegen sich zwar auf unterschiedlichen Andockstellen, haben aber eine vergleichbare Affinität zur Metalloberfläche. Das bedeutet, dass sich allein durch ihre räumliche Ausdehnung eher das Sulfonat und das Polysulfid behindern als sich ergänzen. Ein ähnlicher, wenn auch nicht so stark ausgebildeter Effekt ist mit dem Amoniumphosphat (G) zu erkennen. Bei Vorliegen von Carbonaten (Additive B, C) reicht die ionische Kraft dieser Carbonate aus, um die sterische Barriere der Polysulfide zu durchbrechen. Eine andere mögliche Erklärung besteht darin, dass die Carbonationen aufgrund ihrer geringen räumlichen Ausdehnung näher an die Metalloberfläche gelangen können und dadurch die Bindungskraft zur Metalloberfläche zunimmt.

Beim Zusatz von Natriumcarbonat (B) in AVG4 zeigt sich ein deutlich geringerer Einfluss verglichen mit AVG3. Die Werte belegen eindeutig, dass alle Additive der Gruppe 1 um dieselben Andockstellen konkurrieren. Das heißt, wenn sich zwei verschiedene ionische Moleküle in der Mischung befinden, sinkt der Brugger Wert im Vergleich zu der Basismischung mehr oder weniger ab. Der leichte Anstieg des Bruggerwertes beim überbasischen Na-Sulfonat ist ein Hinweis auf die geringe sterische Hinderung der Carbonationen. Das Absinken der anderen ionisch aufgebauten Verschleißschutzadditive korreliert mit den Werten der Werte aus AVG1. Im fünften Arbeitsvorgang (AVG5) sind Polysulfid und Ester zu dem untersuchten Additiv hinzugegeben worden. In **Bild 13-9** ist ein deutlicher Anstieg der Werte offensichtlich, was auf einen synergistischen Effekt hinweist. Alle Andockstellen werden von Polysulfid (Mechanismus 3), Ester (Mechanismus 1) und dem überbasischen Calcium/Natriumsulfonat (Mechanismus 2) besetzt.

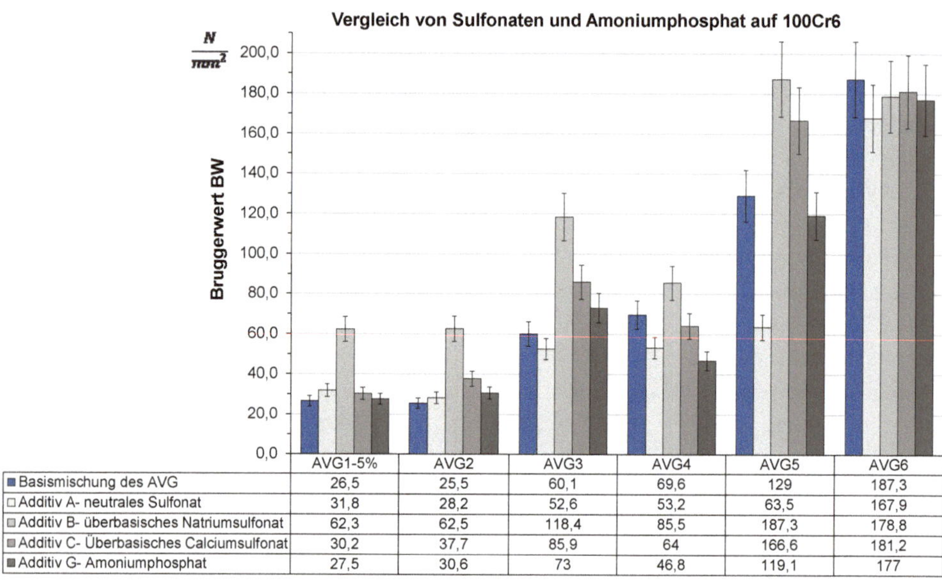

	AVG1-5%	AVG2	AVG3	AVG4	AVG5	AVG6
Basismischung des AVG	26,5	25,5	60,1	69,6	129	187,3
Additiv A- neutrales Sulfonat	31,8	28,2	52,6	53,2	63,5	167,9
Additiv B- überbasisches Natriumsulfonat	62,3	62,5	118,4	85,5	187,3	178,8
Additiv C- Überbasisches Calciumsulfonat	30,2	37,7	85,9	64	166,6	181,2
Additiv G- Amoniumphosphat	27,5	30,6	73	46,8	119,1	177

Bild 13-9: Gruppe 1: Bruggerwerte aller Arbeitsvorgänge von Sulfonaten und Amoniumphosphat auf 100Cr6 [Schul 15]

Bei dem neutralen Sulfonat und dem Amoniumphosphat (G) zeigt sich eindeutig dieselbe Situation wie in AVG3. Daraus kann geschlussfolgert werden, dass tatsächlich Behinderungen an der Oberfläche zwischen dem sperrigen Polysulfid und den Amoniumphosphat bzw. neutralem Sulfonat existieren. Der weitere Zusatz von überbasischem Natriumsulfonat in AVG6 führt zu einer Überkompensation der vorab erklärten Effekte. Mit Ausnahme des neutralen Sulfonats, liegen alle gemessenen Werte mehr oder weniger auf demselben, hohen Niveau. Zusammenfassend kann für diese Gruppe festgestellt werden, dass alle Additive dieser Gruppe nach Mechanismus 2 agieren.

Gruppe 2 – Metalldithiophosphate – Bild 13-10

Die Unterschiede in dieser Gruppe unter den untersuchten Molekülen bestehen darin, dass das Additiv D und E als Zentralatom Zink enthalten, die Kohlenwasserstoffreste aber variieren. Die Additive D und F haben dieselben Kohlenwasserstoffreste, unterscheiden sich aber im Zentralatom (Zn, Mo). Nach der alten Theorie soll die Wirkungsweise dieser Additivgruppe darin bestehen, dass es durch hohe Temperaturen zu einer thermischen Zersetzung kommt und die Bruchstücke (meist Ionen) mit der Metalloberfläche agieren.

In [Kap. 13.2.3 / Schu 14] konnte die Zersetzungstheorie widerlegt werden und es wurden starke Hinweise gefunden, dass die Metalldialkyldithiophosphate vorzugsweise über Mechanismus 1 und 3 agieren. Bei Betrachtung der Werte auf C-Stahl (**Bild 13-10**) zeigt sich, dass der Zusatz von Ester (AVG1 und AVG2) keinen Einfluss auf die Werte hat. Die Werte liegen innerhalb der Fehlergrenze der Messmethode. Das bedeutet, beide Additivklassen (Ester und Metalldialkyldithiophosphate) scheinen sich weder zu behindern, noch zu unterstützen. Der Zusatz von Polysulfid (AVG3) führt, verglichen mit den reinen Additiven in Mineralöl zu einem Anstieg. Bezogen auf die Basismischung aus AVG3 fällt dieser Anstieg verhältnismäßig gering aus. Das legt den Schluss nahe, dass hier keine wirkliche Unterstützung im Sinne eines Synergismus vorliegt. Dagegen führt der Zusatz von überbasischem Natriumsulfonat, welches hauptsächlich nach Mechanismus 2 agiert, zu einem größeren Effekt. Hier scheinen gewisse, synergistische Effekte vorzuliegen. Spannend sind die Ergebnisse aus AVG5 (Zusatz von Ester und Polysulfid). Diese Additive wirken nach Mechanismus 1 und 3. Die Mischung dieser Basisformulierung mit Metalldialkyldithiophosphaten führt zu einer Absenkung der Brugger Werte. Das kann nur bedeuten, dass es bei den Andockstellen (Wasserstoffatome der Hydroxidgruppen und oxidische Eisenatome) zu einer Konkurrenzsituation kommt. Diese trat bei Additivierung nur eines Additivs (Ester oder Polysulfid) nicht in Erscheinung, da die Metalldialkyldithiophosphate bei Blockade eines Mechanismus auf den freibleibenden Mechanismus ausweichen konnten.

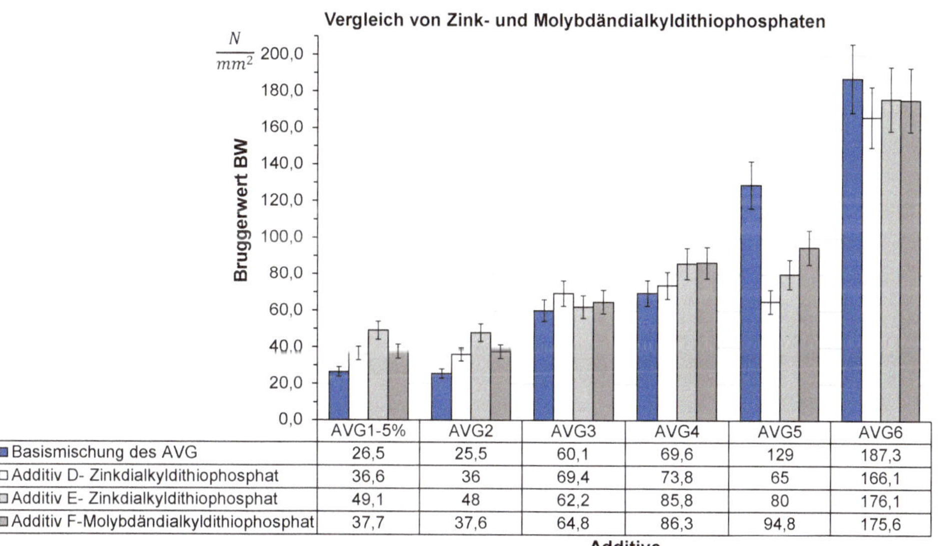

	AVG1-5%	AVG2	AVG3	AVG4	AVG5	AVG6
Basismischung des AVG	26,5	25,5	60,1	69,6	129	187,3
Additiv D- Zinkdialkyldithiophosphat	36,6	36	69,4	73,8	65	166,1
Additiv E- Zinkdialkyldithiophosphat	49,1	48	62,2	85,8	80	176,1
Additiv F-Molybdändialkyldithiophosphat	37,7	37,6	64,8	86,3	94,8	175,6

Bild 13-10: Gruppe 2: Bruggerwerte aller Arbeitsvorgänge von Zink- und Molybdändialkyldithiophosphaten auf 100Cr6 [Schul 15]

Ist diese Ausweichmöglichkeit wie in Arbeitsschritt AVG5 nicht mehr gegeben, kann von einem antagonistischen Effekt gesprochen werden. Das zeigt aber auch, dass die Wechselwirkung von Metalldialkyldithiophosphaten alleine betrachtet eher eine schwache Wechselwirkung ist. Auffällig ist allerdings das hier das Molybdändithiophosphat deutlich vom Zinkdithiophosphat 1, also der Verbindung mit den gleichen Kohlenwasserstoffresten abweicht. Ursache dafür könnte sein, dass in der Molybdänvariante zwei Metallkerne und damit auch mehr Schwefel- bzw. Sauerstoffatome pro Molekül, sprich eine deutliche höhere Elektronendichte pro Molekül, vorliegen. Letztere bewirken dann eine stärkere Adsorption an die Metalloberfläche. Auch ein Vergleich der Ergebnisse der beiden Zinkdithiophosphate untereinander ergibt einen deutlichen Hinweis, dass kürzere Kohlenwasserstoffketten im ZnDTP 2 eine geringere sterische Hinderung und damit eine bessere Annäherung an die Metalloberflächen bedeuten. In AVG6, der kompletten Matrix, treten, ähnlich wie bei der Betrachtung der Gruppe 1 die meisten Effekte in den Hintergrund. Das bedeutet, dass die Mischung aus überbasischen Natriumsulfonaten, Ester und Polysulfid nur wenig durch andere Additive beeinflusst wird. Dennoch ist ein geringes Absenken der Werte zu verzeichnen, was mit der in AVG5 ermittelten Tendenz korrespondiert.

Gruppe 3 – kovalente Additive – Bild 13-11
Der Unterschied zwischen den neutralen Verbindungen dieser Gruppe liegt in deren chemischer Struktur. Die organischen Reste sind sterisch sehr anspruchsvoll und können demnach mögliche Andockstellen für andere Additive und sich selbst blockieren. Das Dithiocarbamat (Additiv J) besitzt im Gegensatz zu den Phosphorverbindungen eine andere Stereochemie und kann demnach anders mit der Oberfläche wechselwirken. Dazu kommt, dass alle Stoffe unterschiedliche Kohlenwasserstoffreste besitzen. Eine Gemeinsamkeit der Stoffe sind die zahlreichen, freien Elektronenpaare an den Sauerstoff- bzw. Schwefelatomen in den Molekülen.

In **Bild 13-11** sind die Bruggerwerte für die neutralen Phosphorsäureester und das Dithiocarbamat dargestellt. Werden die Ergebnisse von Gruppe 2 (**Bild 13-10**) mit denen von Gruppe 3 verglichen, ist offensichtlich, dass die Werte von Zinkdialkyldithiophosphate sich ähnlich der des Dithiophosphorsäureester verhalten. Die Ergebnisse für die einzelnen Arbeitsvorgänge sind bei Gruppe 3 etwas geringer, was sich auf die Stereochemie der Phosphorverbindungen zurückführen lässt. Sie wirken ebenfalls vorzugsweise nach dem ersten und untergeordnet nach dem dritten Mechanismus.

Das Dithiocarbamat hingegen weist anders als die Phosphorverbindungen leicht verbesserte Werte auf. Die Indizien sprechen dafür, dass dieser eher nach dem dritten Mechanismus, der reinen Adsorption an den oxidischen Metallatomen, agiert.

Sicher spielen auch hier der Effekt der Reibrolle und Matrixeffekte der Mischungen eine große Rolle. Aufgrund der hohen Fehlertoleranz kann an diesem Punkt keine gesicherte Aussage über die Wirkweise gemacht werden. Das heißt, es kann keine Entscheidung darüber getroffen werden, ob Mechanismus 1 oder 3 überwiegt.

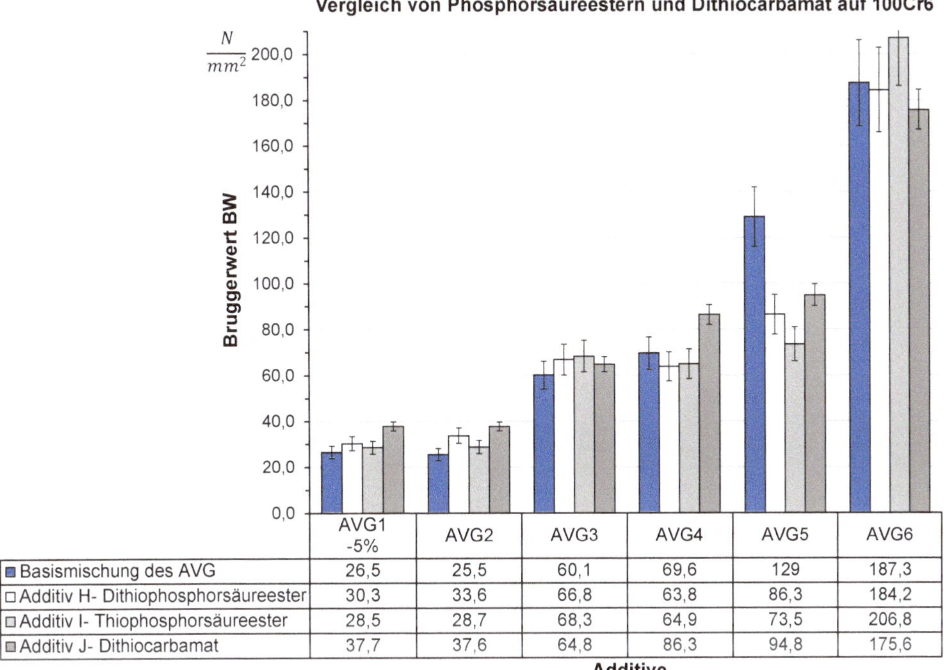

	AVG1 -5%	AVG2	AVG3	AVG4	AVG5	AVG6
Basismischung des AVG	26,5	25,5	60,1	69,6	129	187,3
Additiv H- Dithiophosphorsäureester	30,3	33,6	66,8	63,8	86,3	184,2
Additiv I- Thiophosphorsäureester	28,5	28,7	68,3	64,9	73,5	206,8
Additiv J- Dithiocarbamat	37,7	37,6	64,8	86,3	94,8	175,6

Bild 13-11: Gruppe 3: Bruggerwerte aller Arbeitsvorgänge von phosphorhaltigen Additiven und Dithiocarbamat auf 100Cr6 [Schul 15]

13.6 Zusammenfassung

Die Verschleißschutzadditive sind wohl die Additivklasse mit dem heterogensten Aufbau. Das macht es relativ schwierig, sie „über einen Kamm zu scheren." Allein die phosphorhaltigen Verbindungen differieren im Aufbau und folglich im „Aktionsverhalten" komplett. Hinzu kommt der schon oft angesprochene Zeitfaktor für die Wechselwirkung mit der Metalloberfläche. Auch die tribologischen Bedingungen von Metallbearbeitung und Umlaufschmierung sind viel zu unterschiedlich, um ein einheitliches Modell zu erstellen. Nicht außer Acht zu lassen, ist die Stereochemie.

Da viele Verschleißschutzadditive, zumindest in der Metallbearbeitung, bei höheren Konzentrationen eher antagonistisches Verhalten zeigen, ist davon auszugehen, dass sie entscheidende Regionen für andere Additive blockieren bzw. mit diesen Additiven in der Art wechselwirken (Bildung von Assoziaten), so dass diese nicht mehr mit der Metalloberfläche korrespondieren. Die Aufklärung aller Wechselwirkungen von Verschleißschutzadditiven erfordert noch sehr viel Arbeit.

14 Einfluss von Sauerstoff auf die Tribologie

Joachim Schulz

14.1 Einleitung

Die Rolle der Oxidation bzw. der Einfluss des Sauerstoffs ist schon in einigen Kapiteln dieser Monografie angeklungen und behandelt worden. Letztlich sind die Vorgänge an und auf Metalloberflächen Redoxvorgänge, in die auch Sauerstoff problemlos eingreifen kann.

Schon im Mittelalter war man sich der Oxidation in der Metallbearbeitung, auch wenn diese so noch nicht bezeichnet wurde, bewusst. Zumindest war der störende Einfluss von Luft klar. So wurden, z. B. bei der Herstellung von Schwertern nach dem Damast-Verfahren, um die zu verschweißenden Stahlbleche in Lehm getränkte Tücher gewickelt, damit die Luft (Sauerstoff) ferngehalten wurde, um ein einwandfreies Verschweißen der Stähle zu gewährleisten. Wenn sich eine Oxidhaut bilden kann, so verhindert diese beim Schmiedevorgang das Verschmelzen der Stahloberflächen.

In der Kaltmassivumformung ist bekannt, dass ein „verrosteter" Draht oft bessere Zieheigenschaften hat als ein „blanker". Unklar ist hier allerdings, ob die Oxide selbst tribologisch wirksam werden oder diese nur, aufgrund der Vergrößerung der Oberfläche, eine bessere Trägerschicht für das Umformöl darstellen.

Auch beim Gasnitrieren beeinflussen „Sperrschichten" von Oxiden das Härteergebnis. Wobei gewisse Mengen von Sauerstoff für ein gutes Härteergebnis durchaus notwendig sind [Haase 00].

Die Oxidation von Metallen hängt vom Metall selbst und den Umgebungsbedingungen ab. So bildet Eisen nur in Gegenwart von Wasser (Luftfeuchtigkeit) bei Raumtemperatur Oxide aus. Erst bei höheren Temperaturen erfolgt die Oxidbildung auch ohne Wasser. Auf der anderen Seite führt reines (sauerstofffreies) Wasser erst ab Temperaturen von > 500 °C zu einer Reaktion mit einer Eisenoberfläche. Normale Luft bei einer Luftfeuchtigkeit > 40 % führt dagegen schon in Bruchteilen einer Sekunde zur Ausbildung von Oxiden und Hydroxiden auf der Eisenoberfläche. An dieser Stelle soll nicht die Chemie der Metall-Korrosion erklärt werden. Der interessierte Leser sei an Kaesche [KAE 90] verwiesen.

Andere Metalle, z. B. Aluminium oder Titan, bedecken sich augenblicklich mit einer fest haftenden Oxidhaut. Ist das nicht möglich und werden die Metalloberflächen nicht durch andere Medien (z. B. Metallbearbeitungsflüssigkeiten und darin gelöste Additive) bedeckt, kommt es zum Verschweißen mit dem nächstbesten Partner-Metall.

Nachfolgend soll auf einige wenige Arbeiten eingegangen werden, die bisher noch nicht berücksichtigt wurden.

14.2 Sauerstoff als tribologisch wirksames Element

Bjerk [Bjer 73] untersucht den Einfluss von Mineralöl und Ester (Di-2-ethyl-hexyl-sebacat mit 1 % Tricresylphosphat und 0,5 % Antioxidanz) hinsichtlich des Verschleißes an einem verzahnten Walzenprüfstand (geared-roller-test-machine). Für das unadditivierte Mineralöl in Luft wird die Bildung einer verschleißresistenten Schicht festgestellt. Fehlt der Sauerstoff (Test in Stickstoff-Atmosphäre) wird schon bei sehr milden Versuchsbedingungen schwerer Verschleiß an den Walzen beobachtet. Die Oxidschicht wird durch Mikroanalysen bestätigt. Bei Temperaturen von 390 F (198,8 °C) – 450 F (232 °C) wird die Oxidschicht, in Abhängigkeit der Gleitgeschwindigkeit, zerstört. In Luft bei niedrigen Temperaturen kommt es zum Wiederentstehen der Oxidschicht bei oberflächlichen Beschädigungen, so dass es für Bjerk schwierig war, Verschleiß auf den Walzen zu erzeugen. Für die Ester-Formulierung findet Bjerk keinen Verschleiß, unabhängig welcher Art die Atmosphäre (Luft oder Stickstoff) ist. Für ein Versagen der Schmierung wird eine Abhängigkeit vom Finishing der Walzen gefunden. In diesem Fall werden Unterschiede zwischen Luft und Stickstoff konstatiert.

Die Ursache für die Unabhängigkeit von der Art der Atmosphäre bei Verwendung der Estermischung sieht Bjerk in einer Esterspaltung (in Säure und Olefin). Die Säure sollte dann unter Reaktion mit der Metalloberfläche ein Metallsalz bilden, welches den Verschleiß verhindert. Die Antioxidanz bzw. das Tricresylphosphat schließt Bjerk aus, da ein Test mit 20 % des Esters in Mineralöl in einer Stickstoffatmosphäre auch keinen Verschleiß zeigt [Bjer 73].

Die von Bjerk angenommene Esterspaltung erscheint eher etwas unwahrscheinlich. Vermutlich sind reine Adsorptionseffekte im Spiel. Eine Erklärung für die Unterschiede zwischen Luft und Stickstoff, bei verschiedenen Finishing-Verfahren der Walzen, ist bei der vorliegenden Datenlage nicht möglich. Bemerkenswert sind die Beobachtungen bei den Versuchen mit reinem Mineralöl. Diese Ergebnisse bestätigen letztlich, dass in Kapitel 6 aufgezeigte Modell.

Tomaru et al. [Toma 77] untersuchen den Effekt von Sauerstoff auf das Verhalten von verschiedenen Additiven. Dazu werden Versuche am Vierkugel-Apparat (VKA) und mittels heißer Drähte in Luft und Argon herangezogen. Als Medium dient synthetisches Squalane (**Bild 14-1**).

Bild 14-1: synthetisches Squalane (2,6,10,15,19,23-hexamethyltetracosane; CAS: 111-01-3), Quelle: commons.wikimedia.org/wiki/File:Squalane.png

Elementarer Schwefel (ES), Dibenzyldisulfid (DBDS) und Diphenyldisulfid (DPDS) (**Bild 14-2**) werden in verschiedenen Konzentrationen (0,1 bzw. 0,5 % auf Schwefel bezogen) eingesetzt. Über die Drahtqualität ist nur bekannt, dass es Eisen ist. Als Methode für den beheizten Draht wird u. a. die Quelle [Bar 60] angegeben.

Die drei Schwefeladditive werden bei Temperaturen von 300–470 °C mit dem heißen Draht in Kontakt gebracht, die Reaktionszeit liegt zwischen 5 und 15 Minuten. Tomaru et al. nennen diesen Vorgang „corrosion“.

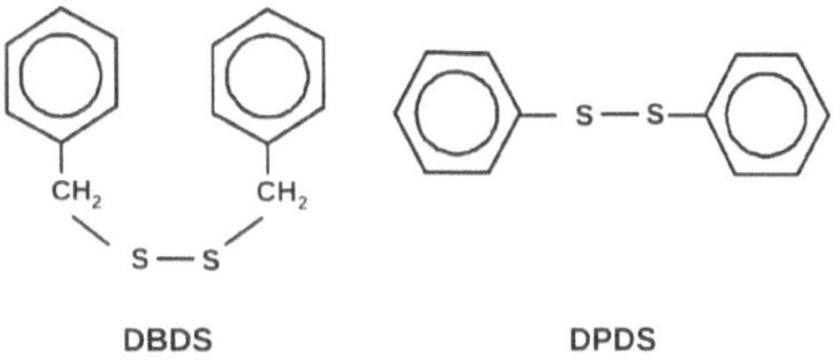

Das Ergebnis zeigt, dass sich ES und DBDS unter diesen Bedingungen relativ ähnlich verhalten, jedoch in Luft und Argon deutlich unterschiedlich. DPDS, dass ja dem DBDS chemisch sehr ähnlich ist (**Bild 14-2**), weicht im Ergebnis komplett ab. Es verhält sich ähnlich dem unadditivierten Squalane. Diese Ergebnisse sind auch nicht mit den in Kapitel 11 (Schwefelträger) erwähnten Literaturstellen in Einklang zu bringen. Speziell Batchelor [Batch 85] findet ganz andere Zusammenhänge.

Bild 14-2: Dibenzyldisulfid (DBDS) und Diphenyldisulfid (DPDS) (Quelle: [Bar 60])

Insgesamt fehlt den am beheizten Draht gewonnenen Ergebnissen eine gewisse Konsistenz. Wirklich sicher ist nur, dass ein Einfluss von Luft (Sauerstoff) zu beobachten ist. Es entstehen nämlich in der Argon-Atmosphäre ausschließlich Sulfide, in Luft dagegen auch Oxide. Tomaru et al. bestimmten dies mit einer REM-Analyse. Diese Ergebnisse sind in **Tabelle 14-1** wiedergegeben (1:1 aus [Toma 77] übernommen).

Atmosphere	**Additive**		**Reaction temp. (°C)**	**Relative content ****		
		wt.% S		Fe_3O_4	FeS	FeS_2
Argon	ES	0.1	400	#	M	M
		0.5	350	#	S	M
		0.5	450	#	SS	SS
	DBDS	0.1	350	#	S	S
	DPDS*	0.5	450	#	#	#
Air	ES	0.1	470	S	S	#
	DBDS	0.5	450	W	W	#
	DPDS	0.5	450	W	#	#

* α-Fe was detected alone but the product contained elementary Sulfur
** Each content increases in the order SS > S > M > W
\# Could not be detected

Tabelle 14-1: Röntgenanalyse auf Reaktionsprodukte auf der im Korrosionstest erhaltenen Eisenoberfläche (Tabelle 3 in [Toma 77])

Tomaru et al. gehen davon aus, dass in Gegenwart von Luft eine Konkurrenz zwischen Sauerstoff und den Schwefelträgern stattfindet und die Oxidbildung die Sulfidbildung behindert.

Mit den beiden Phosphorverbindungen Tricresylphosphat (TCP) und Dilaurylhydrogenphosphit (DLHP) (0.1 wt% an Phosphor) wird derselbe Versuch mit dem beheizten Draht unternommen. In allen Fällen sind die entstehenden Schichten von der Dicke her geringer als die Schicht, die mit dem DBDS bei 400 °C in Luft erzeugt wird. Die Schichten in Luft sind geringfügig dicker als die in Argon erzeugten.

Bei der Reaktion mit DLHP soll Eisenphosphat $FeFe_4(PO_4)_3OH$ entstehen.

Bei den Versuchen mit den Schwefel-Verbindungen am VKA stellen Tomaru et al. fest, dass in Luft die Lasten höher sind als in Argon, Ausnahme DBDS. DPDS zeigt auch hier einen deutlich geringeren Effekt als ES und DBDS.

Auch bei den Phosphorverbindungen werden in Luft höhere Lasten erzielt.

Die Reihenfolge der Wirksamkeit der Schwefelträger ist, wie schon gesagt, etwas erstaunlich. Möglicherweise hat das Lösemittel einen besonderen Einfluss. Vielleicht verhindern aber auch die CH_2-Gruppen im DBDS im Gegensatz zum DPDS die Wechselwirkung der elektronischen Effekte der Ringstruktur mit den freien Elektronenpaaren an den Schwefelatomen. Die Ladungen (Elektronendichte) im DPDS sind über das ganze Molekül verschmiert, so dass kaum eine Wechselwirkung mit den Metalloberflächen stattfinden kann.

Die relativ ähnlichen Ergebnisse am beheizten Draht von ES und DBDS sind vielleicht darauf zurückzuführen, dass es bei den Temperaturen und der langen Zeit im Versuch zur Abspaltung von Schwefel aus dem DBDS gekommen ist, der natürlich mit ES identisch reagiert. Am VKA gibt es zwischen ES und DBDS deutliche Unterschiede. Ein Hinweis dafür, dass wahrscheinlich doch keine wirkliche „Reaktion“ mit dem DBDS stattfindet.

Nun noch einmal zur Arbeit von Zhao et al. [Zhao 89], auch wenn der Titel „The oxide film and oxide coating on Steels under boundary lubrication“ lautet und wenn im Abstract sowie in den Ergebnissen von Eisenoxiden gesprochen wird und leider, zu allem Überfluss, diese Arbeit so wie sie ist, vollkommen unkritisch, zitiert wird, haben Zhao et al. keine Oxid-Schichten untersucht. Ein Blick in den experimentellen Teil zeigt, wie schon im Kapitel zu den überbasischen Sulfonaten angesprochen, dass es sich um Carbonatschichten handelt. Eisen und Kohlendioxid ergeben bei 400 °C, auch nach Wochen, nur Carbonate und keine Oxide. Bergseth et al. [Berg 08] haben ebenfalls Probleme die Ergebnisse nachzuvollziehen, obgleich es scheint, dass auch letztere den experimentellen Teil von [Zhao 89] schlicht überlesen haben.

Wie schon in der Einleitung festgestellt, sind in den anderen Kapiteln dieser Monografie weitere Literaturstellen zum Einfluss des Sauerstoffs genannt.

14.3 Wie könnte Sauerstoff im Tribokontakt wirken?

Zunächst ist zu unterscheiden, ob Sauerstoff nach den Experimenten nur in Tiefenprofilen gefunden wurde oder ob die Ergebnisse der tribologischen Versuche eindeutig nachweisen, dass in Luft (Sauerstoff) höhere tribologische Ansprüche realisiert werden konnten.

Im ersten Fall könnte der Sauerstoff ja durch eine „Post-Oxidation“ mit den im Tribokontakt aktivierten Oberflächen entstanden sein.

Im zweiten Fall bleibt nur eine gleichzeitige Wechselwirkung von Sauerstoff und den tribologisch wirksamen Additiven mit der Metalloberfläche oder eine Wechselwirkung von

Sauerstoff mit den Additiven und dann die Korrespondenz dieses Sauerstoff-Additiv-Komplex mit der Metalloberfläche.

Dass der zweite Fall der wahrscheinlichere ist, scheinen die Arbeiten zu belegen, die sich mit diesem Thema beschäftigen. Wie die Wechselwirkung aber genau vonstattengeht, ist relativ schwer zu klären.

Ausgehend von **Bild 6-5** könnte eine Radikalbildung von Sauerstoff und Additiv parallel erfolgen und dann eine Reaktion der Radikale mit dem nächstbesten Partner, also sowohl mit der Metalloberfläche als auch untereinander. Dann müsste aber auf der Metalloberfläche eine relative statistische Verteilung der am Geschehen beteiligten Elemente vorliegen. Dem scheint nicht so zu sein. Maßmann [Mass 07] findet genau den umgekehrten Fall bei seinen Versuchen am Stift-Scheibe-Tribometer (**Bild 14-3**).

Außerhalb der Tribologie ist die Wirkungsweise von Sauerstoff bereits exakt beschrieben: Mars-van-Krevelen-Effekt [Hut 02].

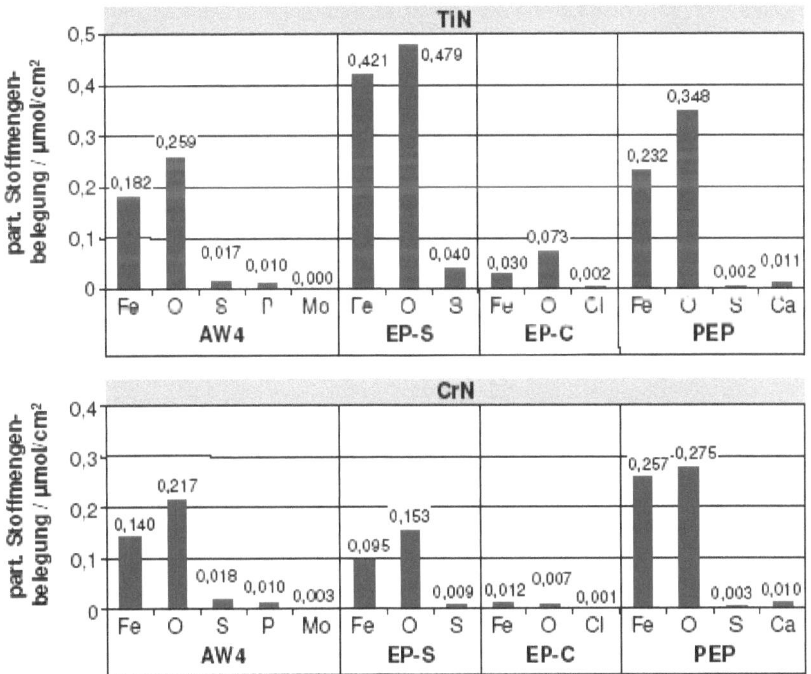

Bild 14-3: Mittels ESMA ermittelte partielle Stoffmengenbelegung der Stiftoberflächen, gemittelt über eine Messstrecke von 1 mm quer zur Reibrichtung (Quelle: [Mass 07])

Dieser Befund könnte ein Hinweis sein, dass die Metalloberfläche zunächst, d. h., im allerersten Schritt mit den Additiven wechselwirkt, aber keine wirkliche Reaktion im Sinne einer stabilen chemischen Bindung eingeht. Gefolgt (und das in sehr kurzer Zeit danach) von einer Verdrängung des Additivs durch Sauerstoff. Möglicherweise existiert auch kurzzeitig eine Art gemeinsamer Komplex (Sauerstoff – Metall – Additiv) an der Oberfläche. Ist die „Bindung" (Adsorption) zwischen Additiv und Metalloberfläche stark genug, wie im Fall von Chlorparaffinen oder auch elementarem Schwefel, hält sich der Sauerstoffeinfluss in Grenzen. Muss erst eine Element-Kohlenstoff-Bindung gebrochen werden, damit das Element mit der Metalloberfläche reagieren kann, so erfordert dies eine gewisse Zeit und der Sauerstoff gewinnt die Oberhand.

14.4 Antioxidantien

Einen guten Ansatz zur Klärung der Phänomene um den Sauerstoffeinfluss bieten sicher Antioxidantien, da diese zum einen von der chemischen Struktur relativ gut bekannt sind und zum anderen nicht über allzu viele Möglichkeiten einer Wechselwirkung verfügen. So ist es jedenfalls für die meisten phenolischen und aminischen Strukturen (Beispiele in **Bild 6-11**). Bei so genannten sekundären Antioxidantien wie z. B. Schwefel-Verbindungen, Phosphite, ZDDTP oder Carbamaten wird es wieder deutlich komplizierter.

Dass Antioxidantien auch mit der Metalloberfläche und nicht nur mit Radikalen in der Lösung (Öl / Fett) korrespondieren, ist in Kapitel 6 anschaulich dargelegt.

Aber auch an anderen Laborprüfmaschinen, z. B. Brugger, können Effekte nachgewiesen werden (**Tabelle 14-2**). Kombinationen von Antioxidantien (AO) (phenolisch / aminisch / sekundär) erweisen sich als hilfreich. Das bedeutet, dass wahrscheinlich jede Klasse von AO gewisse chemische Oberflächenstrukturen auf dem Metall bevorzugt.

Es zeigt sich auch, dass die chemische Struktur durchaus ihre Bedeutung hat. Über die funktionelle Gruppe -OH bzw. -NH können die AO an der Metalloberfläche adsorbieren. Je größer die „Rest-Struktur" ist, umso mehr Oberfläche kann abgedeckt werden.

Um die Wirksamkeit zu verdeutlichen, zeigt **Tabelle 14-3** die Brugger-Werte einiger Schwefeladditive im gleichen nativen Ester.

Nativer Ester	100	98	96	94	96	96	96	96	96
Phenol. AO 1		1	3	5	1	1			
Phenol. AO 2									1
Phenol. AO 3							1	1	
Amin. AO 1								1	1
Amin. AO 2					1		1		
Amin. AO 3						1			
Sekund. AO		1	1	1	1	1	1	1	1
Brugger Stahl/ Stahl	23,5	41,1 42,5	51,0 41,1	51,0 51,0	66,3 59,9	58,2 56,0	59,9 59,9	52,0 57,6	55,5 57,6

Tabelle 14-2: Brugger-Werte von verschiedenen Kombinationen von AO

Additiv	**Brugger Stahl / Stahl**
Phenol. AO 1	21,5
Polysulfid (32 % S)	139,4 / 151,6
inaktiv geschwef. Ester (10 % S)	59,9 / 66,3
teilaktiv geschwef. Ester (15 % S)	94,4 / 94,4
Polymer-Ester inaktiv geschwef. (10 % S)	68,5 / 66,3

Tabelle 14-3: Brugger-Werte von verschiedenen Schwefelträgern (10 % in nativem Ester)

AO wirken also tatsächlich als Leistungsadditiv. Aufgrund ihrer chemischen Konstitution kann wohl eher angenommen werden, dass es zu Adsorptionen denn zu Reaktionen kommt. Nach der klassischen Theorie sollen AO eigentlich rein radikalisch reagieren. Möglicherweise kommt es durch Kombination eines Metall-Radikals (wenn es denn so etwas in stabiler Form auf einer Metalloberfläche gibt) mit einen zum Radikal umgebildeten AO.

Sollte das der (Re)aktionsweg sein, würde das auf die Wirkung von Additiven, denen sekundäre AO-Eigenschaften nachgesagt werden (z. B. inaktive Schwefelträger), ein ganz neues Licht werfen. Und weitergedacht, warum eigentlich nur inaktive Schwefelträger? Auch aktiven Schwefelträgern sollte dann die Möglichkeit der radikalischen Reaktion zugestanden werden.

Ganz nebenbei zeigt sich auch, dass der Brugger-Test nicht nur auf Schwefeladditive anspricht, wie oft behauptet wird.

14.5 Zusammenfassung

Das ganze Geschehen rund um die Wirkung von Sauerstoff im Tribokontakt ist sehr komplex und von vielen Randbedingungen abhängig (z. B. Matrixeffekten, Sauerstoffkonzentration an der Metalloberfläche, Wechselwirkung von verschiedenen Additiven untereinander etc.).

Hier ist sicher noch sehr viel Arbeit zu leisten, die aber unbedingt notwendig ist, wenn die Wechselwirkung von Additiven mit Metalloberflächen erschöpfend aufgeklärt werden soll.

15 Was bleibt offen?

Joachim Schulz / Walter Holweger

In der vorliegenden Monografie wurde der Versuch unternommen, neue Modelle zur Wechselwirkung von Additiven mit Metalloberflächen sowohl in der Metallbearbeitung als auch in der Umlaufschmierung zu erarbeiten. Dabei wurden auch ältere, allgemein verbreitete Theorien mit aufgeführt und kritisch hinterfragt.

Aus unserer heutigen Sicht erscheinen die neuen Modelle besser zur Erklärung der Phänomene geeignet. Das soll aber nicht heißen, dass mit dem Erscheinen dieser Monografie (auch in der vorliegenden 2. Auflage) alles gesagt und erklärt ist.

Viele Zusammenhänge mussten wegen der Komplexität der bei Umformung und Zerspanung ablaufenden Prozesse vereinfacht werden, um diese besser erklären zu können.

Die Wechselwirkung von Additiven mit aktivierten Oberflächen ist ein sehr komplexer Prozess, der durch Löslichkeit, Hin- und Wegdiffusion sowie die Potenziale an der Grenzfläche gesteuert wird. Das bedeutet, dass umgeformte oder frisch abgespante Werkstoffoberflächen ein hohes Maß an Versetzungen emittieren, die einen wesentlichen Einfluss auf die elektrischen und dielektrischen Prozesse haben.

Adsorption und Desorption im klassischen Sinn sind diffusionskontrolliert und vergleichsweise langsam im Verhältnis zur Änderung der Oberflächen. Sie spielen bei oberflächennahen Prozessen mit einer hohen zeitlichen Versetzungsdichte keine Rolle. Die Begriffe wurden nur zur Vereinfachung benutzt.

Metalloberflächen und Additive induzieren gegenseitig Veränderungen beim (Re-)Aktionspartner. Mit der ersten Wechselwirkung eines Additivmoleküls mit einer definierten Stelle auf der Metalloberfläche verändert sich augenblicklich die elektronische Umgebung an dieser Stelle, was wiederum Auswirkungen auf die nachfolgenden Wechselbeziehungen von Additiven mit der Metalloberfläche hat.

Hinzu kommen Wechselwirkungen der Additive untereinander (Micellenbildung), Komplexbildung, z. B. über Wasserstoffbrückenbindungen, und Matrixeffekte. Ganz zu schweigen von der Stereochemie der organischen Reste an den tribologisch wirksamen Atomen bzw. Atomgruppen.

Darüber hinaus sind unbedingt Aspekte aus der Werkstoffwissenschaft und der Fertigungstechnik zu berücksichtigen. Kein Werkstoff ist wie ein anderer und auch die meisten Fertigungsverfahren unterscheiden sich in vielen Aspekten voneinander. Metall vergisst nichts, d. h., ohne Berücksichtigung der gesamten Fertigungskette wird manche Erklärung schwierig (bleiben).

Überhaupt sollte bei weiteren Untersuchungen zur Tribologie von Additiven dem zeitlichen Aspekt mehr Rechnung getragen werden.

Die Erfassung von Effekten in Realzeit der Metallbearbeitung wird wohl auch in der Zukunft das Hauptproblem bei der Aufklärung von Wirkmechanismen bleiben. Die

Apparatur von Batchelor [Batch 85] ist sicher ein guter Ansatz. Hier gilt es weiter zu arbeiten.

Letztlich werden bei der Suche nach Erklärungen immer neue Fragen aufgeworfen, die nur in enger Zusammenarbeit der verschiedenen an der Tribologie beteiligten Fachdisziplinen geklärt bzw. einer Klärung nähergebracht werden können.

In den einzelnen Kapiteln sind viele Ansatzpunkte zum Nachdenken, Diskutieren und Weiterarbeiten gegeben.

16 Anhang - Kurze Darstellung der Grenzflächenanalytik

Walter Holweger

Die erwähnten Analytische Methoden sollen an dieser Stelle kurz dargestellt werden [GFE 07, NMI 07, Göp 94].

16.1 Sekundärionen-Massenspektrometrie (SIMS)

Charakterisierung der chemischen Zusammensetzung von Festkörperoberflächen, dünnen Schichten und inneren Grenzflächen (Leiter, Halbleiter, Isolatoren) durch:

- Oberflächenspektren
- Tiefenprofile
- Ortsauflösung und abbildendes SIMS

Prinzip: Anregung der Oberfläche durch Beschuss mit primären Ionen (in der Regel Edelgasionen, z. B. Ar^+, aber auch Sauerstoff); Nachweis und Sortieren der von der Oberfläche ausgelösten Sekundärionen in einem Massenspektrometer; Element- und Isotopennachweis.

Nachweisbereich: Alle Elemente und im Prinzip alle chemischen Verbindungen. Verbindungen werden beim Sputterprozess häufig fragmentiert und treten in der Regel im Massenspektrum mit charakteristischen Peakgruppen, dem „Fingerprint", der entsprechenden Verbindung auf.

Nachweisgrenze: ppm bis ppb, abhängig vom jeweiligen Element
Informationstiefe: < 1 nm.

Damit gehört SIMS zu den Verfahren mit geringster Informationstiefe, d. h. hohe Tiefenauflösung im Tiefenprofil.

Ortsauflösung: > 10 µm mit Ar-, O_2-Ionenquelle
Elementverteilungsbilder (Abbildendes SIMS)

Innere Schichten, Grenzschichten, Tiefenprofil: < 1 µm, im Prinzip aber unbegrenzt, abhängig von der Sputterzeit

Probengröße: ca. 10 mm×12 mm, < 5 mm dick

16.2 Sekundärneutralteilchen - Massenspektrometrie (SNMS)

Quantitative Charakterisierung der chemischen Zusammensetzung von Festkörperoberflächen, dünnen Schichten und inneren Grenzflächen (Leiter, Halbleiter, Isolatoren) durch:

- Massenspektren
- Tiefenprofile
- Quantitative Analyse

Prinzip: Anregung der Oberfläche durch Beschuss mit primären Ionen wie bei SIMS; als Primärteilchen werden die Ionen eines Ar+-Hochfrequenz-Niederdruckplasmas benutzt; Ionisierung der gesputterten Neutralteilchen durch Elektronenstoß im Plasma; Nachweis der ausgelösten und ionisierten Neutralteilchen im Massenspektrometer.

Nachweisbereich: alle Elemente und im Prinzip alle chemischen Verbindungen; Genauigkeit der quantitativen Analyse: einige Prozent, abhängig von der Konzentration.

Nachweisgrenze:	einige ppm, abhängig vom jeweiligen Element
Informationstiefe:	< 1 nm, siehe SIMS
Innere Schichten:	< 10 µm, im Prinzip aber unbegrenzt in Abhängigkeit
Grenzflächen, Tiefenprofile:	von der Sputterzeit
Probengröße:	< 5 mm dick, Diagonale oder Durchmesser < 20 bzw. < 11 mm

16.3 Photoelektronenspektroskopie XPS (ESCA)

Das Verfahren liefert eine umfassende chemische Information von Oberflächen aller Art. Qualitative wie auch quantitative Elementanalysen sind auch ohne Verwendung von Standards durchführbar. Insbesondere ist die Bestimmung des Bindungszustandes (Oxidationszahl usw.) möglich. Die Untersuchungen sind zerstörungsfrei.

Prinzip: Anregung der Oberfläche durch Röntgenstrahlung definierter Energie (z. B. $Al_{k\alpha}$ oder $Mg_{k\alpha}$); Bestimmung der Bindungsenergie der ausgelösten Elektronen; diese ist charakteristisch für ein bestimmtes Element; die Lage der Photolinien über der Energieskala gibt Auskunft über die chemische Bindung.

Nachweisbereich: Alle Elemente (außer H, He) sowie z.T. chemische Verbindungen. Bestimmung von Oxidationsstufen von Metallen und Bindungszuständen von C, O, N, S usw. aus chemischen Verbindungen.

Nachweisgrenze:	10^{-3} einer Atomlage
Informationstiefe:	0,5 nm bis 6 nm
Ortsauflösung:	> 500 µm
Quantifizierbarkeit:	ca. ± 20 % ohne Standards / ca. ± 5 % mit Standards

Innere Schichten, Grenzschichten, Tiefenprofil:	Drehwinkelprofil < 100 nm bei glatten Oberflächen, Sputterprofil im Prinzip unbegrenzt, abhängig von der Sputterzeit
Probengröße:	Durchmesser 8–20 mm, < 5 mm dick

16.4 ESMA

Elektronenstrahl-Mikroskopie (Electron Scanning Microscope Analysis):

Anregung der Oberfläche durch Elektronen. Zur Analyse wird die emittierte Röntgenstrahlung erfasst (umgekehrtes Prinzip wie bei XPS).

Die Methode kann Elemente mit einer lateralen Auflösung von > 1 μm^2 detektieren. Die Elementdetektion setzt eine Kalibrierung der Proben voraus.

16.5 Rasterelektronenmikroskop REM mit energiedispersiver Röntgenmikroanalyse (EDX)

Oberflächen-Bild und quantitative Analyse der chemischen Zusammensetzung von Festkörperoberflächen (Leiter, Halbleiter, Isolatoren, biologisches Material und Flüssigkeiten sind im Prinzip über Gefriertrocknung zugänglich):

- Sekundärelektronenbilder
- Rückstreuelektronenbilder
- Probenstrombilder

Ortsauflösung:	7 nm (im Sekundärelektronenbild)
maximale Vergrößerung:	200 000 bei 15 mm Arbeitsabstand

16.6 REM - SE und REM - BSE

Die Anregung der Oberfläche mit Elektronen führt zur Emission von Sekundärelektronen (SE) oder rückgestreuten Elektronen (Back scattering – BSE). Die Elektronenrückstreuung (REM-BSE) ermöglicht die bildgebende Darstellung von schwereren Elementen und kann zusätzlich zur Identifizierung von Phasen in Werkstoffen herangezogen werden.

16.7 Mikrohärtemeßeinrichtung

IC-Testtisch mit EBIC-Einrichtung
(EIBIC: Electron Beam Induced Current (Probenstrombild))

Nachweisbereich:	Alle Elemente ab Ordnungszahl 9

Genauigkeit der quantitativen Analyse: einige Prozent, abhängig von der Konzentration

Nachweisgrenze: einige Promille, abhängig vom jeweiligen Element
Informationstiefe: ca. 1 µm

16.8 Transmissionselektronenmikroskop TEM mit Elektronenergieverlustspektrometer EELS

Bild der inneren Objektstruktur: Morphologie, chemische Zusammensetzung, Kristallinität, Versetzungen

Ortsauflösung ca. 0,5 nm
Vergrößerung bis 1 millionfach

Elektronenbeugung in Feinbereichen bis herunter zu 0,5 µm
Elektronenverlustspektroskopie zur chemischen Analyse im Mikrobereich bis herunter zu 10 nm

Qualitative und semiquantitative Elementanalyse

Analyse von Bindungszuständen über Chemical Shift, Plasmonenspektren und kantennahe ELNES-Strukturen (ELNES Strukturen sind Linienformen der TEM-EELS Spektren an Kanten, die aus chemischen Bindungen des Elements herrühren)

Empfindlichkeit: bis 0,1 Promille (bei leichten Elementen). Grenzflächen über Querschnittspräparation zugänglich.

16.9 STEM [Scanning Transmission Electron-Microscope]

STEM ist ein Elektronenmikroskop, bei dem ein Elektronenstrahl auf eine dünne Probe fokussiert wird, der zeilenweise ein bestimmtes Bildfeld abrastert. Als Bildsignal werden die durchtretenden Elektronen benutzt, deren Strom synchron zur Position des Elektronenstrahls gemessen wird. Die Beschleunigungsspannungen liegen bei 100–300 keV.
Der Elektronenstrahl wird beim STEM durch ein System elektronenoptischer Linsen auf die Probe fokussiert. Dabei wird die letzte Linse als Objektiv bezeichnet. Im STEM (TEM) ist das Objektivfeld im Strahlengang hauptsächlich vor der Probe konzentriert.

Die Ablenkung des Strahls für den Rastervorgang wird durch zwei Paare gekreuzter (magnetischer Dipole) bewirkt, sodass der Strahl über die Probe gelenkt werden kann ohne den Einfallswinkel zu ändern. Die detektierten Elektronen kann man nach dem Winkelbereich klassifizieren, in den sie von der Probe gestreut werden.

Die Signalintensität der gestreuten Elektronen in Abhängigkeit vom Winkel hängt annähernd quadratisch von der Ordnungszahl des Elements (und damit vom Element) ab. Die Ablenkungswinkel steigen mit zunehmender Ordnungszahl.

STEM-BF-Detektion (Bright Field)
Die BF-Detektoren liegen auf der optischen Achse des Mikroskops und erfassen die Elektronen, die nur in einem kleinen Winkel gestreut werden.

STEM-DF-Detektion (Dark Field)-STEM-HAADF
Die DF-Detektoren sind konzentrisch um die optische Achse des Mikroskops angeordnet. Man bezeichnet diese Methode als HAADF (High Angle Annular Dark Field)-Detektion.

Die HAADF-STEM-Methode detektiert daher die stark streuenden Elemente und dient zur Gitterbestimmung der Übergangsmetalle in Phasen, wie z. B. Eisen, Chrom u.a.

16.10 Zielpräparation mit dem fokussierten Ionenstrahl

Focused Ion Beam (FIB)
Bei der Zielpräparation durch Ionenstrahlen wird die Probenoberfläche durch Schwermetallionen-Beschuss abgetragen.

Zum Schutz der Oberfläche gegen den Beschuss wird zunächst durch ein Gaseinleitungssystem (Gas Inlet System – GIS) ein Streifen aus Platin oder Wolframcarbid abgeschieden.

Durch zeilenförmigen Abtrag kann die Probe, ausgehend von einer Oberfläche im Bereich von 1/10 µm abgetragen werden. Die Probenpräparation kann unmittelbar im Rasterelektronenmikroskop verfolgt werden.

Die freigelegte Fläche kann durch Ionenpolieren geglättet und im Rasterelektronenmikroskop bildgebend dargestellt werden.

16.11 FIB-TEM

Die FIB-Zielpräparation ermöglicht es an einer beliebigen Stelle des Werkstoffs Lamellen für die Transmissionselelektronenmikroskopie zu präparieren (FIB-TEM).

Durch hochauflösende Verfahren lassen sich aus solchen Präparaten Informationen sowohl über die Werkstoffstruktur (Elektronenbeugung) als auch die chemische Zusammensetzung (TEM-EDX und TEM-SIMS) gewinnen.

Bild 16-1: FIB-TEM-Lamellenpräparation. Die Lamelle wird durch Vorder- und Hinterschneiden sowie an den Seiten präpariert und an eine Spitze gebondet. Durch Ionenätzen kann die Lamelle elektronendurchstrahlbar gemacht und im Transmissionselektronenmikroskop analysiert werden (FIB-TEM).

1 Markierung und Schutz des Zielbereichs durch Abscheidung eines Wolfram-Streifens

2–5 Freilegen der Lamelle mittels des fokussierten Gallium-Ionen-Strahls

6 Lamelle auf einem TEM-Netzchen

17 Literatur

[Ahr 00] Ahrström, B-O.: „Investigation of frictional properties of lubricants at transient EHD conditions", „Bench Testing of Industrial Fluid Lubrication and Wear Properties Used in Machinery Applications, ASTM STP 1404, ISBN 0-8031-5867-3, 2000

[Ak 97] Akbari, G.H., Sellars, C.M., Whiteman, J.A.: Acta Mater, 45, 5047, 1997

[Aman 72] Amann, E.: Die elementaren Grundlagen der allgemeinen Technologie. Aluminium-Verlag GmbH, Düsseldorf, 1972

[Bar 60] Barcroft, F.T.: A technique for investigating reactions between EP-Additives and metal surfaces at high temperatures, Wear 3 (1960) S. 440–453

[Bart 94] Bartz, W.: Additive – Einführung in die Problematik. Additive für Schmierstoffe. Expert Verlag, Renningen-Malmsheim, 1994

[Bart 98a] Barthlott, W.; Neinhuis, C.: Lotus-Effekt und Autolack: Die Selbstreinigung mikrostrukturierter Oberflächen. Biologie in unserer Zeit 28 (1998), S. 314–321

[Bart 98b] Bartz, W.: Lubricants and the environment. Tribology International 31 (1998), S. 35–47

[Batch 85] Batchelor, A.W.; Cameron, A.; Okabe, H.: An Apparatus to investigate sulphur reactions on nascent steel surfaces. ASLE Transactions 28, 4 (1985), S. 467–474

[Bay 89] Bay, B., Hansen, N., Kuhlmann-Wilsdorf, D.: Mater. Sci. Eng., A 113, 385, 1989

[Beer 80] Beerbauer, A.: Estimating the Solubility of Gases in Petroleum and Synthetic Lubricants. ASLE Transactions 23 (1980), S. 335–342

[Berg 08] Bergseth, E., Torbacke, M., Olofsson, U.: Wear in environmentally adapted lublicants with AW technology; 16th International Colloquium Tribology – Lubricants, Materials and Lubrication Engineering, January 15 – 17, 2008 in Stuttgart/Ostfildern

[BGI 722] BGI 722 Dioxine

[Bhar 07] Bhargava, G., Gouzman, I., Chun, C.M., Ramanarayanan, T.A., Bernasek, S.L.: Characterisation of the "native" surface thin film on pure polycrystalline iron: a high resolution XPS and TEM study, Applied Surface Science 253 (2007), 4322–4329

[Bjer 73] Bjerk, R.O.: Oxygen – An „Extreme-Pressure Agent ", ASLE Transactions 16 (1973), S. 97–106

[Bobz 00] Bobzin, K.: Benetzungs- und Korrosionsverhalten von PVD-beschichteten Werkstoffen für den Einsatz in umweltverträglichen Tribosystemen. Dissertation, RWTH Aachen, 2000

[Born 90] Born, M., Hipeaux, J.C., Marchand, P., Parc, G.: Zusammenhang zwischen chemischer Struktur und Wirksamkeit einiger Metall-Dialkyl- und Diaryldithiophosphate unter verschiedenen Schmierungsmechanismen; Arbeitskreis Schrifttumauswertung Schmierungstechnik, Bericht Nr. 09-90, 01. Mai 1990.

[Bow 51] Bowden, F.P.; Young, J.E.: Friction of Clean Metals and the Influence of Adsorbed Films; Proc. R. Soc. Lond. A. 1951 208 1094 311–325

[Bow 54] Bowden, F.P.; Tabor, D.: The Friction and Lubrication of Solids; Clarendon Press, Oxford 1954

[Bow 59] Bowden, F.P.; Tabor, D.: Reibung und Schmierung fester Körper. Springer-Verlag, Berlin Göttingen Heidelberg, 1959

[Bow 60] Bowden, F.P.; Tabor, D.: Friction and Lubrication, Methuen's Monographs on Physical Subjects, 1960

[Bron 05] Bronstein, I.N.; Semendjajew, K.A.; Musiol, G.; Mühlig, H.: Taschenbuch der Mathematik, Wissenschaftlicher Verlag Harri Deutsch, Frankfurt, 2005

[Bu 00] Buchheister, C.: Dissertation, TU Clausthal, Shaker Verlag, Aachen,

[Buck 68] Buckley, D.H., Johnson, R.L.: Der Einfluß der Kristallstruktur auf Reibung und Adhäsion, Wear, 11, 405–419, 1968

[Cab 49] Cabrera N.: Über die Oxydation von Metallen bei niedrigen Temperaturen und der Einfluss von Licht, Phil.Mag. 40, 145, 1949

[Cass 65] Cassin, C., Boothroyd, G.: Lubricating action of cutting fluids, Journal of Mechanical Engineering Science Vol. 7 (1) 1965, 67–81

[Chri 94] Christakudis, D.: Friction Modifier und ihre Prüfung. Additive für Schmierstoffe. Expert Verlag, Renningen-Malmsheim, 1994, S. 134–162

[Ciza 04] Cizaire, L., Martin, J.M., Le Mogne, Th., Gresser, E.: chemical analysis of overbased calcium sulfonate detergents, Coll. Surf. 238, 151–158 (2004)

[Cof 56] Coffin, L.J.F.: Eine Studie zum Gleiten der Metalle bei unterschiedlicher Atmosphäre, J. Lubr. Eng., 12, 20–50, 1956

[Cost 06] Costello, M.T., Kasrai, M.: study of surface films of overbased sulfonates and sulfurized olefins by X-ray absorption near edge structure (XANES) spectroscopy. Trib. lett. 24, 163–169 (2006)

[Cost 07] Costello, M.T., Urrego, R.A., Kasrai, M.: study of surface films of crystalline and amorphous overbased sulfonates and sulfurised olefins by X-ray absorption near edge (XANES) spectroscopy, Trib. Lett. 26, 173–180 (2007)

[Coy 80] Coy, C.R., Jones, R.B.: The thermal degradation and EP performance of Zink Dialkyldithiophosphate Additives in white Oil; Asle Transactions Vol 24 (1), 1980, 77–90

[Da 63] Dankov, P.D., Ignatov, D.V., Sisokov, M.: Elektronenbeugungsuntersuchungen an Oxid-und Hydroxidschichten die sich auf Metallen befinden., Moskau, Verlag Akademie der Wissenschaften der UdSSR, 200, 1963

[Dav 45] Davey, W.: The extreme pressure lubricating properties of some chlorinated compounds as assessed in the four-ball machine, J.Inst.Petrol., 31 (1945) 73

[Deni 45] Denison G. H., Condit, P. C.: Oxidation of lubricating oils, Industrial & Engineering Chemistry, Vol.37, No.11, 1945, 1102-08

[DGMK 04] DGMK Forschungsbericht 569, 2004

[DGMK 86] DGMK-Projekt 337, Untersuchung der simultanen Chemisorption unterschiedlich polarer EP-Additive an Eisen, Hamburg 1986

[Dilt 06] Dilthey, U.; Schleser, M.: Skript zur Vorlesung "Grundlagen und Verfahren der Klebtechnik"., Institut für Schweißtechnik und Fügetechnik ISF, RWTH Aachen, 2006

[DIN 03e] DIN CEN/TS 1071-2: Hochleistungskeramik – Verfahren zur Prüfung keramischer Schichten. Teil 2: Bestimmung der Schichtdicke mit dem Kalottenschleifverfahren. Normenausschuss Materialprüfung (NMP), Februar 2003

[DIN 03f] DIN CEN/TS 1071-7: Hochleistungskeramik – Verfahren zur Prüfung keramischer Schichten. Teil 7: Bestimmung der Härte und des Elastizitätsmoduls durch instrumentierte Eindringprüfung. Normenausschuss Materialprüfung (NMP), November 2003

[DIN 94] DIN V ENV 1071-3: Hochleistungskeramik; Verfahren zur Prüfung keramischer Schichten. Teil 3: Bestimmung der Haftung mit dem Ritztest. Normenausschuss Materialprüfung (NMP), Juni1994

[Dow 66] Dowson, D., Higginson, G.F.: Elastohydrodyamic Lubrication, Band 1, Pergamon Press, London, 1966

[Dow 68] Dowson, D.: "Elastohydrodynamics", Proc. Unst. Mech. Eng. 182, 151–167, 1968

[Evans 37] Evans, U.R.: „Corrosion, Pasivity and Protection“ London 1937

[Ever 04] Eversberg, K.: Schwerlasttaugliche Werkzeugbeschichtungen und deren Bedeutung für die Kaltumformung schwer umformbarer Edelstähle. Tribologie und Schmierung bei der Massivumformung. Expert Verlag, Renningen-Malmsheim, 2004

[Feng 08] Feng, X., Jianqiang, H., Fazheng, Z., Feng, J., Jungbing, Y.: Anti-wear performance of organomolybdenum compounds as lubricant additives; 16th International Colloquium Tribology – Lubricants, Materials and Lubrication Engineering, January 15 – 17, 2008 in Stuttgart/Ostfildern

[Fes] Festigkeitslehre: www.uni-kassel.de (www.uni-kassel.de/fb15/ifw/qualitaet/qveroeff/vorlesun g-werkstoff/C4_Festigkeit.pdf)

[Fink 30] Fink, M.: Oxydationsverschleiss – eine neue Komponente des Verschleißes, Trans. Amer. Soc. for Steel Treating, Vol. 18, 29–38, 1930

[Fö 36] Föppl, L.: Der Spannungszustand und die Anstrenung des Werkstoffs bei der Berührung zweier Körper, Forsch. Ing. Wes. 7, 210–215, 1936

[Forb 70] Forbes, E.S.: The Load Carrying Action of Organic Sulfur Compounds, a Review. Wear 15 (1970), S. 87–96

[Forb 70/I] Forbes, E.S., Silver, H.B.: The effekt of chemical structure on the load-carrying properties of organo phosphorus compounds; J. of the Inst. of Petrol. Vol. 56 (548) 1970, 90–98

[Forb 71] Forbes, E.S., Neustadter, E.L., Silver, H.B., Upsdell, N.T.: The effekt of chemical structure on the load-carrying properties of amine phosphates, Wear 18 (1971), S. 296–278

[Forb 73] Forbes, E.S., Reid, A.J.D.: Liquid phase adsorption / reaction studies of organo-sulfur compounds and their load carrying mechanism, ASLE Trans. (16) 1, S. 50–60, 1973

[Frei 95] Freitag, R.: Praxiserfahrungen mit Chlor- und zinkfreien Produkten in der Umformung, Praxisforum 1995, Kühlschmierstoffe: weniger, multifunktioneller und preiswerter?

[Fri 79] Fritsch, G.: Transport, Akademische Verlagsanstalt Wiesbaden, ISBN 3-400-00332-8, 1979

[Fur 08] Furlong, O., Gao, F., Kotvis, P., Tysoe, W.T.: Understanding the tribological chemistry of chlorine-, sulphur- and phosphorus-containing additives, Tribol. Intern. 40 (2008) 699–708

[FVA 00] FVA Forschungsvorhaben 289, Abschlussbericht, Heft 595, 2000

[FVA 03] FVA Forschungsvorhaben Nr. 289, 2003

[FVA 81] FVA Forschungsvorhaben Nr. 35, 1981

[Gestis] www.hvbg.de/d/bia/gestis/stoffdb/index.html

[GFE 07] RWTH Aachen, Gemeinschaftslabor für Elektronenmikroskopie (GFE) 2007

[God 62] Godfrey, D.: Chemical changes in Steel Surfaces during extreme pressure lubrication, Alse Transactions 5, 57–66 (1962)

[Göp 94] Göpel, W., Ziegler: Struktur der Materie, Teubner, Stuttgart, 1994

[Gott 28] Gottwein, K.: Kühlen und Schmieren bei der Metallbearbeitung, 1928 VDI-Verlag GmbH – Berlin NW 7, S. 38

[Gu 91] Gundrum, J.: Dissertation, TU Clausthal, 1991

[Guo 06] Guo, Y.B., Schwach, D.W.: A fundamental study on the impact of surface integrity by hard turning on rolling contact fatigue, International Journal of Fatigue, 28, 1138–1844, 2006

[Haa 03] Haaks, M.: Dissertation, Positronenspektroskopie an Ermüdungsrissen und Spanwurzeln, 2003

[Haase 00] Haase, B., Stiles, M., Dong, J., Bauckhage, K.: Oberflächenoxidation und ihre Auswirkung auf das Gasnitieren; Härterei Technik Magazin HTM 55 (2000) 5, 294–303

[Han 82] Hantsche, H.; Habig, K.-H.: Oberflächenspezifische Analyseverfahren (AES/SAM, ESCA/XPS, SIMS) und ihr Einsatz zur Untersuchung von Verschleiß-Schutzschichten. Materialwissenschaft und Werkstofftechnik, Vol. 13, 1982, p. 361–369

[Han 03] Han, N., Shui, L., Liu, W., Xue, Q., Sun, Y.: study of the lubrication mechanism of overbased Ca sulfonate on additives containing S or P. Trib. Lett. 14, 269–274 (2003)

[Hayd 87] Hayd, A., Maurer, M., Satzger, W.: Physikalische Grundlagen von metallischer Reibung, VDI Berichte Nr. 600 (Metallische und Nichtmetallische Werkstoffe und ihre Verarbeitungsverfahren im Vergleich), Band 3, 1987

[Heil 65] Heilweil, I.J.: Association Studies of Metal O,O'-Dialkylphosphoro-dithioates; Preprints, Division of Petroleum Chemistry, Inc., ACS, Vol. 10 (1965) No. 4-D, 19–31

[Hein 69] Heinemann, R.W., Schultze, G.R.: Untersuchungen über tribomechanisch angeregte Festkörperreaktionen (Reibkorrosion), Schmierungstechnik und Tribologie 16 (1969) 1, S. 31–34

[Henk 03] Henkel, G., Henkel, B.: Hinweise zum Passivschichtphänomen bei austenitischen Edelstahllegierungen, Aufsatz Nr. 45 / Rev. 03, Technical Bulletin provided by Henkel Beiz- und Elektropoliertechnik GmbH & Co. KG

[Her 1881] Hertz, H.: Über die Berührung fester elastischer Körper, Journal für die Reine und angewandte Mathematik, Berlin, Bd. 92, S. 156–171, 1881

[Hill 15] Hill, S.: Masterarbeit am IWT-Bremen: „Einfluss der Additivierung von Kühlschmierstoffen auf die Verschleißfestigkeit und die Spanbildung", 23.06.2015

[Hoh 16] Hohenäcker, D.: Masterarbeit IWT-Bremen: "Wechselwirkungen von Schwefelträgern mit Metalloberflächen unter der Berücksichtigung von Matrixeffekten", 27.07.2016

[Hol 01] Holweger, W.: Attempts on elementary mechanisms in machinery element damage, Industrial Lubrication and Tribology, 2, 78–83, 2001

[Hol 02] Persönliche Mitteilungen zu Forschungsvorhaben nanokristalliner Randschichten: a) Influence of mechanical surface treatments – deep rolling and laser shock peening; Universität Kassel, 2002 b) Nanostructured surface layer on metallic materials induced by surface mechanical attrition treatment [University of Technology of Troyes, France] 2004 c) Nano-grained steels produced by various severe plastic deformation processes [Toyohashi University of Technology, Japan], 2004 d) Nanoskalige Randschichten in reibungs- und verschleißarmen NFZ-Motoren; IAVF & Deutz, 2003

[Hol 06a] Internationale Tagung Tribology, TAE 2006

[Hol 06b] Holweger, W.: Simplified Modelling of Lubricants, Internationale Tagung, Technische Akademie Esslingen 2006

[Hut 02] Hutchings, G.J., Carley, A.F., Davies, P.R., Spencer, M.S.: Surface Chemistry and Catalysis, Kluwer Academic, New York, 2002

[Ito 07] Ito, K., Martin J.M., Minfray, C., Kato, K.: Formation mechanism of a low friction ZDDP tribofilm on iron oxide; Tribology Transactions 2007, 50 (2), 211–216

[Jesc 06] Jeschke, G.: Skript zur Vorlesung Physikalische Chemie: Aufbau und Dynamik der Materie II. Universität Konstanz, Lehrstuhl PC, 2006

[Jian 08] Jianqiang, H., Liming, H., Junbing, Y.: Evalutio on synergistig antiwear properties of organic antimony compounds; 16th International Colloquium Tribology – Lubricants, Materials and Lubrication Engineering, January 15 – 17, 2008 in Stuttgart/Ostfildern

[Jone 80] Jones, R.B., Coy, C.R.: The chemistry of the thermal degradation of Zink Dialkyldithiophosphate Additives; Asle Transactions Vol 24 (1), 1980, 91–97

[Kae 90] Kaesche, H.: Die Korrosion der Metalle, 3. Auflage, Springer, Berlin, Heidelberg, New York, London, Paris, Tokyo, Hong Kong Barcelona 1990

[Kal 08] Kalantar, A., Wiklund, P., Harrysson, B.: Organic Sulfur Compounds in Lubrication Oils – Their Origin and Fate during the Processing, 16th International Colloquium Tribology – Lubricants, Materials and Lubrication Engineering, January 15 – 17, 2008 in Stuttgart/Ostfildern

[Klocke 06] Klocke, F.; König, W.: Fertigungsverfahren Umformen, 5. Auflage, Springer, Berlin, Heidelberg, New York, 2006

[Klocke 08] Klocke, F.; König, W.: Fertigungsverfahren 1 – Drehen, Fräsen, Bohren. 8. Auflage, Springer Verlag, Berlin, 2008, ISBN 978-3-540-23458-6

[Ko 01] Kolb, D.M.: „Review Electrochemical Surface Sciences", Angewandte Chemie, Int. Ed. Engl. 40, 1162–1181, 2001

[Koh 65] Kohn, E.M.: A theory on the role of lubricants in metal cutting at low speeds and in boundary lubrication, Wear, 8 (1965) 43

[Kra 73] Kragelski, I.V., Ljubarskij, I.M., Gusljakov, A.A., Trojanocskaja, G.I., Udovenko, V.F.: Reibung und Verschleiss im Vakuum, Moskau, 1973

[Kra 77] Kragelski, I.V., Dobycin, M.N., Kombalov, V.S.: Grundlagen der Berechnung von Reibung und Verschleiss (aus dem Russischen übersetzt), Hanser-Verlag, Moskau, München, ISBN 3-446-13619-3, 1977

[Krim 96] Krim, J.: Reibung auf atomarer Ebene, Spektrum der Wissenschaft, Dezember 1996

[Kuw 07] Kuwer, Ch.: Verschleißreduktion beim Tiefziehen von X5CrNi18-10, Dissertation WZL der RWTH Aachen 2007, Shaker Verlag Band 22/2007

[La 00] Land Baden-Württemberg: Forschungsvorhaben: Neue Wege zur wirtschaftlicheren Entwicklung von Schmierstoffen, 2000.

[Lan 86] Landau, H.: Chlorparaffine als Extrem-Pressure-Additive in Metallbearbeitungsflüssigkeit – Aufbau, Wirkungsweise und Anwendung, 5. Internationales Kolloquium 14.-16. Jan 1986 Additive für Schmierstoffe und Arbeitsflüssigkeiten

[Läp 06] Läpple, V.: Wärmebehandlung des Stahls, Europa Lehrmittel, ISBN 3-8085-1309-8, 2006

[Lara 00] Lara, J., Surerus, K. K., Kotvis, P., Contreras, M.E., Rico, J.L., Tysoe, W.T.: The surface and tribological chemistry of carbon disulfide as an extreme-pressure additive, Wear 239 (2000) 77–82

[Lara 96] Lara, J., Molero, H., Ramirez-Cuesta, A., Tysoe, W.T.: Structure and growth kinetics of film formed by the thermal decomposition of CCl4 on iron Surfaces, Langmuir 1996, 12, 2488–2494

[Lara 98] Lara, J., Blunt, T., Kotvis, P., Riga, A., Tysoe, W.T.: Surface chemistry and extreme pressure lubricant properties of Dimethyl Disulfide, J.Phys.Chem. B 1998, 102, 1703–1709

[Liu 95] Liu, Q., Hansen, N.: Scr. Metall Mater., 32, 1289, 1995

[Lugs 03] Lugscheider, E.; Bobzin, K.: Wettability of PVD compound materials by lubricants. Surface and Coatings Technology 165 (2003), S. 51–57

[Maie 93] Maier, H.R.: Leitfaden Technische Keramik; Werkstoffkunde II, Keramik. IKKM, RWTH Aachen (Eigendruck), 1993

[Mang 83] Mang, T.: Die Schmierung in der Metallbearbeitung. Vogel, Würzburg, 1983

[Mark 84] Markovic, I, Ottewill, R.H., Cebula, D.J., Field, I., Marsh, J.F.: small angle neutron scattering studies on non-aqueous dispersions of calcium carbonate. Part I the guinier approach, Coll. Polym. Sci. 262, 648–656 (1984)

[Mart 89] Martin, J.M., Mansot, J.L., Hallouis, M.: energy filtered electron microscopy (EFEM) of overbased reverse micelles, Ultramicroscopy 30, 321–327 (1989)

[Mass 07] Maßmann, T.Ch.: Wirkmechanismen additivierter Schmierstoffe in der Kaltumformung, Dissertation WZL der RWTH Aachen 2007, Shaker Verlag Band 18/2007

[May 05] Mayer, J., Reichelt, M.: Tribologie und Schmierungstechnik, 2005

[McCar 78] McCarrol, J.J., Mould, R.W., Silver, H.B., Syrett, R.J.: the reaction at steel surfaces of chlorine- and sulphur-containing lubricants, Tribologiy 1978, I Mech E Conference publications 1978-6, (University College of Swansea, 3-4 April 1978)

[Möll 87] Möller, U.J., Boor, U.: Schmierstoffe im Betrieb, VDI-Verlag GmbH, Düsseldorf 1987

[Mori 06] Morina, A., Neville, A., Priest, M., Green, J.H.: ZDDP and MoDTC interactions and their effect on tribological performance – tribofilm characteristics and its evolution; Tribology letters Vol. 24 (3), 2006, 243–256

[Mort 96] Mortimer, C.E.: Chemie: Das Basiswissen der Chemie, Thieme Verlag, Stuttgart, New York, 1996

[Mould 72/I] Mould, R.W., Silver, H.B., Syrett, R.J.: Investigations of the activity of cutting oil additives, I. Organosulphur containing compounds, Wear 19 (1972), 67–80

[Mould 72/II] Mould, R.W., Silver, H.B., Syrett, R.J.: Investigations of the activity of cutting oil additives, II. Organochlorine containing compounds, Wear 22 (1972), 269–286

[Mould 73] Mould, R.W., Silver, H.B., Syrett, R.J.: Investigations of the activity of cutting oil additives, Wear 26 (1973), 27–37

[Mura 99] Murakami, T., Sakamoto, H.: effect of dissolved oxygen on lubricating performance of oils containing organic sulfides, Tribology International 32 (1999), 359–366

[Nab 47] Nabarro, F.R.N.: "Dislocations in a simple cubic lattice", Proc. Phys. Soc. London, 59, 256, 1947

[Nana 08] Nanao, H., Fujiwara, S., Kubo, T., Minami, I., Mori, S.: analyses of tribofilm derived from overbased steel and DLC surfaces by TOF-SIMS, 16th International Colloquium Tribology – Lubricants, Materials and Lubrication Engineering, January 15 – 17, 2008 in Stuttgart/Ostfildern

[Nev 07] Neville, A., Morina, A.: Understanding the composition and low friction tribofilm formation/ removal in boundary lubrication, Tribology International 40, 1696–1704, 2007

[NMI 07] NMI Reutlingen, Abteilung für Grenzflächen und Mikrostrukturanalytik 2007

[Onod 08] Onodera et al.: A theoretical investigation on the dynamic behavior of molybdenum dithiocarbamate molecule in thr engine oil phase; Tribology Online 3, 2 (2008), 80–85

[Owen 69] Owens, D.; Wendt, R.: Estimation of the surface free energy of polymers. In: Journal of applied polymer science 13 (1969), S. 1741–1747

[Pear 63] Pearson, R.G.: The HSAB Principle – more quantitative aspects. In: Inorganica Chimica Acta. Vol. 240, No. 1/2, 1995, ISSN 0020-1693, S. 93–98

[Pei 40] Peierls, R.: "The size of a dislocation", Proc. Phys. Soc. London, 52, 34, 1940

[Petr 00] Petrushina, I.M., Christensen, E., Bergqvist, R.S., Möller, P.B., Bjerrum, N.J., Höj, J., Kann, G., Chorkendorff, I.: On the chemical nature of boundary lubtication of stainless stell by chlorine- and sulphur- containing EP-additives, Wear 246 (2000), 98–105

[Prei 05] Presinger, M.: Manipulation der elektronischen Oberflächeneigenschaften monodispersiver Eisenoxid-Nanopartikel, Dissertation Universität Augsburg 2005

[Press 21] Pressell, G.W.: Base for metal-cutting compounds and process of preparing the same. U.S. Patent 1,367,428, German Patent 129132 (1921), Houghton & Co.

[Ra 07] Ramesh, A., Melkote, S.N.: Modeling of white layer formation under thermally dominant conditions in orthogonal machining of hardenend AISI 52100 steel, International Journal of Machine Tools and Manufacture, 48, 402–414, 2007

[Raed 02] Raedt, J.W.: Grundlagen für das schmiermittelreduzierte Tribosytstem bei der Kaltumformung des Einsatzstahles 16MnCr5. Dissertation, RWTH Aachen, 2002

[Rama 92] Ramakumar, S.S.V., Madhusudhana Rao, A., Srivastava, S.P.: studies on additive–additive interactions: formulation of crankcase oils towards rationalization. Wear 156, 101–120 (1992)

[Rato 00] Ratoi, M.; Anghel, V.; Bovington, C.; Spikes, H.: Mechanisms of oiliness additives. Tribology International 33 (2000), S. 241–247

[Reh 64] Lichtman, W.I., Rehbinder, P. A., Karpenko, G.W.: Der Einfluss grenzflächenaktiver Stoffe auf die Deformation von Metallen, Akademie-Verlag, Berlin 1964

[Remy 73] Remy, H.: Lehrbuch der anorganischen Chemie Band 1/2, Akademische Verlagsgesellschaft Geest & Portig, Leipzig 1973

[Rei 05] Reichelt M., Weirich Th., Mayer J., Klass H. et al. Elektronenmikroskopische und Rastersonden-Untersuchungen des Verschleißschutzes durch Reaktionsschichten in langsam laufenden Wälzlagern, Trib. und Schmierungstechnik 02/05, S. 18–23, 2005

[Rib 73] Ribakova, L.M., Kukesnova, L.I., Bosov, S.V.: Eine röntgenographische Methode zur Untersuchung der Strukturänderungen in dünnen Oberflächen Schichten von Metallen bei der Reibung. Zeitschrift „Zavodskaja laboratorija" 293, 1973

[Ro 06] Rohde, J.: Dissertation, TU Clausthal, ISBN 978-3-8322-6234-1, 2006

[Round 89] Rounds, F.G.: effects of detergents on ZDP antiwear performances as measured in the four ball wear test. Lubr. Eng. 45, 761–769 (1989)

[Rud 17] Rossrucker, T., Horstmann, S., Fessenbecker, A.: Sulfur Carriers in Lubricant Additives Chemistry and Applications (edited by Leslie R. Rudnick) 2017, S. 197–218; CRC Press, Taylor & Francis Group

[Rump 89] Rumpf, T., Schindlbauer, H.: Einige Anmerkungen zu Wirkungsweisen von Additiven in esterhaltigen Schmierölen; Arbeitskreis Schrifttumauswertung Schmierungstechnik, Bericht Nr. 20-89, 15. Oktober 1989.

[Sak 73] Sakurai, T.A., Nakayama, K.: Ein Beitrag zum Mechanismus des chemischen Verschleisses bei Haftschichtenreibung. Bull. Jap.Petroleum.Inst. 15, 107–114, 1973

[Sant 99] Santner, E., Polaczyk, Ch.: Festkörperreibung und Rauheit, Tribologie + Schmierungstechnik, 46. Jahrgang, 3/1999

[Schm 36] Schmaltz, G.: Technische Oberflächenkunde. Springer Verlag, Berlin, 1936

[Schol 02] Altenberger, I., Scholtes, B.: Nanoskalige Randschichten, Workshop „Prozessintegrierte Erzeugung funktionaler Oberflächen", Universität Hannover, 26.-27.11.2002

[Schrei 07] Schreiber, J. et.al.: Konzept für eine zerstörungsfreie Bewertung der Materialschädigung und Restlebensdauer von kritischen Stahl-Komponenten, Deutsche Gesellschaft für Materialkunde (DGM), 95–102, 2007

[Schul 15] Schultalbers, M.: Wechselwirkungen von Verschleißschutzadditiven mit Metalloberflächen unter der Berücksichtigung von Matrixeffekten; Masterarbeit am IWT Bremen, 08.05.2015

[Schu 04a] Schulz, J.: Alternativen zu chlorhaltigen Produkten. 45. Tribologie- Fachtagung: Reibung, Schmierung und Verschleiß. Gesellschaft für Tribologie e. V., GfT, Göttingen, 2004

[Schu 06] Schulz, J., Klocke, F., Maßmann, Th., Roßrucker, Th.: Vergleichende tribologische Untersuchungen von Umformschmierstoffen; Tribologie und Schmierungstechnik 53 (2006) 2, 38–44

[Schu 08] Schulz, J., Schmidt, R.A., Mumme, F., Maßmann, T.: Ersatz von Chlorparaffinen – ein neues Konzept von beschichteten Werkzeugen und Schmierstoffen beim Feinschneiden, Intern. Konfer. Zur Blechumformung, Fellbach 2008

[Schu 13] Schulz, J., Decker, B., Rehbein, W., Feinle, P., Rigo, J.: Matrix-Effekte – Einfluss der Schmierstoffmatrix auf die Wechselwirkung von Additiven mit Metalloberflächen; Tribologie und Schmierungstechnik 2/2013

[Schu 14] Schulz, J., Huesmann-Cordes, A.G., Gebert, K., Meyer, D., Brinksmeier, E., Wechselwirkungen von Verschleißschutzadditiven mit Metalloberflächen, Tribologie und Schmierungstechnik Heft 5/2014

[Schu 15] Schulz, J., Meyer, D., Schultalbers, M.: Grundlegende Untersuchungen zu Verschleißschutzadditiven und deren Wechselwirkungen mit Metalloberflächen; Mineralöltechnik Heft 3, 201

[Schu 18] Schulz, J., Vlasov, K., Rigo, J.: Der Einfluss von Metalloberflächen auf die Wirkung von Schmierstoffen; Tribologie und Schmierungstechnik 4/2018

[Schwe 96] Schwuger, M.J.: Lehrbuch der Grenzflächenchemie. Georg Thieme Verlag, Stuttgart New York, 1996

[Spe 03] Spencer, N.D., Rossi, A., Piras, F.M.: Combined in situ (ATR FT-IR) and ex situ (XPS) study of the ZndtP-iron surface interaction, Tribology Letters, 15, 181–191, 2003

[Stac 05] Stachowiak, G.; Batchelor, A.W.: Engineering Tribology. Elsevier Butterworth-Heinemann, Oxford, 2005

[Stei 01] Steinhoff, K.; Schelle, C.; Kopp, R.: Steuerung von Schmierungsprozessen durch Modifikation der Oberflächenenergie. Tribologie und Schmierungstechnik 48 (2001), Nr. 5, S. 21–26

[Stra 91] Stratmann, M., Hoffmann, K., Müller, J.: Die Bedeutung von Rostschichten für den Ablauf von Korrosionsreaktionen bei niedrig legierten Stählen, Werkstoffe und Korrosion 42, (1991), 467–472

[Stud 92] Studeneer, A., Fossati, F., Eife, K.H.: Process for the preparation of calcium sulfonate / calcium carbonate complexes, BR9105278 A – 1992-08-18 (DE19904039033 19901207; EP0490255 (A1)

[Tkat 14] Liu, W.; Tkatchenko, A.; Scheffler, M.: Modeling Adsorption and Reactions of Organic Molecules at Metal Surfaces; dx.doi.org/10.1021/ar500118y | Acc. Chem. Res. 2014, 47, 3369–3377

[Tkat 15] Reillyab, A.M.; Tkatchenko, A.: van der Waals dispersion interactions in molecular materials: beyond pairwise additivity; Chem. Sci., 2015, 6, 3289–3301

[Toma 77] Tomaru, M., Hironaka, S., Sakurai, T.: Effekts of oxygen on the load-carrying action of some additives; Wear 41 (1977), 117–140

[Topo 07] Topolovec-Miklozic, K., Forbus, T.R., Spikes, H.: Film thickness and roughness of ZDDP antiwear films, Tribol. Lett (2007) 26, 161–171

[Topo 08] Topolovec-Miklozic, K., Forbus, T.R., Spikes, H.: film forming and friction properties of overbased calcium sulphonate detergents, Tribol. Lett (2008) 29, 33–44

[Topo 08/I] Topolovec-Miklozic, K.: The friction reducing properties of MoDTC on various surfaces; 16th International Colloquium Tribology – Lubricants, Materials and Lubrication Engineering, January 15 – 17, 2008 in Stuttgart/Ostfildern

[Tot 03] Totten, G. E.: Fuels and Lubricants Handbook – Technology, Properties, Performance, and Testing. ASTM International, West Conshohocken, 2003

[Tow 84] First reports on friction experiments, Proc. Instn. Mech. Eng. 34, 29–35, 1884

[Troo 80] Troost, A.: Einführung in die allgemeine Werkstoffkunde I., B.I.-Wissenschaftsverlag, 1980

[Um 01] Umemoto, M., Liu, Z.G., Hao, D.J., Masuyama, K., Tschuchiiya, K.: Mater. Sci. Forum, 360–362, 167–174, 2001

[Usu 61] Usui, E., Gujral, A. and Shaw, M.C.: An experimental study of the action of carbon tetra chloride in cutting and other processes involving plastic flow, Intern. J. Mach. Tool Dev. Res., 1 (1961) 217

[Val 00] Valiev,R.Z., Islamvaliev, R.K., Alexandrov, I.V.: Progr. Mater. Sci., 45, 103,189, 2000

[VDI 02] VDI 3824-1: Qualitätssicherung bei der PVD- und CVD-Hartstoffbeschichtung. Blatt 1: Eigenschaftsprofile und Anwendungsgebiete von Hartstoffbeschichtungen. Verein Deutscher Ingenieure, März

[Vino 63] Vinogradov, G.V., Pavlovskaya, N.T., Podolski, Y.Y.: Investigation of the lubrication process under heavy friction conditions, Wear 6 (1963), 202–205

[Vino 67] Vinogradov, G.V., Podolski, Y.Y.: Bedingungen und Formen des Fressens bei Reibung von gehärtetem Stahl in kohlenwasserstoffhaltigen Schmiermitteln, Vortrag auf dem 9. Schmierstoff-symposium in Leipzig 1967

[Vipp 97] Vipper, A.B.; Parenago, O.P.; Karaulov, A.K.; Kuzmina, G.N.; Mishuk, O.A.; Zaimovskaya, T.A.: Tribological Performance of Molybdenum and Zinc Dithiocarbamates and Dithiophosphates. Lubrication Science 11 (1999), Nr. 2, S. 187–196

[Wang 91] Wang, D., Li, H., Ge, X., Wang, R.: Antiwear and Frictional Behavior of chemically modified Dithiophosphates; Journal of the Society of Tribologists and Lublication Engineers (STLE) Vol 48, 6, 1991, S. 491–493

[Wal 02] Walter, A.: Tribophysikalische und tribochemische Vorgänge in der Kontaktzone bei der Zerspanung, Dissertation IWT der Universität Bremen 2002, Shaker Verlag Band 13/2002

[Web 03] Webster, M.N., Jackson, A., Zhang, H., Chang, L.: A Micro-Contact Model for Boundary Lubrication with lubricant/Surface Physiochemistry, Journal of Tribology, ASME Transactions, 125, 8–15, 2003.

[Wil 96] Wilson, D.V., Bate, P.S.: Acta Mater. 44, 3371, 1996

[Win 01] Winther, G., Huang, X.: Bondary Characteristics in Heavily Deformed Metals, Advanced Eng. Mat. 4, 317–322, 2003

[Win 02] Winther, G. et. al.: Proc. 22nd Riso Int. Symposium on Materials Science, Risoe Nat. Lab., Roskilde, Denmark, 2001

[Woch 82] Wochnowski, H.: physicochemical reactions in tribology, Wear, 82, (1982) 381–385

[Wu 71] Wu, S.: Calculation of interfacial Tension in Polymer Systems, Journal of Polymer Science: Part C (1971), Nr. 34, S. 19–30

[Wüns 02] Wünsch, M.; Pyka, P.: Chlorfreie Tiefziehöle für Edelstahl. GfT Tribologie-Fachtagung 2002

[Xu 02] Xu, Y., Liu, Z.G., Umemoto, M., Tsuchiya, K.: Formation and Annealing Behaviour of Nanocrystalline Ferrite in Fe-0.89C Spheroidite Steel produced by Ball Milling; Metallurgical and Materials Transactions A. 33A, 2195–2203, 2002

[Zhao 89] Zhao, Y.-W., Liu, J.-J., Zheng, L.-Q.: The oxide film and oxide coating on Steels under boundary lubrication; Proceedings of the 16th Leeds-Lyon Symposium on Tribology 1989, 305–311

[Zimm 18] Zimmer, S.: Untersuchungen zur schwachen Wechselwirkung von Schmierstoffen mit Metalloberflächen – Aufklärung des Einflusses der chemischen Konstitution von Metalloberflächen auf die Leistung von Schmierstoffen, Masterarbeit am Leibniz-Institut für Werkstofforientierte Technologien – IWT, 13.02.2018

Register

Abbildungsverzeichnis

Tabellenverzeichnis